马赛克战视阈下的
海上无人作战

孙盛智 著

国防工业出版社
·北京·

内 容 简 介

本书是"十三五"军队重点院校和重点学科专业建设项目的理论研究成果。全书共分7章。第1章论述了马赛克战发展概述、马赛克战主要特点、马赛克战关键技术、相关项目研究、马赛克战对未来作战变革影响；第2章论述了马赛克战体系构成、马赛克战构成框架、马赛克战作战机制、马赛克战作战能力构成、马赛克战视角的海上作战布势变革；第3章论述了海上作战概述、海上作战体系构建、空中协同作战、海上协同作战、水下协同作战；第4章介绍了海上无人装备组成、无人机装备、无人艇装备、无人潜航器装备、海上无人系统；第5章论述了海上无人作战模式及关键技术、无人机海上作战运用模式及关键技术、无人艇作战运用模式及关键技术、无人潜航器作战运用模式及关键技术、无人机与巡航导弹自主协同作战模式及关键技术；第6章论述了无人装备海上作战运用概述、无人机海上作战运用、无人艇海上作战运用、无人潜航器水下作战运用、无人装备海上作战运用演进；第7章论述了无人作战对体制编制转型和武器装备转型的影响。

图书在版编目(CIP)数据

马赛克战视阈下的海上无人作战/孙盛智著. —北京：国防工业出版社，2024.1重印
 ISBN 978-7-118-12674-7

Ⅰ.①马… Ⅱ.①孙… Ⅲ.①海战—无人驾驶—智能系统—研究 Ⅳ.①E823

中国版本图书馆 CIP 数据核字(2022)第 202023 号

※

国防工业出版社出版发行
（北京市海淀区紫竹院南路23号　邮政编码100048）
北京虎彩文化传播有限公司印刷
新华书店经售

＊

开本 710×1000　1/16　印张 14¼　字数 252 千字
2024 年 1 月第 1 版第 3 次印刷　印数 1701—2700 册　定价 98.00 元

（本书如有印装错误，我社负责调换）

国防书店：(010)88540777　　书店传真：(010)88540776
发行业务：(010)88540717　　发行传真：(010)88540762

前　言

兵者,国之大事,死生之地,存亡之道,不可不察也。

——《孙子兵法·始计篇》

军事和企业管理有很多相似性,如需要管理由很多不同类型单位组成的一个庞大组织,目标导向性极强,并追求不断在竞争环境中取得优势。但是军事组织和企业管理有一个巨大的不同,军事行动失败的代价非常高昂,可能是国家民族丧失自由、主权,成千上万家庭失去家园、生命。这意味着军事科学是一门非常严谨的科学,在军事系统的对抗中,会想尽一切办法,不惜一切代价去争取胜利。这意味着一系列的部署、谋划、隐瞒、欺诈,并使用一切科技、工业的最先进和最昂贵的成果,以期达到预期的作战意图。科学技术的进步,逐渐颠覆了传统作战概念,使其正朝着智能化作战的方向快速发展。

理论是行动的先导。加强作战概念创新、推动作战指导革新,历来是世界各国军队培塑军事优势的重要途径。近年来,美军先后提出"赛博战""马赛克战"等前沿作战理论,以期实现作战模式这一"生产关系"能够更加适应作战能力这一"生产力"的发展。通过分析美国作战理论的演变,可以窥见美军作战能力建设思路的变化,特别是认清"马赛克战"的制胜机理,能够有的放矢地找到有效的制衡之策。相比美军其他作战理论过分强调研发新一代装备技术的普遍特征,马赛克战作战理论却没有过度依赖研发新一代装备技术,而是更加关注对军民通用技术的快速转化,实现对成熟技术的增量迭代。其基本思路是立足现有装备,按照类似网约车、众筹开发等服务类平台的运用理念,通过模块升级和智能化改造,将各类作战系统单元"马赛克化"为功能单一、灵活拼装、便于替换的"积木"或"像素",形成动态协调、高度自主、无缝融合的作战系统,构建攻防一体、弹性组合的柔性作战体系,体现了新的技术驱动思路。

随着马赛克战理论的成熟,世界各军事强国开始尝试在军事冲突中运用无人作战力量。2015年,在叙利亚战争中,俄罗斯出动6台多用途战斗机器人、

4台火力支援战斗机器人和3架无人机,同"仙女座-D"自动化指挥系统建立无人作战集群,实施侦察与打击,一举消灭敌方70名武装分子,而叙利亚政府军仅有4人受伤。2019年5月和9月,胡塞武装无人机群,对沙特和阿联酋的石油货轮、输油管线、石油设施进行袭击并引发火灾,多艘油轮、多个输油管线和大型储油罐被击穿,造成沙特原油产量大幅减少,影响世界石油市场。2018年4月,美国、英国、法国依托地中海、红海和波斯湾的舰艇编队,从空中、海上和水下作战平台,共向叙利亚3处疑似化学武器生产、研究和存储设施发射了105枚导弹,其中包括"战斧"巡航导弹、联合空地导弹、空射巡航导弹和潜射巡航导弹,呈现出防区外、多方位、无人化、高密度打击特点。这些事件表明,无人系统结合智能弹药作为军事对抗的重要手段,已经越来越多地应用于实战。

随着无人作战运用趋于成熟,海上无人作战也开始崭露头角。从战略上看,航母、大型驱逐舰等有人装备将长期存在,不可能完全无人化,但存在武器平台无人化和伴随平台无人化的趋势。从战役和战术上看,海岛防御、登岛作战、区域作战和海外军事行动,无人化比重将逐步加大,甚至可能完全无人化。随着智能化无人技术不断发展,特别是弱智能逐步走向强智能,再借助云联信息网络的体系支撑,海上无人作战系统将能够根据任务需求、战场环境、敌我态势等自主判断情况、自主制定选择应对方案、自主设计执行任务清单,并在有人干预或无人干预下,按照特定程序算法,或以"单一式"定点攻击,或以"小集群式"点穴攻击,或以"大集群式"饱和攻击等方式自主执行海上作战任务。军事实践表明,在强大信息体系支撑下,自主协同式智能化海上无人作战将逐步取代有生力量集群作战、有人驾驶集群作战而成为未来海上战争的主要作战样式。

本书是对作者长期科学研究成果的概括总结,力求在马赛克战机制及能力构成、海上作战体系及协同作战、海上无人装备、海上无人作战模式、海上无人装备作战运用、无人作战对海上力量体系转型的影响等方面进行全面系统的梳理,全面反映马赛克战以及海上无人作战理论、技术、装备与运用的最新成果。本书注重知识的系统性、前沿性和针对性,可作为军队院校相关专业的参考书,也可以作为相关领域研究人员的参考书。

本书在编写过程中,得到了武警海警学院上级机关和有关部门、有关领导和有关专家的关心、指导与支持,同时还得到了教研室全体同仁的帮助,在此表示衷心的感谢。

由于作者水平有限、时间仓促,书中难免存在不足之处,恳请读者批评指正。

孙盛智

目录

第1章 马赛克战概述 ·· 001

1.1 马赛克战发展概述 ···································· 001
1.1.1 马赛克战产生背景 ······························· 002
1.1.2 马赛克战概念 ··································· 002
1.1.3 马赛克战优势 ··································· 005
1.2 马赛克战主要特点 ···································· 005
1.2.1 基于现有装备的力量体系建设 ······················ 006
1.2.2 基于"碎片"协同的作战体系运行 ·················· 006
1.2.3 基于时间效率的作战能力生成 ······················ 007
1.3 马赛克战关键技术 ···································· 007
1.3.1 马赛克技术 ····································· 007
1.3.2 马赛克效应网技术 ······························· 008
1.3.3 马赛克实验技术 ································· 008
1.4 相关项目研究 ······································· 009
1.4.1 "小精灵"无人机项目 ···························· 009
1.4.2 MINC项目 ······································ 009
1.4.3 ASTARTE项目 ··································· 010
1.5 马赛克战对未来作战变革的影响 ·························· 010
1.5.1 马赛克战对未来空战的影响 ························ 011
1.5.2 马赛克战对未来海战的影响 ························ 011
1.5.3 马赛克战对未来陆战的影响 ························ 012
1.6 本章小结 ·· 012

第 2 章　马赛克战机制及能力构成 ·············· 013

2.1　马赛克战体系构成 ·············· 013
2.2　马赛克战构成框架 ·············· 015
  - 2.2.1　马赛克战框架 ·············· 015
  - 2.2.2　战场信息在马赛克战中的任务 ·············· 017
  - 2.2.3　战场信息层次化保障模式 ·············· 020
  - 2.2.4　马赛克战战场信息保障流程 ·············· 023
2.3　马赛克战作战机制 ·············· 025
  - 2.3.1　马赛克战基本特性 ·············· 026
  - 2.3.2　马赛克战行动构想 ·············· 028
  - 2.3.3　马赛克战运行机制 ·············· 030
  - 2.3.4　马赛克战制胜机理 ·············· 032
2.4　马赛克战作战能力构成 ·············· 035
  - 2.4.1　体系作战能力构成框架 ·············· 035
  - 2.4.2　作战任务能力 ·············· 035
  - 2.4.3　作战要素能力 ·············· 037
  - 2.4.4　信息应用能力 ·············· 039
2.5　马赛克战视角的海上作战布势变革 ·············· 041
  - 2.5.1　布势内涵日趋拓展 ·············· 042
  - 2.5.2　任务区分日趋精细 ·············· 043
  - 2.5.3　力量编组日趋融合 ·············· 044
  - 2.5.4　兵力配置日趋一体 ·············· 045
2.6　本章小结 ·············· 046

第 3 章　海上作战体系及协同作战 ·············· 047

3.1　海上作战概述 ·············· 047
  - 3.1.1　海上作战概念 ·············· 047
  - 3.1.2　海上作战面临问题 ·············· 048
  - 3.1.3　海上作战基本要素 ·············· 050
3.2　海上作战体系构建 ·············· 052
  - 3.2.1　海上作战体系制胜因素 ·············· 053
  - 3.2.2　海上作战体系构建原则 ·············· 055

3.2.3　海上作战体系构成 ································· 056
　3.3　空中协同作战 ··· 059
　　　3.3.1　空中作战制胜机理 ································· 059
　　　3.3.2　空中协同作战样式 ································· 060
　　　3.3.3　空中协同作战关键技术 ····························· 065
　3.4　海上协同作战 ··· 066
　　　3.4.1　海上作战制胜机理 ································· 067
　　　3.4.2　海上协同作战样式 ································· 068
　　　3.4.3　海上协同作战关键技术 ····························· 073
　3.5　水下协同作战 ··· 074
　　　3.5.1　水下作战制胜机理 ································· 074
　　　3.5.2　水下协同作战样式 ································· 076
　　　3.5.3　水下协同作战关键技术 ····························· 081
　3.6　本章小结 ··· 082

第4章　海上无人装备浅析 ······································ 083
　4.1　海上无人装备组成 ······································· 083
　4.2　无人机装备概述 ··· 084
　　　4.2.1　无人机概念 ······································· 085
　　　4.2.2　无人机发展概述 ··································· 085
　　　4.2.3　无人机装备简析 ··································· 088
　4.3　无人艇装备概述 ··· 100
　　　4.3.1　无人艇概念 ······································· 100
　　　4.3.2　无人艇发展概述 ··································· 101
　　　4.3.3　无人艇装备简析 ··································· 104
　4.4　无人潜航器装备概述 ····································· 116
　　　4.4.1　无人潜航器概念 ··································· 116
　　　4.4.2　无人潜航器发展概述 ······························· 117
　　　4.4.3　无人潜航器装备简析 ······························· 120
　4.5　海上无人系统 ··· 132
　4.6　本章小结 ··· 133

第5章 海上无人作战模式 ·········· 134

5.1 海上无人作战模式及关键技术 ·········· 134
- 5.1.1 海上无人作战体系结构 ·········· 135
- 5.1.2 海上无人作战基本模式 ·········· 136
- 5.1.3 海上无人作战关键技术 ·········· 141

5.2 无人机海上作战运用模式及关键技术 ·········· 142
- 5.2.1 无人机海上作战需求 ·········· 143
- 5.2.2 无人机海上作战运用模式 ·········· 145
- 5.2.3 无人机关键技术 ·········· 149

5.3 无人艇作战运用模式及关键技术 ·········· 150
- 5.3.1 无人艇作战运用需求 ·········· 151
- 5.3.2 无人艇作战运用模式 ·········· 152
- 5.3.3 无人艇关键技术 ·········· 156

5.4 无人潜航器作战运用模式及关键技术 ·········· 157
- 5.4.1 无人潜航器作战运用需求 ·········· 158
- 5.4.2 无人潜航器作战运用模式 ·········· 160
- 5.4.3 无人潜航器关键技术 ·········· 164

5.5 无人机与巡航导弹自主协同作战模式及关键技术 ·········· 165
- 5.5.1 无人机与巡航导弹自主协同作战需求 ·········· 166
- 5.5.2 无人机与巡航导弹自主协同作战模式 ·········· 168
- 5.5.3 无人机与巡航导弹自主协同作战的关键技术 ·········· 172

5.6 本章小结 ·········· 173

第6章 海上无人装备作战运用 ·········· 174

6.1 无人装备海上作战运用概述 ·········· 174
- 6.1.1 无人装备海上作战运用需求 ·········· 175
- 6.1.2 无人装备海上作战运用方式 ·········· 176
- 6.1.3 无人装备海上作战运用原则 ·········· 178

6.2 无人机海上作战运用 ·········· 180
- 6.2.1 无人机海上作战运用特点 ·········· 180
- 6.2.2 无人机海上作战运用样式 ·········· 182
- 6.2.3 无人机发展趋势 ·········· 185

- 6.3 无人艇海上作战运用 ·· 186
  - 6.3.1 无人艇海上作战运用特点 ······················ 187
  - 6.3.2 无人艇海上作战运用样式 ······················ 188
  - 6.3.3 无人艇发展趋势 ······································ 191
- 6.4 无人潜航器水下作战运用 ································ 193
  - 6.4.1 无人潜航器水下作战运用特点 ··············· 193
  - 6.4.2 无人潜航器水下作战运用样式 ··············· 195
  - 6.4.3 无人潜航器发展趋势 ······························· 198
- 6.5 无人装备海上作战运用演进 ···························· 199
  - 6.5.1 远程测控级 ·· 200
  - 6.5.2 单机自主级 ·· 200
  - 6.5.3 合作交互级 ·· 201
  - 6.5.4 自主学习级 ·· 202
  - 6.5.5 智能对抗级 ·· 203
- 6.6 本章小结 ··· 204

第7章 无人作战对海上力量体系转型的影响 ········ 205

- 7.1 对体制编制转型的影响 ···································· 205
  - 7.1.1 组织结构调整 ··· 206
  - 7.1.2 编配数量调整 ··· 207
  - 7.1.3 编配比例调整 ··· 208
- 7.2 对武器装备转型的影响 ···································· 209
  - 7.2.1 信息化作战与无人化作战并重转型 ········ 209
  - 7.2.2 有人装备与无人装备同步发展 ··············· 210
  - 7.2.3 主体装备与辅助装备融合发展 ··············· 211
- 7.3 本章小结 ··· 212

参考文献 ·· 213

第 1 章　马赛克战概述

相比传统战争,马赛克战意在寻求通过快速组合的低成本传感器、多域指挥与控制节点以及相互协作的有人、无人系统等低成本、低复杂系统灵活组合,创建适用于任何场景的交战效果,对敌形成新的不对称优势,以赢得未来战争。马赛克战概念不再局限于任何一个组织、军兵种或企业的系统设计和互操作标准,而是寻求开发专注于实体之间可靠连接点的程序和工具,促成各系统的快速、智能、战略性组装和分解,为创建战役战术层面的"杀伤效果网"开启无限可能。在实际作战中,马赛克战的各组成部分可以实时响应具体的作战需求,利用众多动态、协同、高度自主的可组合系统进行网络化作战,以极大的灵活性生成适应各种作战想定的作战效应,产生一连串的非线性作战效果。由于武器装备的不断发展,马赛克战成为未来战争一种重要的作战方式和制胜手段,不仅可用于指导武器装备建设和运用,还可用于指导作战力量建设和运用,因此,马赛克战一旦实际运用,必将对未来战争的发展趋势产生重要深远影响。

1.1　马赛克战发展概述

2019 年 9 月,美国国防高级研究计划局发布其委托米切尔航空航天研究所撰写的研究报告《马赛克战:恢复美国的军事竞争力》,马赛克战概念开始孵化,而随着人工智能技术的进步,其必将逐步走向成熟和完善[1],旨在根据可用资源,适应于动态威胁进行快速定制,借助先进的技术手段实现多种系统、各武器平台的实时灵活组合,并通过网络化作战产生一系列非线性作战效果,进而获取非对称的作战优势,这为美国赢得未来战略主动权提供关键支撑。

1.1.1 马赛克战产生背景

美军认为,美苏冷战结束后,随着世界政治格局的演变,俄罗斯等军事强国都对其军事理论进行了革命性的优化重塑重构,通过深入研究美军作战体系,成功发展了针对性的作战理念和武器系统,以应对美国目前的战争方式,"反介入/区域拒止"作战概念的提出就是典型体现。反介入/区域拒止是以一体化作战体系作为打击和制胜美军的关键要素,将关键的指挥信息系统和信息链路作为主要打击目标,通过干扰信息流、拒止指挥控制和动能杀伤信息系统关键节点,达成致盲指挥员、瘫痪作战行动等体系作战目标,旨在消除美军机动能力,阻止其实际进入作战区域,在技战术上都给美军带来巨大挑战,使其重要的作战要素失效,以达成战略目标。美军提出马赛克战的一个主要原因就是为了积极应对不断加剧的挑战,特别是来自世界主要军事强国的军事战略威胁。

随着高科技在全球传播和商业化,美国的不对称技术优势正在减弱,美国传统不对称技术的战略价值和威慑能力不断减小,而且美军已经意识到其兵力架构很难满足未来战场需求,美军现有作战体系主要针对单一战场环境,当战场环境变化需要重新构设作战体系时,难以按比例对现有力量进行调整。同时,美军的作战架构过于脆弱,整个作战体系严重依赖于撒手锏武器装备,由于撒手锏武器装备造价较高,从而导致高端多用途撒手锏武器装备的库存量较小,新型颠覆式武器系统的研发周期长且部署速度慢,作战力量难以承受高端武器受到较多战损而产生的不利影响。可见,美军提出马赛克战除了提升对战场环境的高适应性外,还有就是为了实现灵活的动态重组和分布式网络化作战及去中心化,降低对关键高端武器装备的依赖,破解制约美军保持战略优势的因素。

1.1.2 马赛克战概念

马赛克战(Mosaic Warfare)是美国国防高级研究计划局(Defense Advanced Research Projects Agency,DARPA)下属的战略技术办公室(STO)于2017年8月提出的新型概念。作为全新的作战概念,马赛克战是对既有技术和概念,特别是当前广泛使用的"系统之系统"的传承与创新。"马赛克战"与"系统之系统"都使用了许多传统技术,如将弹性通信、指挥与控制等作为基本组成部分,且都不需要全新的材料或装备来实现。马赛克战的关键技术从平台和关键子系统的集成转变为战斗网络的连接、命令和控制,并及时、定制化创建所需任何连接点,以新颖的方式连接庞大而有能力的子系统或系统库存,以实现新的战场功能,并最终形成马赛克战持久、快速、开放的未来适应性[2]。马赛克战主要是建立一个防止敌方力量打击并能够瘫痪美军关键信息节点的作战体系,以杀伤网取代杀伤链,融合从作战理念到武器系统、再到军事技术的全新"军事力量设计"概念。从提高高强度柔性作战能力的角度出发,马赛克战将各类传感器、武器系统或平台以同等地位嫁接到不同作战节点上,通过网络信息系统将这些作战节点链接起来,按照不同的作战任务,这些作战节点能够动态协调组合,并根据战场局势的变化,形成无限多新组合,即使部分作战节点被敌方摧毁,也能迅速完成自我聚合和分解,建立具有高弹性特点的全域作战体系。

面对不同程度、不同范围、不同规模的武装冲突威胁,马赛克战可根据实际战场态势,实时进行作战资源的动态调配,形成最优化的自适应杀伤网,构建适应实时战场需求的理想组合,应对各种可能发生的作战场景,增强作战体系的自主性和柔韧性,提高部队应对多样化威胁的高适应性,保持不对称作战优势。马赛克战的核心思想是依托网络信息体系和实时更新的战场信息,将广泛分布于陆海空天战场的作战要素重组,集合成为一个功能强大的作战整体,并支持简单、多功能作战平台快速拼装组合,实现大量低成本、单一功能的作战节点的动态组合,统筹调度作战资源,形成一个按需集成、极具弹性的作战体系。马赛克战将不同作战功能分散部署在不同作战平台上,并根据作战平台的即时毁伤程度,快速构建或重构杀伤链,形成快速、可扩展、自适应的多域杀伤力。马赛克战构建了一个灵活多变的作战体系,并基于战场态势的实时变化,瞬间完成应对不同战场态势的新组合,从而使自身获得压倒性的作战优势。例如,在马赛克战中,歼击机编队可以由一架有人机充当C^2ISR平台,配备若干侦察无人机、导弹、电子战无人机等装备构成,改变了传统的由两架有人机编队集成侦察监视、火力打击、电子对抗等所有功能的状态,如图1-1所示。

马赛克战从本质上不同于之前传统的分布式杀伤链、体系系统、适应性杀伤网等作战概念,如表1-1所列,在传统作战模式中,每个部分都经过专门的设计和集成,以填补体系作战中的特定功能。而马赛克战集成现有多维度武器、系统等作战要素,利用动态、协调和高度自治系统的力量将复杂性强加给对手,其构造的"杀伤网"对敌形成一种新的非对称优势,使对手无法快速完成"观察、判断、决策、行动"(OODA)回路后即时做出反击,以便发挥出"杀伤力"优势。同时,随着微电子和通信技术的进步,使不同系统之间的网络化协调已经成为现实,促使马赛克战的攻击能力更强、开发成本更低、升级速度更快。

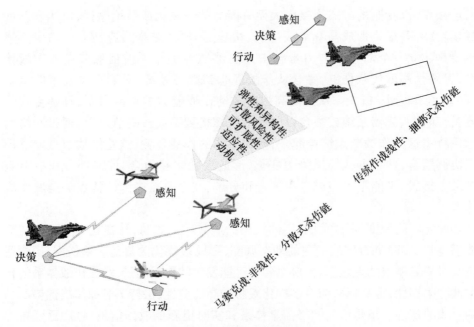

图 1-1 马赛克战概念图

表 1-1 马赛克战与其他作战概念区别

作战概念	示例	描述	优势	挑战
分布式杀伤链	一体化防空火控	人工整合现有系统	（1）拓展有效作战范围； （2）增加交战机会	（1）静态系统； （2）建设周期长； （3）难以操作,不易扩大规模
体系系统	体系综合技术和实验项目	适应多种作战布局的系统	快速整合多元杀伤链	（1）静态架构导致兼容性有限； （2）无法动态增加新功能； （3）难以操作,不易扩大规模
适应性杀伤网	—	在任务开始前半自动化选择预定效应网的能力	（1）可以在任务开始前进行调试； （2）更具杀伤性,迫使敌人面对更大复杂性	（1）战术是静态的； （2）杀伤链有限； （3）可能不易扩大规模
马赛克战	—	在战役期间构建新的效应网的能力	（1）可适应动态变化的威胁和环境； （2）可同时应对多场交战	规模受到人类决策者的限制

1.1.3 马赛克战优势

（1）马赛克战是功能分解与效能聚合相结合，提升兵力运用效率。马赛克战兵力设计的基本思想是"分解—重组—聚合"，首先将复杂的多任务作战系统分解为大量分布式作战要素，再将分解后的分布式作战要素进行网络化集成，最后将集成重构后的作战系统要素进行智能化聚合，旨在实现非对称作战模式，使对手既不知道每个作战要素具备的能力，又无从判断其作战目的，从而将己方真实作战意图隐藏在"马赛克"之下。马赛克战将原有高端复杂武器装备平台及系统拆分为若干物理分离、结构简单、功能单一的作战要素，通过网络信息体系保持战场功能一体，降低研制风险和费用，同时提高了战场生存率[3]。

（2）马赛克战是人类指挥与机器控制相结合，优化指挥控制流程。马赛克战依赖人工智能技术和自主系统的发展，实现以情境为中心的指挥控制系统。将自顶向下的作战规划与自底向上的行动计划相结合，由指挥员负责作战指挥，由机器负责管理控制，形成人机结合、优势互补的指挥体系，提升对复杂作战环境的适应能力。在战略层面，由指挥员发挥创造性，制定宏观作战意图，自主系统地分解作战意图并通过战场网络下发。在战役战术层面，各作战单元根据自身与作战任务的关系以及与战场的距离来响应接收到的作战意图，由系统辅助自主形成作战规划，控制本区域的作战要素开展作战行动[3]。

（3）马赛克战是作战概念与新兴技术结合创造的新型作战模式。新型作战概念与新兴技术的支撑是相辅相成的，仅依靠技术无法保持持久的军事优势，作战概念跟不上技术发展表现为思想保守，技术跟不上作战概念发展则表现为冒进。只有将新技术与新概念相结合，才能使新技术得到更加充分的利用，进而促进作战模式的革新。马赛克战就是将决策中心战的作战概念与人工智能、自主系统等新兴技术相结合，从而形成新的作战模式。马赛克战能够从一个效果网形成多个效果链，快速重构作战能力组合中的效果链，降低对手决策能力，使得战场更加单向透明，使马赛克战指挥员能够更好地控制和利用作战节奏[3]。

1.2 马赛克战主要特点

随着作战任务和战场态势的变化，马赛克战可以对武器装备、作战人员和作战行动等进行自主化、智能化的海量调整，以实战速度构建复杂多变的战场环境，构设适应战场环境的装备体系，并快速演变为攻防兼备的柔性作战体系。同时，利用认知技术进行辅助决策，使指挥控制更加顺畅，保障马赛克战的智能高效,如无人作战集群能够根据实际战场态势自主遂行作战任务,使战争迷雾降低几个量级,极大增强作战灵活性和时效性,保证马赛克战作战效能的发挥。

1.2.1 基于现有装备的力量体系建设

经过几十年的发展,美军传统的武器装备体系建设已趋向于稳定,但该体系作战能力具有较强的"刚性",要使其得到改变或提升都需要付出较高成本,实施难度也很大。针对美军所需要的体系作战能力,马赛克战能够使用智能化人机控制界面,借助先进的指挥控制和互操作技术,利用现有可用的武器装备完成自主式柔性组合,大幅提升整体作战能力。马赛克战在一定程度上能够避免采办新的武器装备,大大降低美军作战力量体系构建的难度。马赛克战利用通用化接口、泛化接入网络和可动态组合、聚合大量的具有各种不同功能的现有小型化武器装备平台,提供基于作战任务实时构建自适应杀伤网的能力,缩短杀伤链的形成时间,提供高效灵活的组网作战能力。马赛克战实现由简单、低廉的武器装备平台替代复杂、昂贵的武器系统,作战体系升级由大周期慢速发展变为小周期快速迭代,从而使整个作战体系一直处于高度动态发展的状态。为达成作战目标,在马赛克战中融入大量低成本、模块化、功能单一的智能无人系统,构建多元化的指挥节点和多条不可预测的杀伤链,全程参与侦察、打击、评估等环节,迫使敌人大量消耗战斗资源,给对手带来许多复杂性问题。

1.2.2 基于"碎片"协同的作战体系运行

虽然美军 F-22、F-35 等核心武器装备的研发周期很长、费用极大,但其作战能力极强,导致整体作战能力的发挥完全靠核心装备的正常运转,这也成为迫使敌方集中火力攻击核心装备的重要因素,一旦核心装备在实战中被有效毁伤,作战体系就面临土崩瓦解的风险。马赛克战采用"去中心化"的战场组织形态,利用低价值武器装备构设作战体系,通过将大量低成本作战要素按需、最优、快速重组,实现作战体系中所有目标节点的最小化及关键节点的最弱化,大量无人作战平台依据敌情和战损,可实时排列组合出最优体系作战能力,并与有人作战平台灵活编组,快速生成多种解决方案,提升马赛克战作战体系的鲁棒性。由于核心武器装备作用的弱化,导致马赛克战的"中心节点"几乎消失,使对手难以分辨其重点目标,难以确定主攻方向,难以判别作战意图,增加认知负担,使对手陷入决策困境,增强了马赛克战作战体系的战场韧性。马赛克战以作战任务达成率为目标,将战场中的所有资源按需组合,形成跨域杀伤网络,各种异构平台依托易于扩展和快速升级的小型系统和接口,按需集成功能、扩展能力,平台间可动态组合、密切协作,形成极具弹性的动态作战体系。

1.2.3 基于时间效率的作战能力生成

未来信息化战争的作战节奏越来越快,战场反应能力将直接影响战争进程,受指挥模式、指挥链路等因素制约,传统作战能力生成有很强延后性,很难实现"即时发现、即时打击"效果。马赛克战降低了美军对重要核心武器装备的依赖,发展并部署更多功能简单、规模较小的平台或要素,如更多单一功能的无人作战平台,迅速组合或重组这些分散型作战要素。马赛克战分布式平台的成本低并且可大量部署,能够通过平台相互替代的方式实现体系功能的即时转移,从而保证任何平台故障都不会制约体系作战能力的发挥,不会因其损失而对马赛克战作战体系的整体效能造成重大影响。马赛克战以实战速度快速规划和构建作战体系,使得传统作战体系的构建周期降至以分钟甚至秒为单位,这种速度完全超出作战人员对战场态势的认知能力。马赛克战在极短时间内的作战反应,使对手完全陷入作战意图判断困境,最大程度限制其作战能力发挥。马赛克战的杀伤链是非线性的,能够在与上级失去联系的情况下独立采取各种行动,同时利用安全无缝的通信链路将各种分散的作战平台或系统连接起来,在战役战术层面上进行优化组合,生成具有高弹性和高时效特性的战场杀伤效果网。

1.3 马赛克战关键技术

随着战略对手军事科技的迅猛发展和军事实力的快速提升,美军已经意识到其战略优势正面临严峻挑战。马赛克战作为能够将全维空间作战效应链进行功能分解的新型作战概念,在不同作战平台上构设感知、识别、瞄准、跟踪、交战和评估节点,并在没有经验知识储备的情况下,快速生成重组效应链,从而使对手陷入被动决策的困境。为实现这一愿景,美国国防高级研究计划局提出了马赛克技术、马赛克效应网技术和马赛克实验技术等一系列颠覆性技术。

1.3.1 马赛克技术

马赛克技术就是使作战人员从任何可用的能力中合成所需要的作战合力,使作战人员到达战场空间,能够以任务快速选择和重新配置效应链,立即从任何可用的能力中合成所需的效应,使其能够利用战场空间中的任何可用的能力来动态地构建和操作效应链。首先,指挥员要根据战场现实需求,利用自动化辅助决策工具来确定兵力的基本构成,在战役战术不同阶段如何使用不同的作战效应链,确保以最小代价发挥最大作战效能。其次,指挥员一旦确定了马赛克战的兵力配置,就需要利用先进的通信、网络和软件集成技术,尤其是机器对机器的互操作技术,全自主构设柔性作战集群,这在一定程度上实现了以作战任务牵引全域空间作战平台的互操作和动态配置。最后,按照战斗进程动态分配作战能力,并根据战场态势的变化,自主学习和适应战场形势,利用深度学习和数据挖掘等技术,将人工智能训练和操作员的训练协同起来,支持以最小学习需求完成更多认知功能,以实现马赛克战作战能力的最优化。

1.3.2 马赛克效应网技术

传统杀伤链在目前成熟技术的基础上,并不适合战术杀伤,现有的机载情报、监视和侦察系统及火力打击系统在高度复杂的战场环境中,难以生存下来,从而无法为作战人员提供需要的战场能力。马赛克效应网技术并不是取代现有的侦察、监视和打击功能,而是支持传感器、导引头和火力平台等作战效应链的无缝链接,模糊了传统杀伤链"瞄准和交战"的界限,使感知重点扩展到杀伤链的"发现和识别"部分,并强调用于对抗同等对手的进攻性非动能效应,将对手置于复杂多变的两难困境中。马赛克效应网技术支持运用小型、低成本、低端平台的"发现"和"摧毁"能力,跨域配置侦察监视和火力打击功能,将新的"发现"能力集中在寻找最关键的目标上,并提供集中的杀伤力清除这些目标,为马赛克战作战效应链的高效组织提供组件或服务功能。这种技术建立了在不同作战域和不同作战模式传感器之间的一体化监控链,增加了在跨域传感器之间目标进行交接时的可信度和准确性,保证信息与马赛克战平台之间进行实时交互。

1.3.3 马赛克实验技术

美国国防部对多域联合作战的兴趣主要集中在多域指挥和控制(MDC2)实验,这与美国国防高级研究计划局的技术组合非常一致,因为 MDC2 也是马赛克战的核心,不幸的是,能力较强的建模仿真工具往往不用于实验,而是侧重于能力分析和需求。大多数现有作战实验已经使用了通用的数据标准,但它们的模型和实际用户环境是不兼容的,而马赛克实验技术并不是添加一个新的烟囱来做 MDC2 实验,而是基于现有的基础设施来开发新的方法,构建新型实验环境,然后在其上添加新的功能。从根本上说,该技术就是综合运用各种技术和方法来互操作建模仿真和实验环境,集成高保真作战行为、自动化在线高级分析和DevOps 基础架构等关键技术,基于现有的基础设施快速构建新的实验环境,使得模型和建模仿真引擎的修改和集成变得更加容易,以获得更好的互操作性和交互性。马赛克实验技术能够大幅减少系统的尺寸、重量、功率和成本,允许适应性和快速更新迭代,显著提升马赛克战系统的性能潜力[4]。

1.4 相关项目研究

自马赛克战概念提出以来,美军与此相关的研究开发项目就层出不穷,如"自适应跨域杀伤网""基于信息的多元马赛克""空战演进"等,这些项目从体系架构、基础技术、指挥控制、通信组网等各个方面对马赛克战概念进行了深入开发研究,也印证了美国国防高级研究计划局以项目形式推进作战概念开发的思路与模式。该局在2020年的财政预算中,马赛克战相关研究项目高达50多项,占其项目总数23%,马赛克战已经成为美国赢得未来战争的重要途径。

1.4.1 "小精灵"无人机项目

作为马赛克战体系中的无人机项目,"小精灵"无人机项目是美国国防高级研究计划局在2016年发起的一个项目,旨在开发可重复使用的空射蜂群无人机,这些无人机可以用于搜集情报,并拥有"非动能"有效载荷,暗示其可能会是诱饵、干扰机等。无人机蜂群将先于载人飞机突入敌防区,通过实施电子战扰乱敌方雷达和通信。"小精灵"无人机采用异机投放-回收模式,投放由各种作战飞机负责,而回收统一由运输机完成。该项目另辟蹊径,采用了空中加油的相关技术,在准备回收的载机尾部设立一个操作员舱专门控制空中精确对接,载机会投放一个精巧的钢索,钢索末梢为一个带格栅尾翼可精确控制位置的圆柱体。"小精灵"靠近载机后竖起挂钩,操作员操纵圆柱体接近并钩住"小精灵"无人机的挂钩完成无人机和载机的柔性对接,然后再通过钢索将无人机拉拽回载机。在接近载机时,载机将伸出机器手臂刚性固定住无人机,以免气流紊乱导致不必要的碰撞,最终将无人机收回机舱。随着"小精灵"无人机成功部署,在未来空袭中能够实现电子战、侦察和动能打击,发挥比预计更重要的作用。

1.4.2 MINC项目

2021年4月29日,美国国防高级研究计划局发布了"任务集成网络控制"(MINC)项目征集公告,该项目是马赛克战的重要组成部分,旨在组装单个作战平台,构建一种安全网络层,通过控制机制对敏捷而可自愈的网络进行分布式管理,在激烈的动态环境中支持多域"杀伤网"。MINC项目通过开发组网资源管理技术,按需配置网络之网络,实现可自主适应战场态势和信息需求的敏捷、自修复、异构通信,来满足马赛克战的最终愿景,即在强对抗高动态环境中形成敏捷自修复网络以构建跨域杀伤网。MINC 项目在任何可用通信或网络资源(通信、计算或储存能力)安全控制的前提下,确保关键数据在强对抗、高动态通信环境下能够寻找到路径,实现涉及遗留系统与未来系统的异构混合体的互操作,确保及时可靠交付当前难以保证的数据。MINC 项目技术可将作战人员信息需求和任务应用转化为通信服务请求,自主发现并配置通信节点和路径,以构建并执行自适应杀伤网,将信息传递到最需要的位置,支持强对抗环境联合全域作战的作战人员态势感知、定制通用战场态势图和自适应杀伤链。

1.4.3　ASTARTE 项目

2020 年 4 月,美国国防高级研究计划局宣布了"用于快速战术执行的空域全感知"(ASTARTE)项目计划,该项目作为马赛克战的重要组成部分,旨在帮助作战人员快速分类所需的大量数据,将跨域的所有传感器和射击装备连接起来,实时以低风险的方式消除冲突。ASTARTE 目标是在最复杂、最具挑战性的敌方"反介入/区域拒止"环境中,提供动态空域的实时通用作战图像,能够实现在未来高度拥挤的战场上高效作战,并消除冲突。这种能力对于马赛克战概念的实现尤为重要,尤其是在复杂的全域节点网络之间进行无缝协作,让远程火力攻击、有人/无人机协同作战同时在同一空域更加安全地进行,以压倒性优势实现对敌方的毁灭性攻击。ASTARTE 不仅能够为友军提供一幅持续更新、实时、四维(空间和时间)的战场空间动态图像,还能够使用传感器网络探测和绘制敌方位置,从而提升区域拒止环境中的态势感知能力。不同于以往创建的动态空域通用作战图像,新的"引擎"将兼容现有和未来指挥控制系统,并将最新和相关的空域信息自动推送给各自本地指挥控制系统上的所有联合部队。

1.5　马赛克战对未来作战变革的影响

近年来,世界军事强国都在重点领域进行体系化布局,开展体系概念/架构、组网/抗干扰、无人系统/架构、系统概念/平台和指挥控制/管理共 5 个方面的项目。这些项目颠覆了传统的作战理念,引发对马赛克战等新型作战概念的重点关注,牵引空中、水面和水下作战力量的全面发展,重塑未来作战的整体变革。在马赛克战体系下,全域作战力量将聚焦在更加综合的框架内运行,实现武器运用从平台为中心向互联的信息驱动模式转变,以战斗速度构建作战能力。

1.5.1 马赛克战对未来空战的影响

传统空战中,主要以战斗机、预警机、轰炸机等组成编队执行空中作战任务,是一种以平台为中心的作战模式,在交战时,作战平台容易遭受来自空中和地面的攻击,战损成本大。而在马赛克战中,使用功能分散、成本低廉的无人机组成分布式的作战网络和有人机共同执行作战任务,使情报侦察、指挥控制、火力打击等要素分散在不同的有人或无人作战平台上,导致作战各要素能够有序衔接、指挥流畅、打击高效,不仅有效提升了各作战平台的战场生存能力,还大大提升作战任务的完成效果。例如,典型的马赛克空战就是利用无人机群作为"僚机",协同有人战斗机执行空战任务,此时通常会有一架无人机主要负责堵塞敌方雷达或召唤其他电子战能力,另一架无人机负责搭载攻击武器,第三架无人机负责携带传感器包,第四架无人机则充当诱饵机,导致敌方无法判定每个无人机所具备的能力,无法预测空中编队作战计划,这样不但实现了作战要素的分散部署,还避免了单一平台的毁伤造成全要素的毁伤。马赛克空战通过各种传感器、多域指挥与控制节点、有人与无人平台的灵活有效集成,使空中作战的去中心化效果更明显,小单元和边缘的作用更重要,能够以分布式作战管理取代集中式指挥控制,以自适应体系重组取代传统作战力量编组。

1.5.2 马赛克战对未来海战的影响

对海上作战而言,马赛克战能够整合舰船、侦察机、无人潜航器和无人水面舰艇等,当这个概念将包括空中、海上和水下在内的多个作战域联合起来后,对手将面临更复杂的情形。美国海军战略技术办公室项目经理约翰·沃特森指出,与其制造炫酷的隐身战斗机、更好的潜艇和无人系统,不如将更简单的系统连接起来,让它们能够共享、协作,用自身搭载的传感器感知战场态势。前太平洋舰队司令官海军上将斯科特·斯威夫特表示,未来海上冲突中通信将被降级,通信窗口不在司令官控制之下时将快速地打开和关闭,这也是马赛克战中自主无人碎片为何如此重要的原因,整个作战系统必须能在与上级失去联系的情况下独立采取行动。马赛克海战将工程设计方法转变为新系统,其中单个元素组合起来可以动态产生先前未预期的效果,在激烈的海上对抗中,即使部分马赛克组件被敌方破坏或中和,但整个作战系统仍可以根据海上作战需求快速做出快速响应,创造出适应任何场景的、实时响应需求的理想期望[5]。用安全无缝的通信链路将各分散的作战系统连接起来,是 DARPA 致力于解决的一个难题,也是实现马赛克海战的必然要求,战略技术办公室正开展数个项目,聚焦所需软件,同时战术技术办公室正在发展硬件,即概念所需的自主系统。

1.5.3　马赛克战对未来陆战的影响

与美国海军和空军相比,陆军正极力推介名为"多域战"的新条令,前陆军训练与条令司令部上将大卫·帕金斯表示,多域战概念是"新瓶装旧酒"或"空地一体战"。他在 DARPA 成立 60 周年会议上表示,从历史的角度来看,美军并没有及时、很好地定义这个问题。这还涉及文化层面的内容,尤其在向底层作战人员提供能力时,他们并不习惯失去对武器系统的控制。对比"马赛克战"和"多域战"的作战概念,两者从概念的动机到体系组成、分布多域作战、网络化结构上有着近似一致的目标。因此,"马赛克战"既可以看作是"多域战"的实现方式,"多域战"也可以看作是"马赛克战"的一种概念,两者有着紧密的联系和共同点。陆军参谋长马克·米勒上将在陆军协会年度会议上阐述了近似"马赛克战"的内容,只是没有用这个术语。多域战是指同时在 5 个作战域获得压倒性战场优势并赢得未来战争的作战概念。陆军打算抓住和完善这个概念,来获得优势地位,通过联合所有域的机动力量和比对手更快的作战速度,推进纵深防御。最终目标是破坏、渗透、瓦解和利用对手的反介入系统,瘫痪对手前沿部署的力量。马赛克战作为美军提出的新型作战概念,现有编制体制和颠覆性技术的发展为推动陆战转型提供力量保障和技术支撑,为实现马赛克陆战奠定重要基础[6]。

1.6　本章小结

本章从满足未来战争需求的角度出发,以"杀伤网"取代"杀伤链"为根本目标,构建"从发现到摧毁"的一体化作战"杀伤网"。从马赛克战概念出发,深入分析马赛克战提出背景及优势,研究马赛克战基于现有装备的力量体系建设、基于"碎片"协同的作战体系运行、基于时间效率的作战能力生成等特点,提出支撑马赛克战正常运行的马赛克技术、马赛克效应网技术、马赛克实验技术等关键技术。马赛克战作为弥合美军各军种"烟筒式"信息系统鸿沟的重要作战概念,已开始广泛预研各类高科技项目,如"小精灵"无人机项目、MINC 项目、ASTARTE 项目等,并深入研究马赛克战对未来作战变革影响。马赛克战作为涵盖侦察、监视、情报、计算、通信、指挥、控制、杀伤的网络,任何一个环节出现故障或错误,都不会出现整个网络的瘫痪及造成作战功能的严重失效。

第 2 章　马赛克战机制及能力构成

美军的建设牵引历来在"基于威胁"和"基于能力"之间摇摆,"基于威胁"主要体现需求牵引,即应对现实威胁需要什么能力就发展什么能力,而"基于能力"主要体现理论牵引,即通过预测未来作战创新作战理论,未来作战需要什么能力就发展什么能力。奥巴马政府时期,本·拉登被击毙,美国反恐战争取得标志性胜利,但美国认为,在美军深陷伊拉克、阿富汗战争泥潭之时,其他军事强国对美军的作战体系进行了深入研究,并成功开发出了针对性的作战理念和武器系统,发展与之相适应的作战系统与能力,已经成为与美军势均力敌的对手[7]。基于此,特朗普政府上任后的第一份《国防战略》,即宣示"从反恐重返大国竞争",新的国家战略需要新的作战理论、作战力量和作战方式,马赛克战及作战机制正是美国为适应大国竞争需求和应对势均力敌的作战对手而产生的新型作战样式,其概念和理论的形成体现了需求牵引与理论牵引的有机融合。

2.1　马赛克战体系构成

综合目前面临的现实约束和挑战,马赛克战概念基于一种技术愿景,利用动态、协调和高度自治的可组合系统的力量。各类系统就如同简单灵活的积木,相关人员在建设一个"马赛克"系统时,就如同艺术家创建马赛克艺术品,将低成本、低复杂度的系统以多种方式连接在一起。并且,即使"马赛克"系统中部分组合被敌方摧毁或中和,仍能做出快速响应,创造适应于任何场景的、实时响应需求的理想期望。马赛克战作为美国目前最新也是最大的作战概念,需要多种技术和概念的支撑,简单来看,其体系基础包括 6 个方面,12 大项目。马赛克战贯穿整个作战周期，能够按照具体作战需求，生成具有多样性和适应性的多域杀伤链，促成各种系统的快速、智能、战略性组合和分解，通过分解和分配可组合适应性强的有人或无人系统实现作战目标。作战概念、体系与架构是马赛克战概念的基础和框架，从美军前期作战概念和体系架构研究项目来看，对马赛克战概念体系起支撑作用的主要有：体系综合技术和试验（SosITE）、跨域海上监视与目标定位（CDMaST）、复杂适应性系统组合与设计环境（CASCADE）、进攻性蜂群技术（OFFSITE）等项目，如表2-1所列。

表2-1 马赛克战体系支撑项目

主要涉及项目	主要内容	状态	主管部门与提出时间
体系综合技术和试验（SosITE）	采用DODAF进行体系架构设计与评估分布式作战体系概念，给出各种系统之间的服务和接口标准，提高多种武器平台的整体作战效能。综合集成技术研究。设计开放系统架构、面向协同任务的增强型小单元等，实现"即插即用"，降低武器装备研发时间。开展飞行试验。验证系统之间自动组合和传输信息的能力、传感器与自动目标识别软件的集成、应用战争管理控制系统协调分布作战各武器平台等	开展飞行验证以及对空精确杀伤链试验	DARPA 2014
跨域海上监视与目标定位（CDMaST）	将美军现有的集中式的战斗群模式转变为一种分布化、敏捷化作战模式，将作战系统分布在10^6 km²范围的海域内，降低系统的整体风险。这种模式把各种功能分散到各个低成本系统中，通过各种功能的/无人系统构建"系统之系统"体系，实现对水面敌方舰船和水下潜艇大面积、跨域（海下、海面和空中）进行监视和定位的能力，增强感知能力，有效实施打击。根据DARPA的项目构想，体系应具备大区域（可达10^6 km²）、分散化、跨域（海下、海面和空中）、自适应性及弹性的特点	第一阶段已经完成海上SoS概念体系架构开发；第二阶段将对技术和作战可行性进行试验，并重点对反潜和反水面作战架构进行开发试验	DARPA STO 2015
复杂适应性系统组合与设计环境（CASCADE）	通过开发新的数学技术，对复杂系统进行通用化建设，对各子系统的相互作用进行深层次的理解，提供统一的系统行为视角，并形成一种官方的复杂系统的设计语言和开发环境。从根本上改变对动态、不可预测环境的系统设计方法以使系统具备实时弹性响应能力	正在进行中	DARPA 2015

续表

主要涉及项目	主要内容	状态	主管部门与提出时间
进攻性蜂群技术（OFFSITE）	利用交互技术开发无人机接口，提供实时监控数百个无人平台的能力，通过集成蜂群交互语法实现自由蜂群战术设计。实时网络化虚拟环境实现用于实验和操作的蜂群系统试验台，支持基于物理现实的蜂群战术游戏，通过游戏快速探索评估最佳蜂群战术，并将不同战术进行对抗实现进化。最终目标是设计、研发并验证一种蜂群系统架构和软件架构，推动新型蜂群战术的生成、互动和集成、评估蜂群作战效能	每6个月开展一轮实物验证试验，不断增加蜂群规模、任务区域范围和任务时间等复杂性以提升蜂群架构和蜂群战术水平	DARPA 2016

2.2 马赛克战构成框架

近年来，美军认为自己所面临的战略环境正在急剧恶化，强调世界军事强国间的战略竞争已成为美国国家安全面临的首要问题，并将主要军事强国作为作战对手。随着人工智能等高新技术群的迅速发展，不断推动战争形态和作战方式的发展演变，而马赛克战正是在人工智能技术日益成熟的前提下，以现存的武器装备为基础应运而生的，已经成为美国重点发展的愿景，不断在装备体系和作战模式中得到部署和应用，其必将坚决维护美国的国家利益和领土安全。

2.2.1 马赛克战框架

马赛克战框架是基于网络信息体系的，一个庞大、复杂和多层次的综合体系，是由相互联系、相互作用和相互关联的若干作战要素、作战单元、作战系统，按照一定的结构综合集成，并按照相应机理实施运作的有机整体。着力聚合全维时空要素，加快全域作战力量高度融合，加强基于网络信息体系的马赛克战体系建设是关键。马赛克战在栅格信息网的支持下，由情报侦察网、指挥控制网、火力打击网和综合保障网4个作战应用网构成，如图2-1所示。

1. 情报侦察网

情报侦察网是通过对各类感知资源进行优化组合，形成一体化联合战场情报保障体系，对战场各类作战目标，尤其是时敏目标，进行全天时、全天候不间断侦察监视，实现全维战场态势实时感知。在情报侦察网的支持下，马赛克战在体制上打破了情报侦察体系分割的状态，具备全方位、全空间的情报搜集能力，在

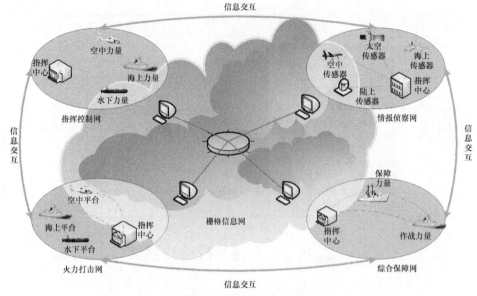

图 2-1 马赛克战框架

时域、空域、频域上形成互补。时域互补是情报侦察体系对重点目标进行持续的侦察监视,提高对重点目标的侦察频率;空域互补是扩大情报侦察区域,并实现对重点区域进行重点侦察的全空域覆盖,减少侦察盲区;频域互补是利用多种不同频段的探测手段对重点区域和目标进行侦察,以获取目标的频率信息,大大提高对目标的侦察、识别、定位和跟踪。利用情报侦察网,马赛克战实现了陆、海、空、天等多域传感器的战场组网,能够实时掌握战场空间内的敌、我、友各方力量部署及动向,及时了解水文气象等战场环境。

2. 指挥控制网

指挥控制网是根据"精确指挥、全域控制"的作战需求,将感知、指挥、火力和保障等作战资源进行规划,形成多种力量一体筹划、战略战役战术联动筹划、作战要素与保障要素同步筹划,保障指挥员对各个作战力量节点的实时统一指挥,是提升马赛克战作战能力的支撑和纽带。依托指挥控制网,马赛克战各级指挥机构实现横向和纵向的互联互通,形成多种作战力量一体的指挥控制体系,有效把握智能化作战节奏。随着未来战场作战节奏加快,攻防转换频繁,作战态势变化迅速,指挥员及指挥机构必须快速判断、迅速组织,在较短时间内,掌握作战的主动权。马赛克战利用指挥控制网实现对各种作战力量的协调控制,是实现其有效联动、优势互补的关键,最大限度发挥马赛克战整体作战能力。马赛克战能够实现指挥员和作战部队同时感知战场态势,达到协调控制和行动执行的无缝衔接,保证指挥员对全域作战力量的精准控制。

3. 火力打击网

火力打击网是马赛克战将不同作战域的不同作战力量进行智能联合组网,形成联合作战规划、网络瞄准、精确制导等联合作战体系,保障精确作战平台的实时控制和打击目标的实时变更。马赛克战为己方武器平台提供高精度、高可靠的连续精确定位,实现对武器系统的精确制导,在精确制导信息和目标定位信息的指引下,通过回传弹载相机图像,辅助实现对敌方有生力量、军事设施、武器装备进行有效打击。马赛克战通过陆基、海基、空基作为载体,构建多层次、全空间的火力打击网,其反应速度更快、命中精度更高、打击距离更远、毁伤效果更好,能够对作战目标实施陆海空天一体的火力打击,并对敌方作战目标的毁伤程度进行评估,以确定其是否丧失战斗力。火力打击网在 C^4ISR 系统的支持下,用信息化和智能化的高精度武器装备实施精确打击行动,是马赛克战体系作战的关键构成要素,也是瘫痪敌作战体系或关键节点的重要保障。

4. 综合保障网

综合保障网是保障马赛克战行动顺利实施的关键。建立多维立体、实时精准的综合保障体系,才能为高强度智能作战提供高效、精准、快速的综合保障。马赛克战构建战略战役战术多级一体、陆海空天联合实施的综合保障体系,进行网络化集成,是实现作战实体之间的互联互通和信息共享,提供实时联动保障,有力支持作战行动的高效运转,保障马赛克战体系作战能力的生成。未来战场作战范围大,战场局势变化快,要求综合保障必须具备灵敏反应能力,借助综合保障网,在最短时间内,以最快的速度对作战部队实施精准保障。马赛克战通过综合保障网实现了各作战力量的高度耦合,实现作战行动与保障行动的同步运行、整体联动,进而将各作战要素能够凝聚为一个整体,实现多要素或全要素作战效能的高度聚合。综合保障是实现智能化作战的重要保证和条件,是马赛克作战能力的基本要素之一,也是形成体系作战能力的重要保障和前提。

2.2.2 战场信息在马赛克战中的任务

纵观马赛克战构成框架,栅格信息网是马赛克战作战能力发挥的核心要素,贯穿于作战行动的全过程,其主要目的是服务各级作战用户。战场信息对马赛克战作战能力具有强大支撑作用,强化了马赛克战体系作战能力的持续发挥。在马赛克战中,针对马赛克战指挥和打击行动的全过程,可将战场信息支援的主要任务划分为 5 个方面:提供战场态势信息、保障作战筹划与决策、保障力量部署与行动协调、保障作战实施与控制以及保障作战效果评估,如图2-2所示。

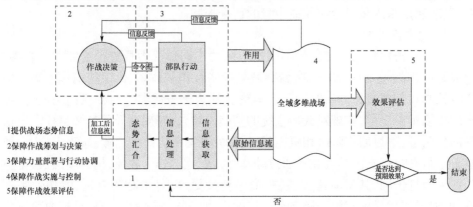

图2-2 战场信息在马赛克战中的任务分析

1. 提供战场态势信息

提供战场态势信息是利用情报侦察网获取原始情报数据信息,经过加工处理、态势汇合形成有价值的情报产品,作为马赛克战作战筹划与决策的依据,因此提供战场态势信息是情报侦察网的首要任务。利用有人或无人作战平台搭载的侦察监视类、环境监测类等传感器对交战区域进行全天候全天时跟踪监视和环境监测,获取作战区域内的动态目标、地形地貌、水文气象等信息,并对获取的原始数据进行加工处理,把处理后的有价值的情报信息及时传输到马赛克战作战指挥机构。从宏观-微观角度来讲,不管是战略战役级,还是战术级、单兵级,提供战场态势信息都是制胜未来战场的决定性因素。但是从不同的作战平台来讲,战场态势可视化是提供可用战场态势信息的前提,能够实现陆、海、空、天等多维作战态势感知融合。具体来讲,马赛克战利用战场态势可视化功能,能够实现战场目标动态显示、战场环境实时监测等各个功能,为马赛克战作战指挥机构制定科学的作战计划和实施精准的火力打击提供基本保证。

2. 保障作战筹划与决策

作战筹划与决策是把作战意图转化为部队行动的一系列活动。作战任务的完成需要不同的作战力量共同实施,在战场信息支援下,将作战任务进行合理分配,作战部队按照作战方案要求共同完成作战任务,因此,保障作战筹划与决策是战场信息保障的核心任务。战场态势信息通过通信中继类装备传递到指挥员手中,指挥员对战场综合态势进行分析研判,制定科学的作战实施方案,从而把信息优势转变为决策优势。未来智能化时代,运用传统的信息处理模式,难以有效应对马赛克战的海量信息处理,这将极大地增强指挥员掌握与运用信息的难度。马赛克战作战筹划中,需要分阶段提出关键信息需求,明确优先敌情、重要我情和特定战场环境信息掌握要项,引导与驱动情报机构有针对性地搜集情况、整编信息、分析研判,使战场信息保障马赛克战作战筹划与决策的针对性更强、效益更高。从提升作战能力的角度出发,战场信息保障马赛克战筹划与决策,是筹划作战活动的重要驱动,是赢得作战主动权的核心因素。

3. 保障力量部署与行动协调

按照作战筹划与决策的要求,对作战部队实施力量部署与行动协调。指挥员及其指挥机关需要实时跟踪和掌握作战部队的动态,根据战场态势变化及时调整力量部署、协调部队行动,以保障作战任务的顺利展开,因此保障力量部署与行动协调是战场信息保障的重要任务。马赛克战面临着部署分散、组织协调困难、战场环境残酷、容易受各种自然和人为因素干扰等困难,利用通信中继类装备向作战部队及时、准确、保密地传达作战指令,是越级指挥、跨区联络、远程通信、机动行军中的移动通信等行动的重要保障,保证力量部署的准确以及计划协同与临机协同的顺利转换、快速衔接;利用导航定位类装备为指挥机构组织部队行动提供精确的导航、位置和时间信息,为马赛克战作战力量快速无误地兵力机动、建立战场统一坐标、测定战斗队形提供保障,确保作战部队与指挥机构及其他部队协调一致地行动。智能化时代,战场信息保障力量部署与行动协调事关马赛克战全局,能够把决策优势转换为行动优势。

4. 保障作战实施与控制

作战部队接收到作战命令后,及时在陆海空天网五位一体战场实施作战,联合作战指挥部必须对作战过程进行有效的控制,并接收敌我双方态势、战场环境等反馈信息,如果作战部队行动偏离和即将偏离既定作战目标时,需要及时对部队实施有效控制;或者根据战场态势变化及时调整作战计划与行动,因此保障作战实施与控制是战场信息保障的关键任务。利用侦察监视类和环境监测类传感器完成对目标外形结构和分布特性的判定,绘制交战区双方作战力量部署图,以及建立交战区完整的水文气象、地形地貌等战场环境影像图,为马赛克战提供目标指示和环境保障信息;利用通信中继类装备提供大容量、远距离、高可靠的通信保障能力,实现马赛克战战场态势与作战指令信息的高效稳定传输;利用导航定位类装备提供导航定位或精确制导信息,有效保障马赛克战的作战实施与控制。战场信息保障作战实施与控制,使马赛克战呈现出反应速度快、命中精度高、杀伤威力大等特点,从而把行动优势转换为战争胜势。

5. 保障作战效果评估

作战效果评估是对作战的实际毁伤效果进行评估,验证不同作战力量对作战目标毁伤效果的差异,实时调整打击手段的使用,保证获取最佳打击效果。及时准确的作战效果评估,是指挥员及其指挥机关制定作战决策和协调控制部队的基础,是实施后续作战的依据。作战效果评估可能是一次战斗行动的结束,也可能是下一次作战行动的开始,战场信息保障作战效果评估是保证马赛克战顺利实施的重要补充。利用侦察监视类传感器对敌方目标的打击效果进行实时侦察,并将侦察信息传输到马赛克战指挥机构,并对打击效果进行评估,为指挥员及其指挥机关制定后续作战决策提供可靠的情报支持;利用通信中继类装备,向马赛克战各级作战力量及时、准确、保密地传达作战指令,为协调部队执行下一步作战行动提供可靠的通信保障。战场信息保障作战效果评估,基本上能够持续侦察敌方目标的毁灭程度,评估是否制定新的作战计划,加大对敌方目标的火力打击强度,为马赛克战的分散打击、集中摧毁奠定重要基础。

2.2.3 战场信息层次化保障模式

通过分析马赛克战框架,栅格信息网是马赛克战正常运行的基础,是支撑作战能力高效稳定发挥的关键。战场信息作为栅格信息网的核心要素,如何有效保障马赛克战,成为亟待解决的关键问题。战场信息层次化保障模式是实现战场信息保障作战效能最大化的重要模式,根据战场信息保障任务以及力量运用和联合作战原则,在满足马赛克战具体作战需求的前提下,运用分解和组合的方式,构建战场信息保障体系,实现战场信息快速、准确、高效地应用于马赛克战的重要行动中。战场信息层次化保障模式主要由作战规模层、支援形式层、功能模块层、保障力量层和保障要素层5个层次组成的,如图2-3所示。

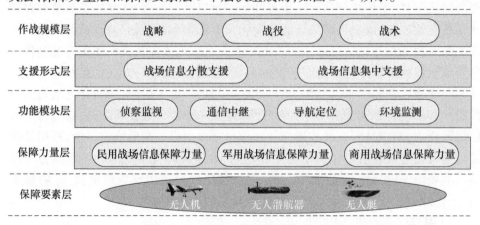

图2-3 战场信息层次化保障模式

1. 作战规模层

作战规模层是战场信息保障的基本层次,主要包括战略、战役和战术层次。在战略层次,利用各类信息支援力量获取战场情报、通信等信息优势,达到夺取制信息权的战略目标,保障军队的战略决策;在战役层次,信息支援是各种作战力量实施联合作战的纽带,通过构建战场综合信息网,使联合作战体系具有结构和功能上的整体优势,提升基于网络信息体系的联合作战能力;在战术层次,战场信息保障各种战术行动,着眼作战行动需求,提升作战部队武器装备的作战效能。战场信息保障战略、战役和战术层不是孤立的,而是相互协同、相互支援的,在很大程度上保障了联合作战行动的顺利实施。

在马赛克战作战行动中,涵盖作战规模层的战略规模层、战役规模层和战术规模层3个层次。在和平时期,各类信息支援力量对敌战争潜能进行战略侦察监视、战略预警、战略通信等战略行动,为是否实施马赛克战进行战略预判;在作战过程中,信息支援力量对己方武器平台进行精确定位、敌方导弹进行精确制导等战役行动,为实现马赛克战精确打击提供信息保障;在马赛克战的某次具体作战行动中,信息支援力量为武器装备提供作战行动所必需的战术信息,提升武器装备的作战效能。马赛克战过程中,战略、战役和战术3个层次彼此分离,又交叉融合,战场信息同样需要基于作战规模进行精准高效保障。

2. 支援形式层

支援形式层是指战场信息保障采取的支援形式,可以分为战场信息集中支援和战场信息分散支援。未来作战是信息化联合作战,要实现陆、海、空等多种作战力量的高度聚合,必须依靠各类信息支援力量提供有效的战场信息保障。战场信息集中支援与分散支援相互作用、相互补充,为己方作战力量提供全天候、近实时的侦察监视与气象保障;提供大容量、抗干扰、高保密的通信保障,确保己方获取的各种情报信息可靠、实时、保密;提供实时的导航、定位、授时服务,为作战力量提供高精度、大范围的导航、定位和授时。通过集中支援和分散支援,使战场信息完全融合于联合作战体系,提高联合作战能力。

战场信息集中支援是实施马赛克战的重要基础,在战略层次,要实现对敌方重点地区的关注,在有限信息支援力量的条件下,统筹规划信息支援力量,采取力量集中支援形式;在战役战术层次,马赛克战行动的协调性、精确性和高效性都依赖于信息支援力量的整体保障,也需要采取力量集中支援形式。战场信息分散支援是实施马赛克战的重要手段,在战略层次,对敌方进行战略侦察监视、战略预警、战略通信等方面,需要信息支援机构直接提供战略支援保障,采取力量分散形式;在战术层次,为实现对作战力量信息保障的时效性和精确性,同样需要信息分散支援,以满足作战部队对战场信息的快速响应需求。

3. 功能模块层

功能模块层是战场信息保障的核心环节。根据作战部队对战场信息保障需求,分解得到基本功能模块,主要包括侦察监视模块、通信中继模块、导航定位模块和环境监测模块。然后对各模块内部和模块间进行合理的任务规划,以充分发挥战场信息资源的局部和整体效能。战场信息支援力量模块化,就是通过战场信息集中支援和分散支援,对不同层次的联合作战行动进行战场信息保障,可以是不同的功能模块分别对联合作战进行战场信息保障,也可以不同的功能模块根据作战需要与其他功能模块进行灵活组合,对作战部队形成功能更强大的战场信息保障能力,能够有效应付各种类型、各种样式的联合作战行动。

在马赛克战行动中,为准确提供战略及战役决策依据,利用搭载的环境监测类传感器及时掌握战场气象水文环境信息;利用搭载的侦察监视类传感器发现、识别、跟踪敌方重要军事目标,对重要军事目标的毁伤程度进行评估,截获和监听敌方电子设备、重要设施和军事目标所辐射的电磁信号,以获取敌方战略、战役和战术情报;利用搭载的通信中继类设备为指挥控制、情报侦察、火力打击、机动防护和综合保障提供传输通道;利用搭载的导航定位设备提高武器系统的命中精度,为发射阵地提供快速定位、定向信息,为导弹、战机等传感器平台提供精确的实时位置、姿态和速度信息,提高武器系统的作战效能。

4. 保障力量层

保障力量层是战场信息保障的重要归属,主要包括军用、民用和商用战场信息保障力量。信息化联合作战对战场信息保障的需求增大,仅靠军用战场信息保障力量难以满足作战需要,由民用和商用战场信息保障力量承担起部分信息保障成为必然。随着军民融合的顺利开展,军用、民用和商用战场信息保障力量将充分发挥其应有的作战效能,在联合作战行动中,军用战场信息保障力量是战场信息支援的主体,民、商用战场信息保障力量是战场信息支援的重要补充。对军用、民用和商用战场信息保障力量的不同功能模块进行优化组合,形成适应不同作战样式、不同作战任务的联合作战行动的战场信息保障力量。

马赛克战是在战场信息支援下的联合作战行动,随着战场信息在军事领域的广泛应用,使作战时空发生巨大的变化。军用、民用和商用战场信息保障力量的界限日趋模糊。未来马赛克战的战役战术情报信息主要依靠无人作战平台来获取,仅依靠军用平台难以完成任务,必须征调商用和民用平台,对其进行有效补充。调用侦察、通信、气象、导航等军用、商用和民用无人作战平台直接或间接服务于马赛克战,日夜监视敌我双方作战态势,对敌方构成全天候、全方位、全时空的侦察监视网络,使敌军各级指挥机构的位置、兵力部署和作战企图尽收其"视野"之中,基本实现战场透明,为赢得信息优势发挥巨大作用。

5. 保障要素层

保障要素层是战场信息保障的基本单元,主要是以无人机为代表的无人作战平台、无人作战平台正常运行的测控系统、搭载的侦察监视类、通信中继类和导航定位类装备。在空中、水面和水下航行的无人作战平台是战场信息保障的基础,通过各类军用、民用和商用无人作战平台才可以获取作战行动相关的情报信息及实现对情报信息的传输;测控系统完成无人作战平台的航迹管理、任务规划和资源分配等,是完成战场信息保障任务的神经中枢;无人作战平台搭载的各类装备是实施战场信息保障联合作战的纽带,使得战场信息融入联合作战体系,为联合作战行动提供精准情报支持和可靠通信中继及导航定位服务。

针对马赛克战行动,使搭载各类应用装备的无人作战平台进行有目的变换航迹,对马赛克战各级用户提供更有针对性的服务,以更好执行侦察监视、通信中继、导航定位和环境监测等任务。根据马赛克战对战场信息的需求,对所有调用的军用、商用和民用无人作战平台进行任务规划和资源分配,使其更好地获取作战所需战役战术情报信息以及提供马赛克战的通信中继和导航定位服务,使战场信息能够更加精准地保障马赛克战行动。利用无人作战平台搭载的各类应用装备,是实现战场信息保障马赛克战正常实施的纽带,使战场信息能够融入马赛克战作战体系的枢纽,是提高马赛克战作战能力的必要武器装备。

2.2.4　马赛克战战场信息保障流程

战场信息在马赛克战中的应用是一个复杂的、系统的过程,单一战场信息资源无法满足马赛克战的作战需求,因此,应从综合运用的角度研究战场信息的应用流程。基于前面提出的战场信息层次化保障模式提供的信息支援思想,对于马赛克战行动而言,属于战役规模的军事行动;主要采取战场信息集中支援形式,各类战场信息资源综合运用;以信息"准确、全面、高效运用"为原则,研究构建了基于马赛克战作战过程的战场信息保障流程,如图2-4所示。

1. 战场信息获取

战场信息获取为马赛克战的各种作战力量完成作战行动提供信息保障[8]。

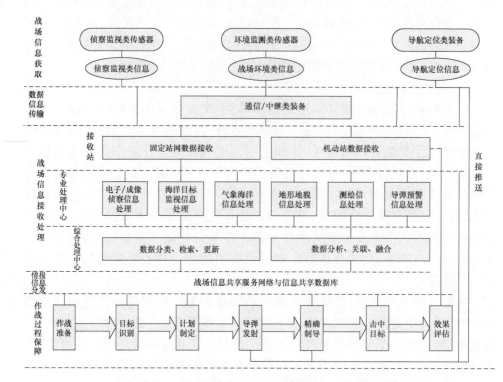

图2-4 基于马赛克战作战过程的战场信息保障流程

（1）以陆地环境与海洋气象环境为基础。在最短时间内为马赛克战各级作战力量提供可用的战场通用环境态势图，以实时广播的方式为各种作战力量提供作战区域地图、地形地貌数据图和海洋气象环境数据图。

（2）以侦察监视与导弹预警为前提。侦察监视系统实时感知战场态势，以准确判断敌方作战企图；导弹预警系统实时感知敌情威胁，特别是敌导弹、战略轰炸机等来袭目标的动态，为战场反导力量提供足够的预警时间，以协同实施马赛克战行动。

（3）以导航定位与精确制导为关键。在马赛克战行动中，导航定位系统为武器平台的快速定位定向提供信息，精确地测出己方精确制导武器的位置和飞行速度，并利用这些信息修正己方制导系统的误差，提高命中精度。

（4）以毁伤效果评估为补充。毁伤效果评估是实现马赛克战的有效补充，侦察监视系统是获取打击效果图的关键，在较短时间内为马赛克战指挥机构提供可靠的打击效果信息。

2. 数据信息传输

直接或利用通信/中继传输系统将各类无人作战平台所获取的原始数据信息传输到地面接收站。

3. 战场信息接收处理

将获取的模糊的数据信息，经过处理、加工、融合，得到可用的情报信息。

1）接收站

接收站分为战场信息支援力量所属固定站网和机动站。战场信息支援力量所属固定站网以集中支援的模式对作战部队实施保障，对接收的数据信息完成验证和预处理，将处理后的信息传输到专业处理中心；机动站重点以分散支援模式对作战部队实施保障，直接完成信息的接收、处理，提供给作战用户使用。

2）专业处理中心

各专业处理中心分别对获取的数据信息进行筛选，并将筛选后的数据信息传输到综合处理中心。

3）综合处理中心

数据信息在综合处理中心进行集成处理，通过数据分类、检索、更新和数据分析、关联、融合，形成作战目标的综合情报信息，然后存储在战场信息共享数据库中。

4. 情报信息分发

各级作战用户可根据自己的权限通过战场信息共享服务网络，从信息共享数据库获取所需要的数据、信息或情报产品。

5. 作战过程保障

马赛克战作战用户提取到所需要的情报，将其应用于马赛克战的各个环节，为作战准备、目标识别、计划制定、导弹发射、精确制导、击中目标和效果评估等各阶段提供战场信息保障。

2.3　马赛克战作战机制

马赛克战是多域编队和能力的可行方法，需要更多人员和科学家来演练并执行的外场试验。马赛克战制胜理论是将小型、低成本灵活系统进行快速创意组合，将作战视为具有突发性的复杂系统，使用低成本武器及赛博效应对敌形成压制态势，其核心是低廉、快速、致命、灵活和可扩展。综合马赛克战的特点和优势，研究马赛克战在陆域、海域和空域的运用，超越传统的以平台为中心的作战体系方法，实现对敌先发制人打击、错位和袭扰的全新作战方法。

2.3.1　马赛克战基本特性

战争是时代的产物,每个时代的政治、经济、军事、文化、科技等都会以不同方式映射在战争中,给不同时代战争打下鲜明时代烙印。当前,马赛克战理论和实践突破了传统的战争形式,强调综合使用陆地、海洋、空中、太空、电磁等多空间领域,加强利用有人/无人、隐身/非隐身等多类型作战力量,注重全频谱综合运用军事和非军事手段、常规和非常规战术,呈现出传统战与非传统战聚合发力的显著特性,这成为马赛克战与其他传统作战的重要区别[9]。

1. 主体多元性

行为主体在传统作战中具有鲜明特征,而马赛克战发生在作战全过程的所有环节,其主体力量更是逐渐趋向于多元化,降低单一力量的影响。马赛克战参与主体力量具有多维性特征。传统作战力量主要集中于军事领域,从事情报侦察、火力打击等作战行动,而马赛克战的主体力量类型更加多元,除综合使用陆地、海洋、空中、太空、电磁等多领域作战力量外,还广泛运用非军事力量。马赛克战参与主体力量具有多层性特征。传统作战行动中,武器装备现代化程度越高,往往越有利于作战行动的具体实施,而马赛克战分解了现代化武器的战场功能,满足打高技术战的同时,又可以打低端非正规战的实际需求,因此使用的武器装备通常是由高低混搭,尖端与简单并存,更加强调满足作战需求适合度,有利于降低作战成本。与传统作战行动相比,主体力量多元化并运用适当是赢得马赛克战的基础,马赛克战更强调多主体力量的协调配合,主体力量结构合理与否,能否迅速有效集中力量并打出战场组合拳,是实现作战效能最优化的关键,否则即便拥有多主体力量,可能依然不能制胜马赛克战。

2. 形式融合性

马赛克战实践表明,它是多个战场、多种手段、多种作战样式混合的作战行动,其形式融合性主要体现在作战场域、作战样式和作战效能的融合。作战场域的融合性。马赛克战扩展了作战空间,将传统陆海空天电多维空间拓展到物理域、信息域和认知域,导致马赛克战结局直接取决于所有作战域组成的融合域。作战样式的融合性。多种作战样式并用是马赛克战的显著特点,相比传统作战行动,马赛克战综合运用火力战、网络战、电子战等手段,完成从导弹攻击、电子压制到效果评估,呈现出从毁灭性攻击到作战效能评估的交替混合。作战效能的融合性。马赛克战的火力战、电子战等多种作战样式混合并用,最直接的效果就是实现作战效能的叠加融合,完成从量变到质变的本质变化,支撑马赛克战投入少见效快,用低烈度打击就可以实现作战目的。在近几年的叙利亚战场上,呈现出激烈的高技术战、特种战以及大规模网络战、心理战、舆论战等融合叠加的复杂场景,传统作战形式已经难以满足,马赛克战实现了多种战场、手段和效能的高效融合,是适应未来战场实际需求的重要保证。

3. 行动迷惑性

与传统战争相比,马赛克战的手法更加隐蔽,不易被察觉,其行动的准备、实施和主体具有很强的迷惑性和危害性,在可以预见的未来,信息和决策将成为马赛克战行动的重要领域之一,通过实现马赛克战,有望形成在作战行动上的绝对优势。行动准备具有迷惑性。马赛克战强调出其不意,在一定时间内不会主动暴露,在作战行动实施前会按照战场需求进行模块化快速组合,提升作战体系的高适应性,降低了马赛克战行动时间敏感度。行动实施具有迷惑性。马赛克战强调火力战、电子战、认知战等高度融合,往往通过开展高强度的全域对抗,潜移默化的软化敌方对抗意志,降低了马赛克战对抗行动敏感度。行动主体具有迷惑性。马赛克战强调行动的隐蔽性,打乱了敌方的作战部署,使敌难以有效应对战场态势的变化,降低了马赛克战主体力量的威胁敏感度。马赛克战分布式作战能够完成各个要素的整合和调整,实现作战行动的高适应性和强迷惑性,但模块化武器平台在较长时间内还是难以代替包括舰船、飞机等在内的传统多用途武器平台,目前的技术成熟度很难支撑马赛克战成为现实。

4. 风险可控性

高科技发展推动马赛克战向跨领域、多手段拓展,多元化作战主体在冲突中扮演着不同的角色,起到不同的作用,使马赛克战成为应对未来战争的重要模式,尤其是作为非国家行为体的极端恐怖分子,很少按传统的作战规则出牌,使得马赛克战存在很强不确定性。马赛克战目标弹性化。从制造"可控作战"的角度出发,以遏制对手、削弱对手、征服对手为作战目的,作战目标不再是单一目标,而是由多种目标组成的混合目标群。马赛克战调控临机化。马赛克战进程可能更多是个基本脉络,而不像传统作战行动那样有着明确的时间表,只是制定了在某些环境条件出现时才会启动某一进程,或者当某一条件消失时还可主动结束现有进程,回到原有进程。马赛克战成本可控化。马赛克战作为风险可控的控制战,本质上是一场有限战争,其目的是塑造一种有利态势,在动态变化进程中实现各阶段的不同目标。目标弹性化、调控临机化和成本可控化都是建立在有利的战略态势上,间接性、长期性和非正面对抗性为马赛克战风险可控提供了可能,限制了战争的无限升级,使得战争不再是昂贵的奢侈品。

2.3.2 马赛克战行动构想

美国马赛克战概念虽然由 DARPA 而非军兵种、智库或战争学院提出,但已经在军队领导人收获很好的反响。马赛克战是美军积极探索作战变革的结果,是针对外部日益增强的军事威胁和自身逐渐减弱的军事优势而提出的新型作战概念,DARPA 战略技术办公室正与战术技术办公室携手规划马赛克战技术的发展方向。未来马赛克战是全域、有人/无人一体协同的体系作战,其能够在最大程度上减少体系作战的维护成本,颠覆传统的作战制胜机理,如图 2-5 所示。

图 2-5 马赛克战示意图

1. 功能节点分散部署

马赛克战继承美国海军分布式杀伤和空军分布式作战等概念,改变传统线性、捆绑式杀伤链的部署规则,将不同功能节点分散部署在大量、低价的武器平台上,实现功能节点在更广域空间的分散化部署,使马赛克战相较传统作战模式有了很多新变化。虽然美国高性能武器平台能够很好地执行特定作战任务,但较高的价格限制了数量的增加,进而制约其大规模战场部署,而马赛克战的感知、决策、行动等功能节点分散部署在成本低、体积小的作战平台上,不但形成非线性、分散式杀伤链,还可以支持大规模战场部署,能够快速实现体系作战的功能性重组。功能节点的分散部署,使作战平台处于不同的地理位置,给敌方作战效能的发挥带来极大的限制,如航母集群编队作战改为多个小型舰艇集群的分布式作战,能够有效限制敌方饱和攻击对航母集群的影响。在进攻性作战中,为降低有生力量的伤亡,马赛克战进攻体系可以利用大量小型无人化作战集群等低价值作战平台,搭载进攻性武器,凭借数量上的绝对优势形成突防能力的相对优势,在敌方防御范围内遂行自杀式攻击,完成对敌方目标的全方位精准打击。在防御性作战中,马赛克战防御体系的功能节点分散部署在整个广域空间内,有效扩大了防御面积,分散敌方火力打击方向,在一定程度上避免防御体系遭受功能性毁伤,提升自身的防护生存能力。马赛克战将传统线性、捆绑式杀伤链改变为非线性、分散式杀伤链,淡化核心节点作战功能,防止因其毁伤造成整个作战体系的功能性毁伤,提升马赛克战的柔性作战能力。

2. 体系网络动态重构

随着作战节奏越来越快,面对不同程度、不同范围的打击威胁,马赛克战改变了传统的对抗模式,根据敌方战场上的即时态势,统筹调度自身可以利用的各类作战资源,对其进行实时动态分配,形成局部乃至全局的最优自适应杀伤网。高对抗基础上的体系网络自适应调整,能够快速动态重构作战体系网络,支持体系网络的动态管理与韧性抗毁,实现马赛克战的快速拼接和能力生成,保证全域作战力量的充分耦合,并根据即时作战任务需求重构出数量巨大的杀伤链,编织成非线性、分散式密集杀伤网络。随着人工智能技术的发展,无人智能化装备日益成熟,未来马赛克战必会朝着有人平台和无人平台集群作战的方向发展,感知、决策和行动等功能节点随机部署在有人平台和无人平台上,任一作战平台被毁伤,作战体系都会按照即时作战需求快速优化重构作战集群体系网络,使作战体系网络一直处于动态调整中,马赛克战淡化了有人平台与无人平台的功能界限,强化了集群作战的体系韧性,确保其拥有极强的抗毁性。通过部署大量、低成本武器装备自主完成体系网络动态重构,支持部分装备被毁伤后的快速补位,有效弥补了战场装备损失的强消耗,迅速恢复了体系网络杀伤链,确保整个作战体系的功能完整性。基于不同作战任务需求,马赛克战依托自适应动态网络,实现各武器装备之间的功能耦合,快速重构出最优链接链路、数据服务链路和功能协同链路,灵活拼接出满足作战需求的最优体系网络,实现体系资源的最优化调度,强力提升作战体系网络的韧性和弹性。

3. 作战任务智能认知

传统作战模式都是以核心装备作为体系网络的中心节点,通过信息系统聚合其他装备构建形成聚焦式作战体系,核心及其他装备的作战任务基本上都是"既定"的,突发战场态势下很难即时改变作战任务,作战体系具有较强鲁棒性。依托大数据、人工智能、神经网络算法,智能化战争将具有隐蔽突然、全域多维、极限生存、指控精确、效费比高等作战优势,其突破了人类的生理和思维极限。马赛克战作为智能化战争的一种重要样式,必定会从概念雏形逐步走向作战实际,打破了传统的聚焦式作战体系结构,形成网状作战体系,而智能认知技术作为人工智能技术群的关键技术,能够充分推动无人智能化装备的发展,支撑网状作战体系具备精准、弹性和智能的作战特征。充分利用智能认知技术,最大程度上减少战场态势即时变化对"既定"作战任务的影响,通过自主认知敌方战场态势,智能识别敌方作战力量部署的即时变化,并根据此变化及时调整作战决策,形成新的作战计划,引导火力打击平台完成对敌方力量的精准打击。智能认知技术淡化了核心装备在网状作战体系中的中心地位,而其他装备却通过该技术颠覆了本应具有的辅助地位,进而使网状作战体系任一节点都能够按照作战需求"智能认知"作战任务。在马赛克战中,无人智能化作战集群将会逐步发展成为战场上的主力军,其能够根据战场即时态势真正做到"智能认知"作战目标,"智能认知"作战决策,"智能认知"作战手段,"智能认知"作战效果,使得战场迷雾降低几个量级,作战效率和打击灵活性都得到革命性重塑。

2.3.3 马赛克战运行机制

从提升作战能力的角度出发,增强海上作战体系的攻击力和柔韧力是亟待解决的关键问题,基于此,改变海上作战模式,颠覆传统制胜机理,成为马赛克战有效克敌制胜的法宝。以有效应对海上强对抗为出发点,构建"分解—重组—聚合—自愈"的马赛克战运行机制,对传统复杂作战系统进行有效分解,然后再对分解后的作战要素进行网络化集成,最后将重构后的作战系统进行智能化聚合,这为有效应对现代非对称作战,赢得未来海上智能化战争奠定重要基础。

1. 复杂系统分布式分解

传统作战体系是以高价值武器装备作为核心,辅助必要的低价值武器装备构建作战体系,运用强力突袭的方式,攻击敌方作战体系的核心节点。高价值武器虽然能够对敌方攻击势头造成致命性压制,但同样会遭受敌方的重点反制,一旦高价值武器装备被击毁,势必会挫伤攻击势头,实现高价值武器装备功能存在是马赛克战战斗力生成的重要基础。将原有高价值复杂武器装备及系统分解为若干物理分离、结构简单、功能单一的作战要素,通过信息互通保持功能一体,提高核心装备功能的战场生存率,保证体系作战能力持续生成。复杂作战系统通过分布式分解,使马赛克战杀伤链的主要功能分布在大量、小型、廉价、多样的武器装备平台上,分散部署于陆海空等不同作战域,分布式结构不仅带来武器装备的形态变化,同时也带来作战样式的颠覆性改变。现有海上攻击集群中,通常以航空母舰作为核心节点,其指挥控制、火力打击等功能模块都主要以航空母舰作为载体,针对海上作战集群航空母舰节点的极端重要性,势必会引起敌方作战力量的集中饱和攻击。随着马赛克战日益成熟,首先将不同功能模块分散部署于不同作战平台上,实现指挥控制、火力打击等功能模块搭载在不同舰艇平台上,其次将同一功能模块交替部署于不同作战平台上,实现指挥控制或火力打击模块在不同舰艇平台上能够进行交替指挥和攻击。

2. 分解要素网络化集成

高价值武器系统具有研发周期长、费用高等特点,从而使装备升级换代一直处于大周期慢速的状态之中,而马赛克战的出现,颠覆了武器装备升级换代的模式,利用简单、低廉的武器装备代替复杂、昂贵的武器系统,使武器装备升级换代向小周期快速迭代的方向转变,进而使整个武器装备体系处于高度动态变化中。现代战场充满着无处不在的战场网络,马赛克战正是依托该网络将分布于陆海空天战场的低价值武器装备进行优化重组,并通过实时更新的战场信息集成为功能强大的作战体系。随着未来战争的日趋激烈,来自不同空间的直接对手也日趋增多,从有效应对不同规模冲突威胁的角度出发,马赛克战体系可根据实际战场态势,统筹调度各类作战资源,实时进行动态重组分配,以更多组合方式实现战场网络的动态重组,形成最优化的自适应杀伤网,提高部队的战场适应能力,以应对多样化的战争威胁。现代海战中,通过复杂系统分布式分解的运行机制,淡化了航空母舰作为海上编队核心载体的地位,实现侦察情报、指挥控制、火力打击等作战功能部署于不同武器平台,而通过分解要素网络化集成的运行机制,将分散部署的各作战功能又利用网络化集成的方式实现动态优化重组,构建出攻防一体的柔性作战体系,从而激发出强大的攻击力和防护力,有效提升海上综合作战能力,极大地降低了战场耗费比。

3. 集成系统智能化聚合

随着人工智能技术的进步,战场网络不再是单纯的"网络",而是能够根据战场态势进行自适应重组,利用分解要素网络化集成的运行机制,形成高度凝聚的集成系统,而通过集成系统智能化聚合,实现了网络化集成作战系统的有机聚合,为构建高度智能化的作战体系提供重要保障。马赛克战体系就是依托高度智能化的战场网络实现自组织、自适应和自重构,将空中、海上、陆上等集成系统进行有机聚合,实现平稳运行并涌现出整体作战效能。现代战争的作战节奏不断加快,杀伤链反应时间不断缩短,传统作战模式已经难以应付现代战争,马赛克战的出现正好弥补这一缺陷,能够将不同时间和空间的集成系统进行智能化聚合,从耗费最低、效率最高、能力最强的角度出发,构建有效应对战场态势变化的智能化作战体系。随着作战任务和作战环境的变化,马赛克战体系可以对武器装备、力量部署和作战行动等进行自主化、智能化的海量调整,以秒胜为基准的实战速度构建作战体系,应对复杂多变的战场环境,并利用智能认知技术进行辅助决策,使战场指挥控制更加顺畅高效。例如,无人作战集群可以根据实际战场情况,自主完成识别、决策、打击等智能化"认知"行为,凸显作战过程的高度智能化,不但能够使战争迷雾降低几个数量级,还可以有效应对复杂多变的作战行动,极大提升应对智能化战争的高效性和灵活性。

4. 聚合体系高弹性自愈

传统作战是由陆海空天等要素构成的刚性作战体系,所有节点都是相互依存和相互支撑的,任何一个作战节点被击毁,都会形成作战体系漏洞,尤其是某些重要节点被毁坏,会直接击溃整个作战体系的正常运行。传统作战体系就是利用数量有限的高端能力应对低端威胁,其自愈能力是很脆弱的,当作战节点被击毁后,只有通过快速补位的方式,才能弥合作战体系漏洞,恢复体系作战能力,在补位缺失的情况下,会严重影响作战能力的发挥。马赛克战改变了传统作战体系,任何作战节点被击毁,即使在补位缺失的情况下,也能够通过弹性铰链的方式,快速智能弥合作战体系,最大限度降低对作战能力的影响。在作战过程中,所有作战平台都能够通过战场网络构建高弹性作战体系,尤其是搭载跟踪监视、指挥控制、火力打击等功能模块的无人作战平台,凭借数量上的绝对优势,运用自杀式攻击方式,在防区内遂行进攻性作战任务,对传统防御体系形成非对称作战优势。虽然无人作战平台在作战过程中容易被敌方摧毁,但是该平台搭载的作战功能会快速被其他有人或无人平台所取代,完成战场功能的高效迭代,实现作战体系的高弹性自主愈合,保证作战能力的持续生成。马赛克战使用冗余节点网络,构建一个能够高弹性自主愈合的杀伤网,实现任何平台毁坏都不会对作战效能造成重大影响,降低体系作战的脆弱性。

2.3.4 马赛克战制胜机理

马赛克战是聚焦如何打赢未来战争,是探索应对"大国竞争"提出的作战概念,旨在利用高新技术,将低成本、低复杂度的系统以多种方式组合成一个类似"马赛克块"的作战体系。马赛克战试图将各作战要素打散,通过网络将分散的"杀伤链"拓展成灵活机动的"杀伤网",形成对敌作战的多重优势。通过动态组网,构建灵活机动、自主协同、按需集成、富有弹性的作战体系,形成复杂战场态势,让对手无法判断,陷入决策困境,最终实现对敌作战的绝对优势[10]。

1. 分布式体系制胜

马赛克战体系是以高度智能化的网络信息体系为核心,将物理上相对分离的智能化指挥、情报、通信、数据等节点链接成为一个整体,实现作战体系的分布式攻击和防御。马赛克战通过分布式网络信息体系,实现以作战任务需求为基础,以作战能力需求为发布与反馈准则,以若干系统能力的实时动态智能集成为关键,自主生成满足多样化战场任务需求的作战体系。分布式体系制胜机理体现的是从"兵力集中实现火力集中"向"兵力分散实现火力集中"的转变,这种"化整为零、化集中为分散"的理念是赢得未来战争的更高级阶段。马赛克战通过资源碎片化、功能模块化等方式,将通用平台上的情报感知、火力打击等作战功能分解为最小的实用单元,使得作战要素与平台功能进行深度耦合,达到"越是不拘泥于某种集中方式,集中就越难以阻止"的实战化效果,从而更好地诠释马赛克战集中力量的最好方式不是紧密集结而是适度分散。在马赛克战体系中,所有分散部署的作战节点都可以作为情报节点、指控节点、火力节点,在人工智能技术的支撑下,战场信息和战场态势能够在作战平台之间实现流畅传输,进而达到统一指挥、分散部署、信息共享、火力集中的作战效果,分布式体系制胜符合未来马赛克战无人化、信息化和智能化的发展趋势。

2. 网络化体系制胜

随着技术的发展进步,改变了传统作战体系树状结构状态,马赛克战体系开始转变为网群式结构状态,由众多作战节点组成若干子群,多个子群互相链接构成网络化作战体系。在网络化体系结构中,各作战节点能够实现不间断的动态重组,使敌很难判断力量实体的实时变化。网络化体系制胜机理从破击敌网络化作战体系的角度出发,把毁节断链作为重点,通过采取各种火力打击措施,对网络化体系的关键点链进行摧毁,实现对敌网络化体系的硬毁伤,有效弥补了摧毁指挥中心及主要方向难度大的缺点。从作战体系各节点和链路的作用上来看,指挥节点和打击节点是网络化体系的关键节点,而指挥链路和打击链路是网络化体系的主导链路,选择重点目标进行摧毁的核心原则,就是以目标为中心形成攻击焦点,实现击要害、破网链、断联系的作战效果,切断敌方信息链和指挥链,限制敌作战体系的正常运行。在网络化体系运行过程中,要善于抓住找准脆弱点和薄弱链,从根本上发现敌方作战体系运行的短板,可以从作战体系运行规律中发现,也可以从战斗进程与各战斗时节衔接中发现,还可以从作战体系动态重组中发现,这样就能够合理确定网络化体系的脆弱点和薄弱链,从而采取出其不意的毁伤手段,达到出奇制胜的作战效果。

3. 智能化体系制胜

随着马赛克战装备自主化、决策智能化、战场无人化等新特征的出现,迫切需要新的制胜机理进行指导,夺取战场"制智权",是打赢马赛克战的关键。马赛克战是以秒胜为基准的作战行动,智能化网络信息体系的深度认知和快速决策起到决定性作用,围绕马赛克战情报感知、指挥决策、火力打击等现实需求,发展智能化侦察监视、指挥控制、武器装备等作战系统,将突破人体生理条件限制,发挥持续时间长、作战效能高等优势。智能化体系制胜机理体现的是智能化系统从"辅助人类指挥控制"向"代替人类指挥控制"方向快速转变,导致马赛克战体系能够脱离人类的指挥,具备较强的自主指挥控制能力,可以独立自主地获取情报信息、进行态势研判、做出作战决策、进行战场部署。借助大数据、人工智能和建模仿真技术,能够对获取的海量数据信息进行精准分析研判,颠覆了传统的"以人类经验为中心"作战指挥模式,实现马赛克战向"以数据和模型为中心"的作战指挥模式进行转变,保证马赛克战的决策、筹划和部署更加科学高效。在战场对抗日趋激烈的环境下,马赛克战利用智能化网络信息体系,充分夺取战场"制智权"的优势,先敌发现对方作战体系的薄弱环节,抓住时间窗口和优势窗口,给敌方作战体系以毁灭性攻击,降低被敌摧毁的概率。

4. 高弹性体系制胜

马赛克战通过模块化设计有效提升了作战体系的柔韧性,提高了作战节点间的互操作性、可组合性和易互换性,能够部署大量低成本自主装备,提升作战系统的可消耗性。马赛克战以作战需求为牵引,实现作战装备的模块化重组,利用快速重组/替换的方式,完成现存体系的柔性重组或损失节点的补充替换,迅速恢复杀伤链,这样既可以保证马赛克战体系的平稳运行,又可以实现马赛克战杀伤链的弹性[11]。高弹性体系制胜机理从马赛克战具有高弹性的特征出发,体现出由"火力硬杀伤"向"火力软杀伤"的快速转变,按照战场功能实现装备模块的深度耦合,武器装备的能力生成、动态重组与装备物理实体进行解耦,解除其固属关系,并进行虚拟化和对外提供服务,最终将装备模块分解成若干小型的、对外提供服务的实用单元。例如,将通用平台上的情报感知、作战决策和火力打击类资源进行分解,形成若干功能分散部署的分布式模块,保证各功能模块具有可接替性和可消耗性[12]。同时,马赛克战体系能够基于网络进行灵活构建,面向不同类型作战任务需求,依托自适应动态网络,将分布部署的海量作战单元进行快速灵活自动组合,构建出最优数据传输链路、火力打击链路及作战协同链路,拼接形成作战装备-作战链路-作战杀伤网的弹性制胜机制[13]。

2.4 马赛克战作战能力构成

着力聚合全维时空要素,加快全域作战力量的高度融合,加强基于信息系统的作战体系建设,快速提升马赛克战体系作战能力。马赛克战作战过程和指挥过程中,充分利用侦察监视、通信中继、导航定位和环境监测,增强情报侦察、指挥控制、火力打击和综合保障等作战要素能力,从而提升要素内部及要素之间的整体联动能力。因此,信息应用能力、作战要素能力和作战任务能力相互作用、相互联系、相互支撑,全面保障马赛克战作战能力的有效发挥。

2.4.1 体系作战能力构成框架

侦察监视、通信中继、导航定位和环境监测是战场信息网络的核心构成,信息应用能力也成为战场信息网络发挥作战能力的主要表现形式,信息应用能力是提升马赛克战体系作战能力的基础;作战要素是构成作战单元或某一作战系统的必要因素,通常包括情报侦察、指挥控制、火力打击、信息对抗,以及机动、防护和保障等要素[14],依据马赛克战的基本特征,其作战要素能力主要包括情报侦察、指挥控制、火力打击和综合保障能力,作战要素能力是马赛克战体系作战能力的核心;着眼马赛克战作战任务,形成作战要素能力自身内部联动机制,在战场信息网络链接下,生成要素内部联动能力。同时,基于作战任务需求,在战场信息网络内聚外联的作用下,各作战要素能力之间形成一体化紧密联动,生成要素外部联动能力,要素内部联动能力和要素外部联动能力为作战任务能力的发挥奠定基础;作战要素内部及外部之间相互联动,实现全要素高度聚合,支撑马赛克战体系作战能力的生成。据此分析,马赛克战体系作战能力由作战任务能力、作战要素能力和信息应用能力构成,如图2-6所示。

2.4.2 作战任务能力

马赛克战作战体系由不同层次的作战系统、作战要素和作战单元共同组成,

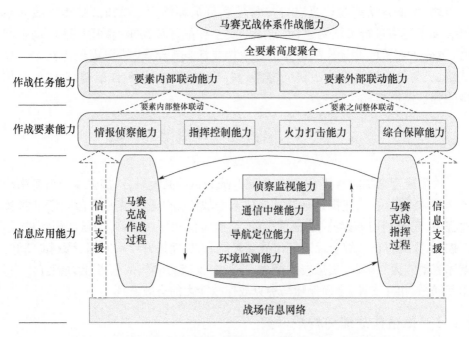

图 2-6 作战任务能力-作战要素能力-信息应用能力的相互关系

并在战场信息网络的链接作用下进行融合。通过研究马赛克战作战行动,搭建体系作战能力与作战任务能力之间的关系,分析在复杂作战体系内,各作战要素内部及相互之间整体联动,形成作战任务能力。形成马赛克战体系作战能力,关键在于作战体系内各作战要素内部和彼此之间能否形成整体联动,作战任务能力通常是由要素内部联动能力和要素外部联动能力两部分组成的[15]。

1. 要素内部联动能力

要素内部联动能力是着眼作战要素自身内部联动机制的形成,生成内部联动能力,是马赛克战体系作战能力生成与释放的前提,是作战要素内部多元作战力量或作战实体的整体联动行为,目的是强化各作战要素整体职能,发挥一体化效能。要素内部联动能力可以分为情报侦察、指挥控制、火力打击和综合保障要素内部联动能力,其中情报侦察要素内部联动能力是综合运用各种侦察手段,及时获取各种情报信息,并对情报信息进行处理、融合,快速生成通用战场态势图,通过战场信息网络,迅速分发各作战单元,实现作战整体联动;指挥控制要素内部联动能力依托战场信息网络,使各指挥单元实现上传下达,实时指挥控制各种相关作战行动,实现指挥控制要素内部的整体联动;火力打击要素内部联动能力是依托战场信息网络,快速完成作战目标信息的获取、传输和分发,对战场上可能出现的情况做出同步反应、快速打击;综合保障要素内部联动能力是通过战场信息网络形成综合保障态势图,全程追踪作战需求,实时显示保障能力和保障行动,对需要保障的作战单元实时"聚焦式"保障。

2. 要素外部联动能力

要素外部联动能力是围绕遂行马赛克战行动需求,在战场信息网络的内聚外联的作用下,各作战要素之间形成一体化的联动能力。通过各作战要素之间的周期性链式运动,将各作战要素链接起来,彼此间形成有效的信息循环,进而形成整体联动能力。这种联动突出表现为作战要素之间的联动上,通过战场信息网络的耦合作用,实现各作战要素之间信息实时传输、实时共享,实现各作战行动的同步运行、整体联动,进而将各作战要素能力凝聚为一个整体,实现多要素或全要素作战效能的高度聚合,保证马赛克战作战能力的持续发挥。

2.4.3 作战要素能力

马赛克战是智能化作战的主要方式,是一种未来的新型作战概念,也将成为智能化作战的主要发展方向。马赛克战要完成相应的作战任务,就必须要对不同作战域的不同作战要素进行相互协调、相互作用、相互融合。作战要素是构成作战单元或某一作战系统的必要因素,通常包括指挥控制、侦察情报、火力打击、信息对抗,以及机动、防护和保障等要素,而马赛克战作为未来的智能化作战,从基于网络信息体系的马赛克战构成框架的角度出发,其作战要素能力通常由情报侦察能力、指挥控制能力、火力打击能力和综合保障能力等组成,如图2-7所示。

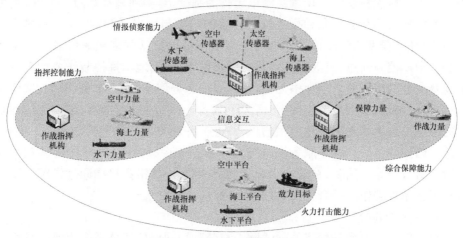

图2-7 马赛克战作战要素能力构成

1. 情报侦察能力

情报侦察能力是马赛克战的前提。争夺制信息权已经成为敌我双方争夺的焦点，而要夺取制信息权，必须首先夺取信息优势，这样才能够极大地减少马赛克战的模糊性和不确定性，增强战场态势的快速和整体感知能力，直接影响到作战进程和结局。马赛克战依托由海空天全维一体共同组成的情报侦察系统，对战场情况实施全天时、全天候感知，获取广域全维、持续有效的战场态势信息，并根据各作战力量的不同需求形成战场态势图，按需分发、定时推送。在智能化作战过程中，各作战力量依托侦察卫星、无人侦察平台及其他手段，获取敌方力量部署及变化，并将获取的情报信息处理后，及时分发到指挥机构及各作战力量。情报侦察能力是实现马赛克战的基础，侦察监视、战场环境支配着智能化作战行动，信息优势一旦失去，各作战力量就会在行动中处于被动地位。利用光学、电子、雷达等多种技术手段，采用组网编队、普查和详查结合等多种方式，及时获取敌方无线电和雷达发射频率以及雷达的脉冲样式或拍摄力量部署变化的图片，以及获取战场地形地貌、水文气象等，为马赛克战提供及时、高效的情报支援，为马赛克战作战力量的动态调整提供重要保障。

2. 指挥控制能力

指挥控制能力是马赛克战的核心。各作战力量依托指挥指控网，在战场通信和侦察情报系统的支持下，围绕马赛克战"筹划、计划、指控和评估"等作战环节，依靠获取的情报信息，利用指挥指控网辅助指挥员快速决策，形成作战行动计划，保障指挥员及作战指挥机构对所属作战力量和作战行动实施有效的指挥控制。指挥指控网是 C^4ISR 系统赖以运行的基础，是实现马赛克战的关键，其可以有效保障战场态势信息和指挥控制信息的传输与分发，缩短指挥控制的反应时间，提升马赛克战的指挥控制能力。借助栅格化信息网络快速传输战场态势感知和指挥控制信息，对战场态势及时做出判断，准确地指挥控制作战行动。未来马赛克战的情报信息呈现多元化状态，战场态势信息全面、丰富、模糊，这样就给情报分析带来了很大的不确定性，为了减少马赛克战的模糊性，情报部门从获取的海量信息中筛选出有用情报信息，并进行有效的信息融合，形成可用的情报产品存储到情报信息共享服务网络与共享数据库中，各作战力量按需从其中提取所需情报产品。同时，在战场出现突发情况后，作战指挥机构通过指挥控制网直接下达命令到作战平台，对敌方时敏目标实施精准攻击。

3. 火力打击能力

火力打击能力是马赛克战的关键。充分利用网络信息体系全面保障马赛克战对海量信息的战场需求，依托火力打击网，实时协调陆海空等作战力量对敌方目标进行精准打击,打乱敌方作战力量部署,为制胜智能化战争奠定重要基础。机械化战争时期,对敌方作战目标的精确打击难以实现,需要消耗大量弹药,却难以达到预期作战效果,极大地影响了传统作战的毁伤效果,因此提高对作战目标的打击精度,是马赛克战需要重点解决的问题。为提高武器系统对敌方作战目标的毁伤能力,马赛克战采用复合制导方式,对武器系统进行精确的定位、定向和制导,使导弹按照规划的路线进行精确飞行,提高导弹打击的精度;马赛克战综合集成多传感器,实时监视敌方防空力量部署,并根据其防空力量部署情况,及时调整导弹的飞行轨迹,同时实时监视敌方时敏目标位置的变化,并根据位置变化情况,实时调整导弹的飞行状态,直至精准命中敌方时敏目标。马赛克战实现对敌方作战目标精准打击的同时,还实时评估作战目标的毁伤效果,判断其是否达到预先要求,通过对各项毁伤指标进行评估,判断是否对其进行重复打击,并对下一次打击的作战目标进行智能判断。

4. 综合保障能力

综合保障能力是马赛克战的补充。依托综合保障网,及时、准确、不间断地对作战力量实施全天候、全方位的综合保障,维持各作战力量的凝聚力和战斗力,为实施马赛克战提供有效的物质保障。在高强度马赛克战中,随着作战节奏的持续进行,不断地消耗物资油料和损耗武器装备,为保障各作战力量的战斗力,从装备和物资两个方面,对作战力量进行持续不间断的综合保障。马赛克战能够推进综合保障由信息化向智能化转变,实现分散保障向精准保障发展演变,按照马赛克战的战场需求,以指挥控制网为基础,支撑起综合保障的指挥链、管理链、服务链和保障链,构建马赛克战综合保障体系。马赛克战要及时获取战场综合保障需求,预测作战行动综合保障的主要方向和基本数据。建立科学高效的战场综合保障系统,构筑联合保障机制,将战略、战役、战术保障力量进行有效衔接,陆海空多维合成,建立精干、高效、模块化的保障体系,将分散部署的保障物资进行信息铰链,形成一体联动、一体保障的综合保障能力。建立以移动保障为主、固定保障为辅的新型综合保障模式,移动保障实现对作战实体的精细化保障,固定保障实现对作战实体的粗放式保障。

2.4.4 信息应用能力

信息应用能力是提升马赛克战要素能力的基础条件,是在战场信息网络的支持下,保障各作战力量实现功能耦合,作战体系整体联动的基础能力。信息支援力量为马赛克战指挥官、作战部队、各级指挥机构提供通信传输,定位、导航和授时服务,环境监测,情报、监视和侦察服务,研究基于作战要素能力的信息应用需求,对马赛克战准确运用信息支援力量具有重要的现实意义。信息应用能力主要包括侦察监视、通信中继、导航定位和环境监测等作战能力。

1. 侦察监视能力

侦察监视是实现马赛克战情报侦察、指挥控制、火力打击和综合保障的前提。综合运用成像或电子侦察监视传感器建立全天候、全地域的侦察监视系统,获取敌方作战目标状态分析、目标确定和打击效果评估等所需要的特征信息。通过无人侦察平台与平台之间的网络聚能增效,以无人侦察平台之间自主组网协同实现"接力式""栅格式"和"分布式"侦察,以无人"蜂群""狼群"等集群布势,利用大数据挖掘技术、机器学习等人工智能算法,将碎片信息、点状信息和节段情报融合分析形成情报成果,实现单一侦察感知汇聚形成群体智慧认知,建立集群体系战斗力。利用无人装备和人工智能的独特优势,实现多种无人侦察平台的灵活组网,对敌重点区域、重点目标进行连续、不间断侦察监视,预测敌方作战企图,及时为己方提供作战威胁等预警信息,及早发出威胁预警。例如,俄军在新一代"阿玛塔"作战平台配备伴随式无人机,与车载系统形成协力互补,提升侦、打、评一体效能,能在最短的时间内形成情报优势和制胜优势。

2. 通信中继能力

通信中继为马赛克战情报侦察、指挥控制、火力打击和综合保障的整体联动提供可靠的通信保障。随着智能化技术发展,现代战争信息化程度越来越高,战场通信作为一种先进、复杂的高技术通信方式,是现代战争传递情报信息的重要手段。由有人/无人作战平台构建的战场通信网络,具有通信距离远、抗干扰能力强、保密性好、可靠性高、不易摧毁等优点,已经成为马赛克战的神经中枢,为军事指挥官提供的灵活性、实时性、战场覆盖能力以及战术机动性都是其他传统通信手段难以实现的。综合运用各类武器平台搭载的通信中继装备,多点勾连、多层搭建、灵活组网,建立覆盖整个战场空间的通信网络,使侦察监视系统、指挥控制系统、火力打击系统连为一体,将多个不同的信息单元连接为一个整体,实现多种作战力量、作战平台的互联互通,保障情报信息和作战指令能够有效地传输给各级作战用户,支撑一体化联合作战能力的有效发挥,因此,发展大容量、高速率的通信中继系统已经受到各军事强国的高度重视。

3. 导航定位能力

导航定位为马赛克战指挥控制、火力打击和综合保障提供精确定位、制导和授时服务[16]。定位制导与授时服务都属于提供基准问题,定位是对物体所在的位置进行测量,导航是在定位的基础上,使物体按照选定的路线到达目的地,授时指利用无线电波发播标准时间信号,以使得用户获得准确的时间基准。导航定位能力是保证武器装备自主导航、作战单元快速定位、信息系统时间同步的重要基础,是马赛克战实现统一指挥、机动行进、精确打击的重要手段。导航定位能够为地面、空中和海上平台提供准确实时的定位定向信息,保障其在快速机动的过程中,感知战场态势,掌握己方的准确位置信息,同时,还能够为精确制导武器提供精确制导信息,保障其对动态目标进行精确打击,提升打击效果。随着用户终端的小型化,精准导航为马赛克战带来"外科手术"等精准打击样式,很大程度上改变了传统的作战形态和过程,使非接触作战、无人装备作战成为现代战争的主要发展方向,为有效应对未来智能化战争提供保障[17]。

4. 环境监测能力

环境监测为马赛克战情报侦察、指挥控制和火力打击提供战场环境保障。随着战场从陆地向海洋等多维空间延伸,现代战争面临的战场环境越来越复杂,军事活动受地形地貌、水文气象等多种因素影响,并且这种影响伴随着作战范围和武器系统的快速发展表现出越来越显著的重要性。利用搭载的多光谱、红外和微波等各类传感器对地面目标进行监测,测定目标的位置、高程、地貌,为马赛克战行动提供战场地理信息保障;利用装载的水色仪、高度计、微波散射计、微波辐射计等传感器探测海洋水色、海洋地形、海面风场、海面温度、海冰分布等,获得作战海域地理环境信息、海洋物理环境信息和海洋大气环境信息;利用搭载的各类水文气象传感器对大气中的物理过程、天气现象及气象要素进行观测,获取与作战相关的气温、气压、湿度、能见度等各种天气现象。建立覆盖范围广、时空精度高、探测能力强的战场环境探测系统,已经成为制胜未来智能化战争的关键问题,为增强马赛克战作战能力提供重要保证。

2.5 马赛克战视角的海上作战布势变革

作战布势是指作战力量根据战役企图、兵力编成和战役区域环境,对所属兵力兵器进行部署配置。海上作战布势是确定海上联合战役决心的基本内容之一,是按照海上联合作战总的战略意图和战役决心,对战役编成兵力所做的区分任务、作战编组、行动序列和空间配置。从马赛克战视角看,以机器学习为代表的人工智能技术已经在海上作战领域得到广泛运用,导致海上作战布势内涵日趋拓展、任务区分日趋精细、力量编组日趋融合、兵力配置日趋一体。认识和把握这种趋势,对于变革海上作战布势的方式方法具有重要现实意义[18]。

2.5.1　布势内涵日趋拓展

在未来智能化武器装备运用日益成熟的基础上，海上马赛克战节奏将逐渐加快，"一分钟决定战斗胜负，一小时决定战役胜败，一天决定国家命运"已不再是天方夜谭。遂行海上作战布势所依据的战役区域环境和综合态势随时都在发生变化，临时或临机仓促组织作战布势，往往都会丧失战机，导致海上作战的被动，作战布势内涵已从传统概念中大大拓展。从马赛克战信息高效流转角度看，海上作战布势时间大幅提前，即从临战准备的作战布势扩展至平时不动声色的战场建设和军事部署。从马赛克战模块化组合角度看，海上作战布势内容大量增加，由过去单一的作战兵力布势拓展为包括侦察情报、预警探测、信息攻防和火力打击要素在内的综合力量布势。海上联合作战布势力量不仅包括信息保障和信息作战力量，而且包括虚拟空间的网络攻击和千里之外的火力打击力量。从马赛克战控制区域角度看，海上作战布势外延扩展，不再是一般兵力布势，还包括国家战略力量前伸布势，塑造与战略相适应的"慑战一体"综合布势，并根据国家利益拓展主要方向、安全威胁性质类别和主要对手强弱状况，统筹海战场建设需要，伺机主动前推防御前沿，前伸国家海上力量部署，塑造有利于解决海洋权益争端、打破战略围堵和维护国家海外利益的力量配置。

随着世界军事强国海上利益拓展，海上作战布势必须不断延伸外延，为建立捍卫自身利益的"海洋强国"奠定坚实基础。在当前或今后相当长一段时期内，马赛克战将从作战概念逐步过渡到作战试验，乃至作战运用，海上作战作为马赛克战的重要样式，其作战布势应当基于现实战场需求进行拓展。从遏制海上战场态势的角度出发，要调整优化近海核心利益区力量结构，形成有效遏控周边的作战布势。近海核心利益区包括国家的领海和领空，以及与核心利益密切相关的太空、网络、电磁领域。有效控制核心利益区，应具备在该区域内有效应对任何威胁的能力，能有效拒止任何军事强国的防区外攻击。逐步构建有机衔接、互为策应的弹性作战布势，实现战备模式由机场、港口值班待战向空中、海上、水下常态化战备巡逻转变，战巡兵力由战备值班兵力为主向战训兵力一体运用转变。从保持海上作战主动权的角度出发，要增强近海前沿区的军事力量存在，形成兵力适度前推的作战布势。增强在近海前沿区的军事力量存在，加大海上力量在这些区域活动的频度和强度，以常态化军事活动显示在该区域的力量存在，确保一旦出现战场危机，能快速采取海上作战行动，进行高效的现场处置，形成"作战兵力前推、力量对等存在、攻击协同有效"的作战布势。

2.5.2 任务区分日趋精细

随着军事智能技术发展,海上作战必须要将对海参战力量"拧成一股绳",协调一致地实现海上作战目的,海上作战指挥员必须根据总的战略企图,将海上作战任务分解为若干局部任务,尔后根据各局部任务的性质、指标和要求,确定担负各项任务的兵力,充分发挥各作战力量的优长,如利用侦察卫星广域搜索敌方海上动态目标,利用空载导弹完成对海重要目标的精准攻击等。在人工智能技术加持下,马赛克战概念日趋成熟,促使海上作战从联合作战向弹性作战转变,使海上作战体系硬对抗向软对抗转型,实现海上作战的模块化组合,充分发挥低价值武器装备的作战效能。从任务区分的角度出发,传统海上作战任务区分为粗犷式,如水面舰艇未有小型和大型之分,从而导致作战任务也没有严格区分,而马赛克战式海上作战任务区分较为精细,使各类武器装备有严格区分,并且划定明显作战任务。同时,随着人工智能技术的发展,很多低功能武器装备能够充分发挥作战效能,保障遂行海上战术性作战任务时,需要对海作战力量在时间、空间、行动上达成精确协同、有机融合。因此,从马赛克战视角看,任务区分在各作战阶段、时间、空间和功能上日趋精细,导致海上作战从粗放式、机械化攻击朝着精细式、智能化攻击的方向快速转变。

从马赛克战局部任务衔接的角度出发,海上作战若干分解的局部任务之间协调分工将越来越细,不仅是海、陆、空、天、电多维空间作战行动的协调分工,而且表现为海上联合作战所需各类保障越来越多、越来越专业化,已经突破了单一平台和单一种类力量的限制,使海上联合作战任务分散在各参战单元的任务之中,任务与任务之间衔接、配合的要求越来越严,颠覆了传统随意式衔接模式,提升任务衔接的科学性。从马赛克战力量协同的角度出发,海上作战执行各局部任务的兵力之间协同会越来越紧密,协同任务区分也越分越细,如基本作战兵力与战役预备队、主要作战兵力与次要作战兵力、作战兵力与保障兵力之间的作战协同将日益精确化。在满足兵力协同基础上,同时或交错进行的多维空间联合作战行动,协同任务区分通常要精确到秒,甚至是微秒级,这都要求协同作战任务区分的精细化。要实现马赛克战式的海上作战任务区分,就必须依靠高度智能化的战场信息网络,准确地实现海上联合作战任务所涉及的各参战力量、各作战物资、综合保障功能,在时间序、空间序、电磁频谱序上的科学排列与优化组合,并随着海上联合作战任务的推进而及时调整变化,以有效应对海战场综合态势的瞬息万变,便于控制海上联合作战的规模和进程。

2.5.3　力量编组日趋融合

从马赛克战视角看,海上作战力量编组日趋攻防一体。为使遂行海上联合作战任务的各参战力量形成整体作战合力,必须要按照作战任务、作战方向、作战对象和作战行动顺序等不同条件,将担负各局部任务的参战兵力,组合为相应的作战力量编组,实现海上攻防力量、支援作战与综合保障力量相互渗透,支撑海上攻防编组趋于融合。海上作战编组强调以综合作战能力为牵引,做到"攻防有序、进退自如",既能抗击强敌的军事干预,又能适度惩戒对手挑衅,在有效防御强敌火力攻击的同时,还要适度攻击敌方目标,实现攻防兼备的作战效果;既能对付敌硬火力打击,又能应对敌电子战、网络战等软杀伤攻击,在防御敌硬火力杀伤的同时,还能抵御敌方软杀伤攻击,实现软硬皆防的防御模式;既能对敌制海作战力量实施火力摧毁的有形打击,又能对敌指挥通信系统实施电磁、网络空间的无形打击,在实现对敌硬火力摧毁的同时,还能够干扰敌方武器装备效能的发挥,实现软硬皆攻的攻击模式。高度智能化的海上作战编组往往以研究作战对手体系弱点为基础,将攻防策略嵌入作战体系和作战平台中,建立具备攻防兼备功能的战场布势,构建海上攻防一体化的作战力量编组,最大程度提升海上作战能力,有效应对日益复杂的海战场态势。

从马赛克战视角看,海上作战力量编组日趋信火一体。海上作战信息与火力单元联系愈加紧密,使火力成为信息主导下的精确火力,使信息成为有火力支援的全维信息。信息要素融入火力要素中,火力打击单元集成到智能化系统中,使融合后的智能化系统成为与火力交融的致命信息。例如,按不同的作战任务和作战方式,将电子战飞机、电子战无人机、反辐射导弹、无人攻击机等信息火力与信息干扰单元统一编组,形成"信""火"融合、"软""硬"一体的打击力量。其兵力编组方式主要有以下3种:一是将同一军种内不同类型、不同种类的信息火力作战单元混合编成,形成信息火力相互融合的试验型作战单位,通过一体化训练磨合,探索信火一体的战法训法,形成融合式信息火力编组方式。二是将不同军兵种、不同类型的信息火力单元,根据不同作战对手和作战任务需要,放到海上联合作战机制内进行编配组合,形成功能各异的信火一体进攻作战力量模块,形成组合式的对海信息火力编组。三是在既不能形成固定编组,又不能形成临时编组的情况下,通过制订法规、制度等方法,使信息保障、信息作战和火力打击力量能紧密结合起来,按统一作战计划、协调一致、相互补充,形成支援配合式的信息火力编组模式,有效提升海上火力攻击效能。

2.5.4 兵力配置日趋一体

从马赛克战视角看,海上作战为使各参战兵力在一定时间和空间内有序作战、相互支撑,实现整体联动,必须根据作战阶段、行动顺序、战场综合态势、敌可能的行动和作战海区的自然地理情况等因素,将参战兵力按一定时间和空间有序配置,使担负各局部任务的兵力配置能够协调一致,既可以适应海上作战任务需求,又能够突出海上整体作战需要。随着智能化技术发展,敌海上侦察探测体系相当完备,海战场环境呈现某种"透明"状态,海上作战的兵力配置必须做到信息保障、信息作战与火力打击兵力"多元一体"配置,串联或并联使用信息作战、信息保障和火力打击力量,形成以预警机和电子干扰机为主,以无人机、电子侦察船为辅,多种手段互补使用的一体化组合式信息、火力兵力配置。这种一体化配置方式,通常是有前有后,前轻后重,其中,"前轻"是指前置兵力以信息保障力量为主,以少量军舰显示海军力量存在并担负掩护民用信息船的任务;"后重"是指大批主战兵力、兵器和主要火力位于后方,以火力机动取代兵力机动,以火力威慑取代兵力威慑。从海上作战马赛克化的角度出发,兵力配置日趋一体是未来海战的必然趋势,是海上作战布势变革的重要环节,能够较好应对复杂多变的海战场环境,高效完成海上多样化作战任务。

从马赛克战视角看,海上作战兵力优化配置是依赖无缝链接的战场信息网络和高度智能化的武器装备,有效利用战场信息网络广域分布、无缝链接、随机组合、动态开放等特性,有机组合涉及陆、海、空、天的武器装备,构建攻防兼备、柔性组合的海上作战体系。从海上分布式攻击的角度出发,必须建立多支能够有效联动、相对独立的信息火力群,将一体化配置信息作战群、空中作战群、水面作战群、水下作战群、岸基作战群、综合保障群等,保证各参战力量能够在较短的时间内,优化聚焦攻击能量,实现打击火力的集中释放。针对敌海上作战体系关键支撑,海上作战力量应当采取聚焦式和毁灭式攻击模式,形成全域作战力量的整体联动和一体化打击,确保在相同时间完成对同一目标的集火攻击。基于马赛克战理念,海上作战会侧重于发挥小型作战单元的作用,旨在强化防空、反潜、反舰等作战能力,使所有作战单元均具备独立作战功能,通过"指挥+自主"协同,实现分散力量的统一,达到增强制海能力的目标。同时,从隐藏海上作战意图的角度出发,遂行海上一体化兵力配置时,必须综合考虑伪装欺骗、兵力佯动、电子防护等行动,要及时隐蔽疏散各主战兵力兵器,从平时开始就按照实战化要求,遂行"军民一体化"的战略预置或兵力布势。

2.6 本章小结

本章从马赛克战体系构成、马赛克战构成框架、马赛克战作战机制、马赛克战作战能力构成等几个方面，简要概述了马赛克战机制。首先，从研究马赛克战框架入手，分析战场信息在马赛克战中的任务，提出战场信息层次化保障模式，探索出马赛克战战场信息保障流程。其次，分析马赛克战基本特性，研究马赛克战行动构想和运行机制，提出马赛克战制胜机理。最后，以体系作战能力构成为基本出发点，研究作战任务能力、作战要素能力和信息应用能力的相互关系。从马赛克战视角看，未来海上作战必将朝着马赛克战模式演化，使海上作战的无人化、智能化特征日趋明显。以提升海上作战能力为出发点，构建攻防兼备的海上作战体系是前提，保障海上体系攻防顺利实施是基础，实现有人/无人作战高效协同是核心，为海上作战效能稳定发挥奠定重要基础。

第 3 章　海上作战体系及协同作战

2017 年特朗普政府发布了新版《国家安全战略》,美国国防部基于新版《国家安全战略》于 2018 年发布了新的《国防战略》,之后参联会依据新的国防战略发布了新版的《国家军事战略》。这 3 份文件均强调大国竞争的战略环境,提出了新的战略需求。海军战略文件《保持海上优势规划》1.0 版发布于 2016 年,需要因应新的《国家军事战略》文件要求进行再评估。再评估的结论是:对手的优势有所扩大,而美国的优势相对减少;海军曾经长期拥有的环境、方法、技术和战术优势不复存在,海军的顶层作战概念需要进行调整。随着美国海上作战概念的调整,马赛克战成为未来美军作战的主要发展方向,深入研究马赛克战视阈下的海上协同作战,对理解美军作战概念和透析作战制胜机理具有重要作用。

3.1　海上作战概述

美国海军《保持海上优势规划》2.0 版战略文件提出"分布式海上作战"顶层概念,并指出海军未来的主要努力方向(LOE),LOE 指出海军将持续发展"分布式海上作战概念"(DMO)及其相关的作战概念,开展大规模演习测试概念的作战效能,设计并实施基于"分布式海上作战"的综合作战体系架构。随着美国海上作战概念的发展,马赛克战势必会深度融入分布式海上作战概念中,从赢得海上作战的角度出发,分析马赛克战视阈下的海上协同作战概念,提出海上作战面临的主要问题,研究海上作战的基本要素,为有效应对海上强敌奠定重要基础。

3.1.1　海上作战概念

海上作战,简称海战,是以海军或海军为主体的兵力在海战场进行的作战。

分为海上进攻战和海上防御战。目的是消灭敌海上兵力集团,夺取制海权和海上制空权,保障己方海上目标安全和海上行动自由等。海上作战概念有狭义和广义之分,狭义上的海上作战,其海战场是海面、水下及其空域,利用水面、水下和空中作战平台对敌方作战目标实施精准打击,而广义上的海上作战,其海战场延伸到陆地和太空,除水面、水下和空中作战平台外,陆地和太空作战力量也成为制胜海战的重要力量,这里所述海上作战不包括陆地和太空作战力量,是狭义的海上作战概念。随着智能化技术的发展,无人机、无人艇等智能化武器装备的广泛运用,使海上作战正朝着分布式作战及马赛克战的方向演变。分布式海上作战概念源自 2014 年提出的"分布式杀伤"作战概念。2017 年,美国海军发布的战略文件《水面部队战略——重回制海》正式确认了"分布式杀伤"作战概念。战略文件对于"分布式杀伤"概念的表述如下:"在我们选择的时间和地点实现制海目标";"增强单舰的进攻与防御能力,分散部署于广阔的地理空间,形成分散火力"。分布式杀伤作战概念出现了马赛克战的影子,为海上协同作战的马赛克化奠定重要基础,为海上作战概念创新提供重要实践验证和理论依据。

随着马赛克战概念的日益成熟,马赛克战视阈下的海上协同作战在战役和战术层面与其他作战概念存在较大的不同。战役层面,作战平台被看作进攻性自适应部队包的作战单元,而自适应部队包是面向作战任务设计的,能够满足广泛部署/分散的海上作战需求。战役指挥员可以依据威胁等级对自适应部队包的规模(能力)进行调整。战术层面,主要是增加了作战平台的杀伤能力,增加了分散平台的数量,减少了被敌方探测和目标锁定的风险。相比其他作战概念,马赛克战视阈下的海上协同作战有三大优势:首先,提升单平台的进攻性杀伤能力,足以对强敌产生威慑力,并为后续开展海上联合作战获取战场优势。其次,分散部署多平台的作战火力,形成多个攻击源对敌方多目标实施打击的局面,敌方将面临决策和资源分配的困境。最后,为海上作战平台分配合理的资源,以维持其海上持续作战能力。马赛克战视阈下的海上协同作战将前线指挥员放在一个开放、融合的战场空间中,运用更大更灵活的隐藏、欺骗等作战手段,充分发挥无人机、无人艇等智能化装备的作战优势,使对手在对抗中面临极大的不确定性和复杂性,使其自动陷入战场旋涡,以赢得海上作战的绝对优势。

3.1.2　海上作战面临问题

海上作战是利用军事力量在海上作战域实施攻击或防御的主要方式,从海战诞生以来延续至今,一直发挥着至关重要的作用,是很多军事强国重点关注的对象。随着智能化技术的发展,正朝着智能化、无人化的方向发展,但受科学技术发展限制,不同作战域的军事力量长期处于割裂的状态,从而导致信息交互能力差和作战融合度低,进而使海上作战存在侦察监视范围小、远距离通信保密性差、战场环境探测难度大等缺点,制约了现代海战作战能力的发挥。

1. 海上侦察监视范围小

随着海上军事对抗愈发激烈,海上作战力量集结、兵力部署、机动方向和战略企图都成为敌我双方持续关注的焦点,及时发现、识别、跟踪对方重要目标和重大军事活动是赢得海上作战主动权的基础。目前,海上作战力量依托由海空等传统方式共同组成的海上侦察监视网络,对战场态势进行快速、实时感知,获取海空一体、持续有效的战场态势信息,形成战场态势图,对各级海上作战力量按需分发、定时推送。受地球曲率的影响,舰载侦察设备探测距离受到极大限制,机载侦察设备虽然突破地球曲率的制约,但受水文气象环境影响较大,而水下侦察作为一种隐蔽侦察方式,海水既是隐蔽的屏障,也是侦察的障碍。由于不同作战域传统侦察手段受到探测距离、气象环境的影响较大,使海上侦察监视的范围较小,无法在广域范围内获取敌方军事态势、探测敌方位置目标和动向以及战场实时信息,从而难以满足海上作战任务规划、辅助指挥决策、精确的目标指示以及作战效果评估等。受海上侦察范围的限制,很难消除"战争迷雾",从而无法准确把握海上作战节奏,严重影响作战效能的提升。

2. 远距离通信保密性差

海上作战范围空前扩大、参战力量构成日益多元、作战手段层出不穷、作战节奏日益加快,能否对海上各种作战力量和作战行动进行有效的指挥控制是取得海上作战胜利的关键。远距离通信担负着指挥、侦察、通信以及支援、协同作战、情报保障等信息传递的重要任务,在高技术海上作战中发挥着举足轻重的作用,对实现智能化海上作战行动中快捷、高效的战场指挥控制有着关键性、必不可少的巨大影响。海上作战是高强度的激烈对抗,从获取海上作战优势的角度出发,集中利用高强度通信信号干扰等软杀伤手段,有效干扰远距离信息传输或窃取相关信息已经成为敌我双方惯用手段,从而导致信息远距离传输保密性较差,使作战指令遭到经常性的泄密,严重影响海上作战的进行。随着海上智能化作战时代的到来,建立通信距离远、容量大、抗干扰性强、保密性好、可靠性高的战场通信网络成为必然,这是海上高效指挥的关键,可以有效保障战场态势信息和指挥控制信息的传输与分发,缩短海上指挥控制的反应时间,为提升部队作战指挥控制能力、促成多军兵种联合作战发挥决定性作用。

3. 战场环境探测难度大

随着海上作战战场从海洋、空中、临近空间和太空的多维延伸,海上智能化作战所面临的战场环境越来越复杂,与陆战场环境相比,海战场环境具有立体性、多态性、时变性等突出特点,同时,海洋环境要素对海上作战的影响更大,潮汐、海洋温度、海水密度、海水透明度和水色、海浪、海流、海底地形等对海上作战行动实施、武器装备效能发挥等都有不可估量的影响。现代海战是超视距、非接触、高时效的精准打击,导弹作为远距离攻击的主要载体,其飞行轨迹和飞行速度受云、雨、雷电、磁场等环境影响,而水面舰艇作为海上作战主要平台,舰艇航行安全受海风、海浪、海流等环境影响,同时,海上雷达探测和无线电通信又受到电磁效应、蒸发波导和大气波导效应的严重制约[19]。随着海上作战力量的多元化,其作战能力的发挥受到越来越多的战场环境制约,建立覆盖范围广、时空精度高、探测能力强的战场环境探测网络,探测水文气象、海洋环境的实时变化,为海上作战行动提供广域、精确、实时的战场环境保障,最大程度上降低或消除恶劣水文气象环境对海上作战行动的不利影响。

3.1.3 海上作战基本要素

海上作战是在网络信息体系的支撑下,使用多层次、多类型作战平台组织实施具体的海上作战行动,具有体系支撑、自主行动的特征。海上力量作为在海战场遂行海上作战的主体力量,从完全自主控制的角度出发,分析海上作战系统的构成要素,主要包括多维一体、全域覆盖的态势感知,快速分析、自主决策的指挥控制,协同一致、自主实施的精准打击。并结合海上基本要素,研究海上无人装备在其中的有效运用,为保障海上作战能力发挥奠定重要基础。

1. 态势感知是海上作战的前提条件

自主感知战场态势的变化是海上作战赖以实施的前提和基础。随着物联网、大数据、云计算、智能化等高技术的发展,充分运用陆海空天各种侦察监视手段,实现多维一体、全域覆盖的感知战场态势,建立战场"从传感器到射手"的自动化、数字化、智能化感知渠道,从而完成敌方兵力部署、武器配置、航向航速的侦察监视以及水文气象环境的高效监测。建立战役战术侦察监视网,采用多种侦察监视平台,向敌方重点区域、重点方向布置声、光、电磁等微型综合传感器,近距离侦察监视敌方动态目标的战场态势,与侦察监视卫星、远程预警雷达等各类传感器进行有机融合,形成全方位、全频谱、全时域的全维海上侦察监视体系,从而准确地提供敌方动态目标的实时定位,有效弥补卫星、雷达等远程侦察监视设备的不足,依靠智能化技术自主实现多维信息的有效融合,及时准确地判断战场动态、威胁评估以及作战效能等关键信息,最大程度支撑海上有效决策,为科学制定作战计划和实施精准打击提供可靠情报支持。

态势感知在很大程度上决定着战场的主动权和战争的胜利,全维战场态势感知可以有效提高海上作战力量快速感知战场变化的能力,准确把握作战节奏,减少和避免火力攻击对己方作战力量的误伤,显著提升海上作战效能,最大程度上消除"战争迷雾"。海上作战力量在执行海上作战任务时,都需要从后方到前方,从待机地域到任务地域,这就需要海上作战力量在广域范围内进行快速有效的机动,其必然牵扯到机动路线的选择、海面障碍的规避以及突发事件的处置等问题,因此海上作战力量必须具备多种较强的态势感知手段,保障海上作战力量能够自主选择机动路线、有效规避障碍物等,目前,海上作战力量常用的空中态势感知手段主要包括光电感知、红外感知、雷达感知等。海上作战通常会利用海空无人作战平台建立多维一体、全域覆盖的战场态势感知手段,减少海上作战的模糊性,增强战场态势的整体感知能力,进而有效转化为信息优势,进一步转化为决策优势,最终将直接影响海上作战的进程和结局。

2. 指挥控制是海上作战的神经中枢

海上作战范围空前扩大、参战力量构成日益多元、作战手段层出不穷、作战节奏日益加快,能否对海上各种作战力量和作战行动进行有效的控制,成为夺取作战胜利的重要保障。随着科学技术的进步,海上指挥控制系统正朝着网络化、智能化、小型化和高效化的方向发展。与现行传统信息系统相比较,海上指挥控制系统具有自主决策的功能,并随着人工智能技术的发展,自主决策的深度不断加强,逐渐实现由辅助决策向主体决策转变。指挥控制系统不仅具有传统指挥控制系统信息传输、融合、处理和分发等功能,还具备关键的自我学习和逻辑推理的思维功能,能够模拟和代替指挥员定下决心、制定决策。海上指挥控制系统除了可以查阅海量数据库信息,在战场网络具备的条件下,随时入网进行基于网络的"云查询、云计算、云处理",从而极大地提高未来海上指挥控制系统的决策效能。海上指挥控制系统缩短了海上作战指挥控制的反应时间,实现对多作战力量的有效控制,促成多作战力量的有序行动。

随着无人作战力量的发展,海上指挥控制系统对无人作战力量的控制手段、控制模式和控制程度也在不断地发生变化,从传统的单向遥控到半自主分布式控制,再朝着未来全自主分布式控制方向跨越。对于以遥控方式控制的海上无人装备,海上指挥控制系统需要对无人装备行动的全过程进行有效控制,根据无人装备获取的各类战场情报信息进行分析、处理和判断,并不断将新的作战指令传递给无人装备并对其进行控制。对于以半自主和自主方式控制的无人装备,海上指挥控制系统不需要对无人装备进行全程控制,而是以监视与控制相结合的方式进行监控,部分非核心的作战决策交由无人装备进行自主决策、自主控制、自主处理,海上指挥控制系统只需要对无人装备行动全过程进行有效的监视和必要的干预即可。随着海上指挥控制系统的完善,对无人作战力量的控制将继续朝着半自主和自主方向快速深化,而从无人作战力量自主可控的角度出发,决策权的分配设计将会成为海上指挥控制系统建设重点关注的问题。

3. 精准打击是海上作战的核心要素

精准打击是海上作战力量实施海上作战的关键,通过海空一体的精准打击,迫使敌方目标远离交战敏感区,打乱敌方海上作战部署,同时,对敌方动态目标实施精准打击,削弱敌方海上作战潜力。精准打击已经成为海上作战的重要手段,是利用空中、海上和水下海上力量前出一定距离对敌方动态目标进行海上协同攻击,若海上攻击没有得到预期效果,协同组织海上全维力量对敌方目标进行全面压制。随着大数据、云计算、物联网等新兴信息技术的发展,正深刻影响着海上作战模式,使传统的被动控制逐渐转变为智能的主动控制,从而大大解放了海上作战力量进行精准打击的作战成本,使其能够根据敌方动态目标作战姿态实时快速调整压制姿态,实现长时间、高强度、无间歇的海空一体全维压制。如果海上作战力量协同攻击无效,指挥控制系统实时判断已方对敌方所形成的作战态势,并基于形成的海上作战态势进行自适应、自诊断、自决策、重规划,以更有利的姿态对敌方目标进行实时跟踪,以实现精准毁伤。

精准打击是海上作战效能发挥的核心,组织协同空中、海上和水下等作战力量对敌方目标实施协同攻击。无人作战力量正试图加入海上作战中,但目前尚未形成清晰的海上无人作战概念,仅仅片面地认为无人机、无人艇等无人作战平台是一种武器装备而已,在整个海上作战中处于支援保障的作用。随着网络化、智能化要素不断加载到无人装备上,促使整个海上作战模式发生颠覆性改变,使海上作战从"发现敌方目标、制定作战计划、实施协同攻击"的传统作战模式逐渐转变为"发现敌方目标、自主判断威胁、自主协同攻击"的智能化作战模式。无人装备的日益成熟是推动海上协同攻击的催化剂,而要实现对敌方目标的协同攻击,必须与有人作战力量进行角色互换,使无人作战力量从出其不意的"奇兵"逐渐演变为主导攻击的"核心"。随着人工智能技术的不断进步,以无人机、无人艇等为代表的无人装备智能化程度越来越高,使其逐渐从具有"杀手锏"意义的新质作战力量转变为可以主导海上协同攻击的主体作战力量。

3.2 海上作战体系构建

世界新军事革命深入发展,彻底改变了海上战争形态和制胜机理。在网络信息体系的联结聚合下,智能化海战是系统与系统、体系与体系之间的对抗,制胜要害在于建成强大的作战体系、在于充分发挥体系作战的整体威力。加快海上作战体系建设,是智能化海上局部战争最直接的新要求,是设法形成对敌整体优势的最有效途径。因此,必须打破"壁垒"和条块分割,加快构建结构完整、功能强大、环环相扣、紧密耦合、适应智能化海战需求的海上作战体系[20]。

3.2.1 海上作战体系制胜因素

当前,海上智能化作战已初现端倪,世界各主要军事强国纷纷加速推进理论研究向实战形态转化。在未来海战中,谁能抓住智能化机遇,谁就能掌控战场的主动权和胜战筹码。随着智能科技快速兴起并广泛应用于军事领域,颠覆性地改变着海战的物质基础、力量编成、作战样式和制胜机理,推动海上智能化作战走上战争舞台。科学认识和准确把握其特征,是打赢未来海战的先导工程,也是加快海上作战力量转型建设、全面建成世界一流海上强国的应有之义。

1. 装备体系:人机混合、无人为主

武器装备是战争的重要物质基础。人工智能等技术的发展,促使智能化武器装备不断涌现,人与武器装备有机融合成为现实,海战装备体系得到革命性重塑。现有导弹、自导鱼水雷以及舰艇、飞机等装备经过"+智能"的升级改造,能够更加广域、持久、自主甚至创造性地遂行作战任务,作战性能呈几何级增长,在海战中仍占有重要一席。在有人装备自主性大幅提升的同时,具有高度自主性、协同性、机动性,能够遂行多样任务的无人化武器装备大量涌现且投入实战,并成为海上智能化作战的主体,在群体智能技术的支撑下,各智能作战单元能够根据不同作战任务需求和战场态势变化,自主适应,动态调整,组成人机混合或自主无人作战集群,逐步形成有人无人一体的海战装备体系。2020年8月,美国海军宣布正在开发可遂行攻防任务的高达100万架规模的"超级蜂群"。有人与无人装备体系、无人作战与保障装备体系相互渗透、融为一体,将产生优势叠加、聚合倍增的效应,将使海上体系作战能力实现整体跃升[21]。

2. 作战编组:精干灵活、自主重构

在人工智能、作战云等技术的强力推动下,网络信息体系呈现出全域感知、泛在互联、按需订制、实时安全的发展趋势,加之海战装备体系的智能化水平快速提升,为构建"一编多能"的海上作战编组创造了条件。未来的海上作战不管战场态势如何变化,在智能化网络信息系统的融合支撑下,全域多维部署的每个作战单元都可得到整个作战体系的智力支持,实现广域范围内即时、精确的聚能和释能,实施平台无人、指控有人、平台分散、火力集中、灵活适配、自主作战的体系较量。与此相适应,海上作战力量由有人平台为核心的大编队为主,向以有人无人混合编组或无人异构编组为骨干的小集群为主转变,由集中部署向分散部署转变,由中心化结构向去中心化结构转变。在此基础上构建的海上作战编组,必然是精干多能、灵敏高效、高度开放的有机系统,能够因时、因地、因敌自主适配和动态重构,从而具备主动协同的多样化作战能力,有效控制海上作战节奏,掌握火力攻击强度,实现海上作战效能的最优化[21]。

3. 作战方法:分兵集火、聚优慑控

集中优势兵力是亘古不变的作战原则。海战场广袤无垠、四通八达,作战力量能够广域机动、前沿存在、持久部署,决定了海战"集中的精神实质在于相互支援"。进入智能时代,这一实质被赋予新的内涵。从目前情况看,主要是通过构建跨域分布式的体系架构,将高价值大型有人平台的功能分解到大量小型无人作战平台上,获取更高的作战能力。未来海上作战中,广域部署、弹性配置的各种作战力量和单元,根据预设方案或作战临机需要,以灵活自主的快散快聚,动态集中作战效能,使各领域力量跨域联手,实现多种优势在关键时刻叠加聚合,在关键时段和关键海区形成局部、瞬时的体系作战优势,再通过高韧性、网络化的杀伤链,精准释放作战效能,产生整体优势溢出效应,以形成多域对一域、全局对局部的压倒性优势。还可通过使用成本低、功能多、突防能力强的无人作战集群系统,对敌作战体系实施分布式饱和攻击,破击对手作战体系的关键节点和要害目标,阻滞、消耗对手海上作战力量,夺取主动权[21]。

4. 制胜关键:跨域协同、联合制胜

海上智能化作战是高度融合的体系作战,更加强调体系支撑、精兵作战、联合制胜。因此,应坚持以广域覆盖的智能化网络信息系统为依托,将陆岸、海上、极地以及临近空间、网络、电磁等力量一体控制,将空中、水面等防区外打击与深海、浅海等突击紧密结合,将大中型水面舰艇与海空无人作战平台梯次配置,将平时预置的水面、水下武器与机动部署的海上机动舰艇编队、空中打击群等无缝连接。通过各军种、各领域作战力量的深度融合、硬杀伤与软对抗的协同增效,形成智能主导、多维一体、全域攻防的整体合力,达成各种作战力量的实时反应、快速机动和协同行动,为打赢海战提供支撑。尤其是随着深海空间作战优势的不断显现,可使用携带对地攻击、反潜、反舰、防空等武器的水下无人作战系统,由点到面、由一域到多域隐蔽出击、快速突破,实现以水下制海、制空、制陆以及制电磁空间的跨域非对称制衡。因此,制智权取代制信息权,成为海上综合控制权的核心,成为制胜现代海战的关键因素[21]。

3.2.2 海上作战体系构建原则

构建智能化条件下的海上作战体系,从本质上讲是制海权、制空权等思想在现代战争中向计算领域的延伸。面对出现的问题,创造新的作战空间、作战打法、作战手段和作战工具,以谋求高效的非对称海上作战优势。海上作战体系构建应该淡化核心节点的中心功能,形成体系无中心,而中心又无处不在的战场态势格局。未来对海上核心节点实施的"斩首"行动就失去了意义,战略目标的概念也就变得越来越模糊,最终实现海上作战分布式和去中心化的目标。

1. 以满足海上作战需求为前提

作战需求是由不同具体需求组成的需求体系,是对海上作战的作战形式、作战对手、作战方向的具体设想,具有强大牵引作用,决定着海上作战的指导思想、作战任务、作战内容和作战形式等。把准海上作战需求,就是用前瞻眼光密切关注海上作战发展动向,用创新思维对海上作战进行深入研究,深刻认识海上作战信息主导、精确打击、破击体系、全域控制、联合制胜的特点,确定完成海上作战任务的智能化联合作战体系。随着智能化技术的进步和武器装备的快速发展,促使海上作战的作战样式、武器装备、作战力量、战场空间甚至是制胜机理,都发生颠覆性变化,导致决胜未来作战增加很多不确定性因素,因此,构建合理的海上作战体系必须满足未来作战需求。由于无人作战需求的强力牵引,以无人机为代表的无人装备开始登上作战舞台,从适应海上作战需求的角度出发,合理搭配高中低、远中近的无人作战平台,构建覆盖空中、水面、水下等各类无人装备的海上作战体系成为亟待解决的重要核心问题。

2. 以保障海上作战行动为基础

与以往战争相比,在网络信息体系支持下,海上作战是一种充分利用信息资源并依赖信息的基本作战行动,在陆、海、空、天、电等多维战场空间展开的多军兵种一体化作战形式,其打击更为快速、精确、高效,武器装备信息化程度在海上作战行动过程中起到了极其重要的作用。通过精选作战目标、精确指挥控制、精准火力打击、精准综合保障,谋取海上作战行动优势。在网络信息体系支持下,要赢得海上作战行动,信息化武器装备是关键。随着智能化技术的提高,无人作战装备正从典型的信息化装备向智能化装备迈进,使无人作战装备从被动遥控式指挥向主动智能化指挥演变,从辅助海上作战行动逐步转变为主导海上作战行动,以保障海上作战行动为基础,构建以无人作战平台为主体的海上作战体系,这样不但解决了战场有生力量的消耗,还能有效支撑海上作战行动具体实施。信息资源作为全面提升武器装备信息化水平的重要因素,是无人作战装备效能发挥的重要保障,是海上作战行动顺利进行的关键节点。

3. 以提升海上作战能力为核心

未来海战随着机器学习、物联网、云计算、大数据和无人系统等高新智能技术的广泛深入应用,必将走向海战新形态,即智能化海战。相比传统海上作战,智能化海战最大不同在于信息的地位和作用发生了变化,作为一种新型资源,其改变了海上作战制胜机理,无可争议地成为提升海上作战能力的主导资源。智能化海战最本质特点就是无人系统的运用,能够根据复杂多变的海战场态势自主或半自主采取作战行动,完成作战任务,延伸人类在深远海等超越极限环境下的作战能力。智能化条件下,无人作战力量编组已经打破军兵种界线,实现跨域组合,遵循模块组合、要素集成、系统融合、力量一体的原则,完成新型无人作战装备与传统武器装备进行有机融合。随着无人装备规模数量的增加必将推动无人集群、无人蜂群和多模态无人力量快速增长,高超声速打击、新概念毁伤、心理认知对抗,再加上基于 AI 的新质能力,按照依网布势、依网聚力、依网施控原则,使得海上作战场景更加单向透明,实现海上作战能力倍增效应。

4. 以支撑海上协同作战为关键

智能化条件下的海上作战已经突破传统作战模式,不再是单一军兵种的独立作战,而是由陆、海、空、天共同组成的海上作战体系,尤其是空中、海面和水下力量的协同作战更是海上作战的关键所在。海上作战体系构建必须以支撑海上协同作战为关键,实现有人与有人、有人与无人、无人与无人作战力量的高效协同,这样才能够突破海上作战壁垒,理顺不同作战力量的协同关系。现代海上协同作战模式正在加速转变,有人与无人或无人与无人力量的混合编组成为海上作战转变的聚焦点,通过多类型作战力量的协同作战,开启了多角度瞄准、交替攻击的海上协同作战模式。海上作战体系构建可以组成一个互联互通的信息网络,任何节点被毁坏都不会对其他节点造成重大影响,进而增强了海上作战体系的攻击弹性。从融合空中、海上和水下作战力量的角度出发,海上作战体系构建以多类型作战力量的协同克敌为关键,这样才能够最大限度地发挥海上体系作战能力,对未来智能化海战制胜机理产生颠覆性的影响。

3.2.3 海上作战体系构成

从狭义概念角度出发,海上作战体系是包括水面、水下和空中平台的交叉体系,有人作战平台作为海上作战的主体力量,而无人作战平台作为辅助力量,仅能充当靶机和侦察平台。随着军事智能技术的发展,海战场正从信息化朝着智能化方向发展,从而将无人作战力量拓展到具有多种作战能力,能够执行多样化作战任务,尤其在态势感知、辐射对抗、进攻作战等方面发挥重要作用,这都从根本上要求有人和无人作战力量的均衡发展,体系作战能力的融合发挥。

1. 栅格化信息网

栅格化信息网是采用信息栅格技术和面向服务的体系架构,集多种通信传输手段、计算存储资源和信息共享机制为一体的新型网络基础设施[22]。栅格化信息网能够实现作战应用网之间的互联互通,为海上作战各节点提供信息服务、功能服务、存储服务、通信服务和信息安全服务等。从构成单元和要素角度上讲,海上作战体系由若干作战要素、作战单元和作战系统组成,它们之间相互联系、相互作用,共同构成一个统一的整体。海上作战核心就是通过栅格化的信息基础设施将地域分散的作战武器、传感器、作战力量、保障力量等作战要素,通过网络化组织方式进行优化配置,形成信息快速流转、功能快速衔接、决策快速生成、系统紧密铰链的一体化作战体系。利用栅格化信息网真正实现在恰当时间、恰当地点、把恰当的信息给恰当的人,通过优化指挥关系、再造信息流程、重塑作战体系,促进各作战力量高度聚合,实现在关键时间和关键地点,形成综合作战能力,做到比敌人反应更快捷、看得更清晰、指挥更灵便、力量更聚焦、打得更精准。可见,信息将海上作战的各部分连接得更加协调和紧密,超越了物质的时空关系,更超越了诸要素在地理空间上的直接连接,使战场上的人、武器、作战单元等一切作战实体通过网络连接成一个作战体系。

2. 空中作战系统

空中作战是航空兵在空中攻击或抗击敌方的行动。包括空中进攻作战、空中封锁作战、空中特种作战、防空作战和协同其他军种作战,以及航空侦察、电子对抗等[23]。传统的空中作战系统通常是由有人机编队及搭载的攻击性武器组成,在一定程度上能够满足海上作战需求,但是随着海上作战强度的日益增强,有人战斗机受人体生理条件的限制,极大制约了作战能力的发挥。随着无人机技术的成熟,无人机已经具备初步智能化,无人机协同有人机执行海上作战任务开始出现,空中作战系统也随之出现有人机与无人机的作战编组。随着未来全智能无人机的出现,海上作战将演化为无人机与无人机的协同,空中作战系统也必将发展成为无人机与无人机组成的战斗编组。随着空中作战平台智能化程度的不断提高,有人机与无人机在执行态势感知、指挥控制、火力打击等任务方面相差无几。未来空中作战系统是开放式的作战系统,会打破有人机系统为主体的现实概念,成为一个由各类作战平台组成、无主体和辅助之分的超级系统,其能够整合大量相互连接和可互操作的单元,主要包括有人机、大型高空无人机、巡航导弹和小型无人机群等。其中,无人机系统是伴随有人机或自主执行海上作战任务的智能化系统,能够为其他作战平台提供战术支持。

3. 海上作战系统

海上作战是利用水面舰艇从海面对敌方目标进行的攻击。按攻击目标,分为对水面目标攻击、对水下目标攻击和对空中目标攻击等;按武器装备,分为导弹攻击、火炮攻击、鱼雷攻击、深水炸弹攻击和电子攻击等。海上作战系统通常是由水面舰艇编队及搭载的攻击性武器系统组成的,随着智能化技术的发展进步,海上作战系统由过去的"有人舰艇编队+攻击性武器系统"逐渐转变为"有人/无人舰艇编队+攻击性武器系统",并随着智能化程度的提高,正朝着"无人舰艇编队+攻击性武器系统"的方向演变。"有人舰艇编队+攻击性武器系统"是传统的海上作战系统,通常是由有人舰艇搭载攻击性武器系统独立完成侦察监视、指挥控制、火力打击等海上作战任务;"有人/无人舰艇编队+攻击性武器系统"是目前正在验证的海上作战系统,通常是由无人舰艇搭载侦察设备完成抵近跟踪监视任务,而有人舰艇搭载攻击性武器系统完成海上攻击任务,有人舰艇与无人舰艇分工明确,有效降低了有人舰艇被毁伤的概率;"无人舰艇编队+攻击性武器系统"是未来的海上作战系统,通常是由不同的无人舰艇分别搭载侦察设备、指控系统、武器系统等,以海上作战效能最优化为基点,按照分布式攻击原则,实现侦察监视、指挥控制和火力打击等作战任务的高效衔接。

4. 水下作战系统

水下作战是利用潜艇或潜航器从水下对敌方目标进行攻击。按攻击目标,分为对水面目标攻击、对水下目标攻击和对空中目标攻击等;按武器装备,分为导弹攻击、鱼雷攻击等。水下作战系统通常是由水下作战平台及搭载的武器系统组成,过去很长时间内,潜艇作为水下作战的重要平台,集成了侦察监视、指挥控制、火力打击等若干系统。从本质上来讲,一艘潜艇就是一个独立的水下作战系统,在发挥潜艇水下攻击优势的同时,也使其遭受敌方的重点攻击,从而导致潜艇的战场生存能力较弱。随着无人潜航器技术日益成熟,各不同类型的无人潜航器开始运用于水下作战中,利用有人潜艇搭载无人潜航器乃至无人潜航器集群组成水下作战系统,已经被各军事强国深入研究并开始实战验证。由于人工智能技术的进步,无人潜航器智能化程度越来越高,为水下作战各要素分布式部署奠定重要基础,能够实现情报要素、指控要素和打击要素分别部署在不同的作战平台上。例如,利用无人潜航器下潜深度大的优势,搭载侦察设备隐蔽跟踪敌方目标,引导潜艇或其他无人潜航器发射鱼雷或导弹精准摧毁敌方目标。未来水下作战系统不但会突破传统作战概念,还会颠覆有人潜艇搭载无人潜航器的水下作战模式,使其朝着无人潜航器集群作战的方向发展。

3.3 空中协同作战

现代战争都是高技术战争,为达成战争的最终目的,利用各类高技术装备,运用适当的战役战术方法,在有限时间和空间内所进行的作战行动。从利比亚战争、叙利亚战争等作战行动来看,空中作战在高技术战争中的地位和作用日益突出,因此,高技术海上战争在某种程度上也取决于空中作战[24]。随着高新技术的突破,高科技空中装备的发展和进步,大大延伸了空中超视距作战的战场空间,为争夺海上作战制空权奠定重要基础。通过不断创新空中作战模式,对深化海上军事斗争准备,推进空中作战力量转型具有重要现实意义[25]。

3.3.1 空中作战制胜机理

制胜机理是制胜的途径与规律,是指在实现作战目的过程中各种作战要素之间相互作用及运行原理,是决定战局发展的本质体现[26]。空中作战行动既体现出传统作战行动的制胜途径,又呈现出网络化体系作战行动的制胜规律。从切实打赢高技术海上战争的角度出发,研究现有空中平台的协同作战能力,以及设计未来制空、攻击、情报等空中协同作战模式,注重分析高度智能化的空中作战制胜机理,为网络信息体系支撑下海上全域作战奠定重要理论基础。

1. 快速出击,隐蔽突袭

克劳塞维茨说:"一切行动都是或多或少以出敌不意为基础的,因为没有它,要在决定性的地点上取得优势简直是不可想象的[27]。"在网络信息体系支持下,空中编队作战逐渐呈现出小规模、快进程、全联动、多样式的趋势,能够有效突然地对敌方重要目标进行全过程不间断的连续攻击。快速出击、隐蔽突袭是以高度智能化的空中装备为基础,能够高效及时感知战场态势,优化作战决策,采用敌方意想不到的战法,完成对敌方目标的突然袭击,形成全面压倒性的战场优势;快速出击、隐蔽突袭是以高度隐身化的空中装备为核心,利用空中隐身平台能够规避敌方侦察系统的跟踪监视,避免敌方过早发现己方战场力量部署,降低被敌方发现的概率,压缩敌方反应时间,从而形成出其不意的战场优势;快速出击、隐蔽突袭是以远程攻击为根本,积极构建"情报收集-决策优化-协同攻击"无缝衔接的作战链路,利用超视距导弹完成对敌方目标的精准攻击,形成对敌方力量部署的全面压制,使作战态势对敌方形成"一边倒"的战场优势。

2. 合理编配,体系对抗

空中编队作战既要面临敌方预警探测体系远程探测的风险,又面临敌方空中远程火力打击的威胁,因此必须建立作战要素齐全、力量编配合理、信息流转顺畅的作战整体,形成攻防兼备的空中堡垒。合理编配,体系对抗是以建立高效优化的作战体系为基础,构建以预警机为中心、以空中编队为主体、以其他支援编队为补充的空中作战体系,能够打破空中作战"中心+组"的作战模式,依托任务编组相应的精干力量,完成空中作战由计划作战向动态调控作战转变;合理编配,体系对抗是以发挥作战体系整体优势为核心,由于空中编队通过信息流转不断优化各作战力量,汇聚形成整体优势,其本质在于利用预警探测体系,将敌方的战场态势尽收眼底,达成先敌发现之目标;合理编配,体系对抗是以提高指技人员的军事素养为根本,充分发挥指挥员驾驭网络化空战的指挥技能,达成先敌发现和先敌决策之效果,充分提高空战人员的战技素养,保证各空战力量及时按令而行、闻令而动,实现先敌部署和先敌行动之优势[26]。

3. 以点破体,重点打击

研究空中编队作战制胜机理必须以发展的眼光,着眼新的战争形态。随着网络化空中作战的发展变化,制胜机制正由歼敌制胜向破体制胜转变,其本质是将以歼灭有生力量为主向瘫痪作战体系为主转变。以点破体,重点打击是以点破面、以面破体为根本,敌方作战体系关键节点已经成为超视距精准打击的要害部位,构建空中多层次火力打击配系,综合运用远中近多种火力打击手段,从破坏敌方作战体系入手,精准打击作战体系中的关键节点,切断敌方作战体系各要素之间联系,致使敌方指控神经阻断、作战行动无力控制[26];以点破体,重点打击是以重点毁伤核心节点为关键,强化核心节点防护成为破解敌方攻击的主要方法,而要突破敌方的核心防御圈,必须面临敌方多角度、多层次的防御配系。利用低价值空中作战力量集群,采取小编组、多方向同时突防的战法,以数量优势消耗敌方防御资源,持续保持空中作战的连续进攻态势,实现敌方防御体系跟踪监视和拦截能力的迅速饱和,使"小而多"胜"大而少"成为可能。

3.3.2 空中协同作战样式

随着空中作战制胜机理的不断发展,空中作战行动以隐蔽突袭为前提、以体系对抗为基础、以重点打击为核心,采用科学合理的空中协同作战模式,从分工协作的角度出发,实现各空中打击单元的优势互补,以最佳打击效果完成空中作战任务。空中编队作为实施海上作战行动的主要力量,一般由长机和僚机组成,但随着物联网、人工智能等高新技术发展,空中平台将逐渐实现高度智能化,从而导致空中编队长机和僚机的界限逐渐模糊,并有逐步消失的趋势。

1. 有人机编队协同作战

有人机与有人机协同作战是目前空中作战的基本模式,其中长机必须由作战经验丰富的飞行员执飞,是空中作战指挥机,下达编队集合、队形调整、空中打击等作战命令,而僚机可以由作战经验尚浅的飞行员执飞,其不但要接受和执行长机的作战命令,还要配合长机完成空中作战任务。僚机辅助长机完成空中作战任务,不但可以降低长机作战强度,同时还可以提高空中作战的打击效能。相较于有人机编队协同作战,有人机与无人机协同作战,受人工智能技术的制约,无人机仅仅辅助有人机实施空中作战,无法主导空中作战的实施。未来随着技术发展进步,有人机与无人机在主导空中作战行动中将逐步趋于平等地位,而不再是有人机的空中辅助装备。有人机编队协同作战如图3-1所示。

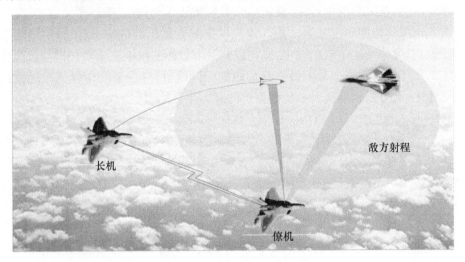

图 3-1 有人机编队协同作战

1) 有人机编队协同探测

长机与僚机协同完成对敌方目标的探测,对敌方时敏目标精准定位提供可靠保障。由于长机在空中作战中主要负责对敌方目标的精准打击,其必须保持最佳飞行姿态,保证随时都以最佳角度发射导弹,因此,要使对敌方目标探测效果的最大化,必须依靠僚机辅助。长机与僚机协同作战,通常情况下对战于敌方类似的空中编队,在不考虑装备代差的基础上,受敌方远程探测系统的约束,很难做到先敌发现、先敌打击,因此,僚机必须利用娴熟的战术技巧突破敌方远程探测系统的监视,利用机载有源相控阵雷达完成对敌方目标的探测,在敌方探测系统反应之前,脱离敌方火力打击圈。僚机将探测到的目标信息通过数据链传输给长机,长机根据敌方目标的运行轨迹、飞行速度等,预判敌方目标的空中态势,在预测空域第一时间利用机载雷达捕获并锁定敌方目标,僚机实施目标探测为长机跟踪监视目标,并实施火力打击奠定重要基础。

2) 有人机编队协同攻击

长机与僚机协同攻击极大地增强了空中作战的灵活性,提升了空中打击的作战效能。一般情况下是由长机发射导弹,完成对目标的打击,而在某些特殊情况下,长机也可以命令僚机发射导弹,辅助长机完成打击任务。在长机发射导弹之际,其基本上就已经进入敌方火力打击范围之内,因此在导弹发射完成之后,长机必须尽快脱离敌方火力打击圈,否则容易被敌方锁定,遭受导弹攻击。导弹发射之后,利用红外等各类制导方式对导弹实施精准制导,但是敌方目标在发现导弹攻击时,会采取空中迂回、高速爬升等各类战术动作,以摆脱导弹攻击,从而影响了导弹具备的自主制导功能。僚机根据敌方目标的战场态势,及时占据有利位置,引导导弹实施末端攻击,以完成对敌方目标的精准攻击。长机与僚机协同攻击是空中编队任务分配最优化的结果,这样既可以保证空中作战效能发挥的最优化,又可以大幅提升长机和僚机的战场生存能力。

2. 有人机与多无人机协同作战

未来战争是高科技战争,面对日益成熟的导弹技术,单个作战平台实现空中突防的难度越来越大,编队攻击将是未来主流的空战模式。随着无人机装备的发展和性能的不断提高,有人机与多无人机协同作战模式逐渐开始由概念阶段转向实际应用阶段。有人机与多无人机编队基本上都是由有人机为长机,多个无人机为僚机,其行动均受有人机控制。在有人机的指挥下,无人机分别执行目标跟踪监视、导弹发射、欺骗干扰等任务,这样不仅扩展了有人机的打击距离与打击频率,同时还有效保护了有人机在防区外的安全。有人机与多无人机协同作战将是未来空中作战的主要样式之一。随着人工智能技术的发展,无人机将逐渐实现高度智能化,与有人机构成一个完整的空中作战体系,实现空中打击效能的最大化。有人机与多无人机协同作战如图3-2所示。

1) 有人机与多无人机协同探测

协同探测是有人机与多无人机协同攻击的前提,通常情况下,有人机与无人机都可以单独完成目标探测任务,因此,综合有人机与无人机探测优势,在战场伤亡代价最小的基础上,完成敌方目标的精准探测。受敌方远程探测手段的发展和打击距离的拓展,由无人机前出敌方有效射程内对目标进行精准探测,可以有效减少作战人员的伤亡。多架无人机通过各自机载雷达对敌方目标实施精准探测,然后通过数据链将敌方目标信息传输至有人机,有人机对敌方态势进行处

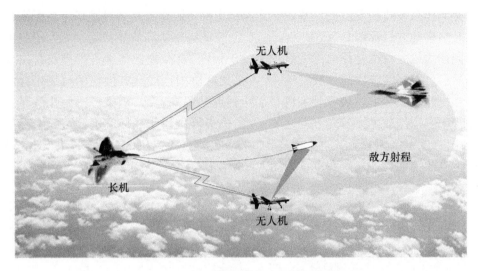

图 3-2 有人机与多无人机协同作战

理、评估威胁程度、制定打击决策。随着隐身技术的发展,有人机可以成功避开敌方的探测,此时,通过其有源机载雷达对敌方目标进行远程照射,多架无人机前出合适位置接收敌方目标反射波,以无源定位的方法完成对敌方目标的探测,再将探测信息回传至有人机,这样就降低了敌方动态目标的起伏特性,大幅拓展了探测感知距离,保证有人机能够及时跟踪敌方空中目标动态。

2) 有人机与多无人机协同攻击

这种协同攻击模式拓展了攻击半径,保障有人机安全。有人机与无人机都配备机载雷达、光电红外等各类传感器及空空导弹、空舰导弹等不同类型武器,因此,无人机可以看作是有人机"武器库"的重要补充,既可以直接对敌方目标实施精准打击,也可以为有人机导弹发射提供精准制导。在有人机与多无人编队中,有人机负责指挥多架无人机,同时将已经探测到的敌方目标信息通过数据链实时传输给多架无人机,指挥无人机启动武器系统,发射机载导弹,对敌方目标实施精准打击,完成协同攻击任务,实现分布式攻击作战。同时,也可以由有人机发射导弹,无人机根据获取的敌方目标定位,对飞行中的导弹进行连续不间断制导,大大拓展了导弹的打击距离和打击精度,执行此类协同攻击任务时,无人机为有人机提供了各类打击保障信息,降低了有人机前出敌方有效射程的机会,减少了有生力量的战场伤亡率,保证了空中作战的可持续性。

3. 无人机集群协同作战

随着物联网、人工智能等技术发展,无人机将逐步实现智能化,为无人机集群协同作战模式的发展奠定基础。无人机集群协同作战是通过网络将各无人机实时共享敌方目标信息、己方自身信息等,完成空中协同作战行动。无人机集群协同作战最大特征是任何无人机均未处于控制地位,在任何无人机遭受打击受损后仍可有序实施协同作战行动,无人机集群协同作战具有极佳的战场生存能力和协同作战能力。随着无人机智能化程度的提高,无人机集群协同作战将成为未来空中作战主要研究方向之一,无人机集群协同作战彻底解脱了人本身生理条件的制约,大幅延长空中作战强度,同时,伴随无人机的高度智能化,对其进行精准控制成为未来研究重点。无人机集群协同作战如图3-3所示。

图3-3 无人机集群协同作战

1)无人机集群协同探测

无人机集群对敌方目标进行远程探测,有效降低了有人机探测的风险性。利用无人机具有高度隐身性和低探测性的特点,可深入敌方防区内对敌方目标进行抵近侦察,近距离监视和跟踪多个目标。但受限于无人机的载重量,其有效载荷有限,动力系统和供电能力难以装载较重且大功率的有源相控阵雷达,所以无人机只能装备相对简单、尺寸小、重量轻的无源探测设备实现集群协同探测。无人机集群利用三角定位的方式对敌方目标辐射源完成远程探测,或者利用外辐射源方法对敌方目标进行精准定位,外辐射源方法要求必须通过特定辐射源照射敌方目标,再通过外辐射源的直达波与目标反射的回波进行精确计算,实现对敌方目标进行定位。无人机集群协同探测可以弥补单一或多元传感器设备的探测盲区,实现了战场全域空间的透明,而且还避免了单一无人机遭受打击受损后无法完成目标探测的任务的缺点,提升战场情报获取能力。

2) 无人机集群协同攻击

无人机集群协同攻击的典型模式是利用大型运输机等平台将无人机集群携带至敌方火力打击防区之外发射,以避免无人机集群被敌方火力集中摧毁。无人机集群协同攻击基于各无人机的位置、任务参数和载荷能力等,为其分配导弹发射和精确制导等作战任务,选择最适合的无人机发射导弹和引导导弹,以完成无人机集群空中协同攻击任务。无人机集群通过三角定位、时频差等无源精确定位与瞄准技术,综合利用无人机集群的各类传感器资源,统一动态分配空中协同攻击任务,为实现集群协同攻击提供决策支持。无人机集群不但可以触发无人机平台发射导弹,并引导导弹对敌方目标实施精准打击,在紧急时刻还可以通过接近敌方目标实施"自杀式"攻击,从而保障对敌方目标打击效果的最大化。未来无人机集群协同攻击是空中作战的重要模式,可以实现多运动平台协同作战"1+1>2"的战场效果,也是下一步空中协同作战深入研究的重点。

3.3.3　空中协同作战关键技术

未来海战场环境更为复杂,夺得战场制空权形势更趋紧张,智能化作战、蜂群式攻击等新型作战样式的出现将改变海上战争形态,推动海上作战由信息化向智能化演变。针对海战场的空战特点,"忠诚僚机""分布式空战"等概念的出现,对空中协同作战行动提出更高要求,要满足空中协同作战过程中的目标快速获取、信息快速处理、信息高效流转等现实战场需求,需要解决支撑空中协同作战的协同控制、协同航迹规划和信息传输等许多现实的技术问题[28]。

1. 协同控制技术

协同控制技术作为提升平台协同作业性能的关键技术,是实现有人/无人机以及无人机集群协同作战的基础,通常会利用栅格化信息网连接空中作战节点和地面指挥中心,从而实现战场信息同步实时共享。空中编队作战中,长机与僚机通过保持实时通信联络,实现战场态势信息实时传输、交换和共享,并能在长机指挥控制显示屏上显示僚机实时位置,以实现对僚机的监视控制,长机在接收到僚机传输的敌方目标信息后,需根据实时战场态势情况进行作战评估、打击决策、任务分配等,如果僚机是无人机,则长机具有最高控制权限,必要时能直接遥控无人机飞行或直接控制无人机武器的瞄准与发射[29],把有限资源投向作战最需要的地方,夺取空中战场的绝对控制权。同时,无人机集群作战要基于任务选力量、基于能力算规模、基于需要定构成,这都需要以精准智能的协同控制为基础,而多机协同编队呈现出多维一体的并行性和无序性,必须精细调控信息流、指挥流和能量流,才能确保空中作战行动的协调一致。

2. 协同航迹规划技术

协同航迹规划技术作为支撑无人机群根据战场态势进行任务优化分配的关键技术,是空中作战平台如何合理选择攻击航迹[30],实现多平台之间能力互补和行动协调的核心技术。利用不同作战平台搭载不同任务载荷实现作战目标,利用电磁能隐蔽夺控、破网断链,利用定向能瘫痪节点、毁敌要害,利用数据流阻、瘫、控信息网络,利用火力优势击毁作战体系,通过多种方法动态聚能、精确释能。未来空中作战任务的高动态性和强对抗性,作战目标的高敏感性,对协同航迹动态规划的要求越来越高,合理高效的动态航迹规划是提升空中作战平台遂行任务能力、提高作战效能的关键因素[31]。要实现对敌高价值目标以及时敏目标的聚优攻击,就必须确定空中攻击平台的具体任务,再结合战场环境、敌我态势及其他约束条件,规划符合遂行作战任务需求的最优或次优航路,通过战场数据链使各作战平台实现信息共享,并按照规划航路在指定时间到达指定任务区域,确保空中作战集群能够高效联动战场态势和实时评估作战效果。

3. 数据链技术

数据链技术是支撑战场信息交互共享,作战系统无缝链接的关键技术,主要用于支撑抗干扰传输和视频图像传输等任务,从文字到图片再到音视频的传输形式,数据传输正朝着大容量、高速度的方向发展,这是提高部队协同作战能力的必要手段。自适应干扰抑制技术是支撑抗干扰传输的关键技术,分为自适应天线技术、自适应跳频与自适应信道选择技术和自适应功率控制技术[32],利用自适应干扰抑制技术能够有效抑制敌方作战力量实施的多种干扰,降低干扰给信息传输带来的影响,保障信息传输的正常进行;视频图像是传感器设备输出信息的主要方式,对视频图像利用一定技术进行压缩,有利于信息传输带宽,极大地提高了信息输出效率[33],视频图像编码技术成为支撑视频图像传输的关键技术,利用视频图像编码技术对获取的图像进行块状分割,将场景、对象等切割成大小不同的模块,最后将感兴趣的对象从图像中提取出来,进行编码,这种编码方式具有更高的压缩效率,支持数据链快速完成视频图像的传输。

3.4 海上协同作战

传统海上编队协同作战采用集中式指挥与控制方式,具有较高的作战指挥效率,但是该方式将海上兵力部署大规模聚集于一点,容易被对手锁定且一次打击就可能导致全体系瘫痪。随着智能化技术的进步,"分布式杀伤"成为海上协同作战的发展趋势,其核心思想就是利用相隔几百甚至上千海里的分散式海上编队实施协同作战。海上编队不仅要及时收集战场态势感知信息,还要在短时间内形成最优作战计划,实现海上舰艇编队的统一协调控制,科学分配战场资源、集中发挥武器功能,最终形成最优作战方案,提升海上综合作战能力[34]。

3.4.1 海上作战制胜机理

人类战争的历史源远流长,没有对历史演进的深入思索,就不能真正理解制胜机理的丰富内涵[35]。海上作战作为未来战争的一种重要方式,既继承了传统海上作战的重要方法,又发展了智能化条件下的海上作战样式。从赢得海上战争的角度出发,充分调动作战力量的积极性,发挥海上作战的主动权,在日趋复杂的战场环境中赢得作战优势。以颠覆传统海上作战模式,赢得智能化海上战争为根本出发点,这些都对深入研究海上作战制胜机理提出较高要求。

1. 分散部署,攻击灵活

从提升海战场生存能力的角度出发,将分散部署的海上作战编队在同一时间,朝着同一目标,同时输出攻击火力,实现对敌方目标的集火饱和攻击,是增强海上攻击灵活性的重要保障。分散部署、攻击灵活的前提是海上力量的分散部署。传统海上作战编队的集中部署,能够最大程度发挥火力优势,完成对敌方作战力量的毁灭性攻击,但集中部署同样容易遭受敌方的集火攻击。随着信息技术的进步,大容量、高速率智能化战场通信网络的建立,为分散部署的作战编队或作战要素之间实现信息高效流转奠定重要基础,也为海上作战力量的分散部署提供重要保障。分散部署、攻击灵活的重心是增强海上攻击的灵活性。传统的武器装备都朝着大而全方向发展,海上作战平台通常会集成多个不同作战要素,尤其是大型海上作战平台,一般都集成了情报侦察、作战决策、火力打击等不同作战要素,能够从不同维度、不同区域向敌方作战节点突然发起攻击,并迅速完成海上战位的高效转移,极大地增强海上集火攻击的灵活性。

2. 聚优集火,瘫痪核心

传统海上作战是平台与平台之间的硬杀伤,其制胜机理是毁伤海上作战平台,使其丧失战斗力,而智能化海上作战通常都是体系与体系的对抗,单一平台的毁伤难以对整个作战体系造成致命性伤害,因此,海上体系作战改变了传统平台对抗的制胜模式,使制胜机理从对单一平台的硬杀伤朝着瘫痪体系核心节点的方向转变。聚优集火、瘫痪核心的前提是集中优势火力。从实现海上攻击效果最大化的角度出发,聚集优化不同维度、不同区域的攻击火力点,实现分散部署不同作战平台上的攻击火力能够错时分布输出、同时集中聚焦,以完成聚集优势力量,集中输出攻击火力。聚优集火、瘫痪核心的重点是击毁核心节点。核心节点通常也是敌方重点防备要点之一,要准确击中并摧毁该节点是双方博弈的焦点,因此,从不同角度、以不同速度对敌方核心节点进行全方位、无死角的立体攻击。通过聚优集火、瘫痪核心是击溃敌海上力量部署的关键,实现了敌我双方作战力量的此消彼长,达到破其一点、瘫痪体系的攻击效果。

3. 动态重构,联合制胜

海上作战作为一种高强度对抗的战争方式,并非能够一厢情愿的单方面削弱敌方力量,而是在激烈对抗的过程中,双方海上作战力量能够此消彼长,在削弱敌方力量的同时,也存在被敌方摧毁的可能。动态重构、联合制胜的前提是海上作战平台动态组合。由于智能化战场信息网络的链接,保障了海上作战平台能够动态组网,即使海上作战平台被敌方严重毁伤,也能够根据敌我战场态势进行最优化组合,构建符合战场需求的海上作战网络,因此,随着海上作战进程的快速推进,海上作战网络也不停地迭代重构,能够持续高效满足瞬息万变的战场态势。动态重构、联合制胜的重心是联合制敌。海上作战出发点是毁伤敌方作战力量,在海上作战网络迭代重构的基础上,作为海上作战体系重要组成部分的海上力量并不是孤立存在的,而能够与其他力量不断优化构建新型的海上作战体系,从击毁敌方作战节点的角度出发,从海上不同作战平台高效输出攻击火力,以不同角度、不同速度进行集火攻击,达到联合制胜的目的。

3.4.2 海上协同作战样式

随着海上作战制胜机理的不断演变,智能化海上作战以分散部署为基础、以聚优集火为核心、以联合制胜为关键,为海上作战的高效实施奠定重要基础。从提升海上作战能力的角度出发,以分散部署的武器平台为基点,利用组网感知、分布发射、同步攻击的方法,实现对敌方海上目标多频次、高频率的饱和攻击。随着物联网、5G等核心技术日益成熟,有力支撑了海上万物互联的实现,逐渐模糊了分布式海上作战平台的界限,促使海上综合作战能力的高效发挥。

1. 有人舰艇编队协同作战

有人舰艇与有人舰艇协同作战是目前海上作战的基本模式,海上舰艇编队通常采用排水量大、先进程度高、攻击能力强的有人舰艇作为海上指挥舰,下达编队集结、队形调整、海上攻击等作战命令,其他排水量小、先进程度低、攻击能力弱的有人舰艇作为被指挥舰,不但要全程接受指挥舰的作战命令,还要配合指挥舰完成编队战术机动、攻击火力布势等任务。被指挥舰配合指挥舰完成海上攻击任务,必要时为指挥舰承担海上防空、海上反潜等任务,为海上舰艇编队形成坚固的区域屏障。从满足作战需求角度出发,海上舰艇编队应打破固有模式,在人工智能技术加持下,排水量小、先进程度低、攻击能力弱的有人舰艇也能够成为海上编队指挥舰。有人舰艇编队协同作战如图3-4所示。

图3-4 有人舰艇编队协同作战

1) 有人舰艇编队协同探测

指挥舰与被指挥舰协同完成对敌方目标的探测,尤其是时敏目标的精准感知,为海上舰艇编队协同攻击提供重要指引。由于指挥舰的排水量较大,通常可以搭载大型探测感知传感器,能够远距离、高精度感知战场态势,而指挥舰作为进攻性武器的主要平台,在受到敌方重点攻击的同时,也会受地面曲率的影响,存在监视盲区,因此,海上舰艇编队协同探测成为必然。从全面感知战场态势为基本出发点,海上舰艇编队必须分散部署于海战场,利用指挥舰与被指挥舰交叉探测原理,从不同角度和不同方向,以不同速度和不同深度全面探测敌方目标。在同等装备水平上,受敌方远程侦察系统的制约,指挥舰很难做到先敌发现、先敌打击的实战效果,因此被指挥舰应当采用战术机动的方式,突破敌方侦察系统的跟踪,利用舰载传感器完成对敌方目标全面感知,并将精准定位信息推送到进攻性武器平台上,指引导弹完成对敌方目标的毁灭性攻击。

2) 有人舰艇编队协同攻击

指挥舰与被指挥舰协同攻击增强海上作战的灵活性,有效提升海上作战能力的发挥。指挥舰的排水量较大,能够搭载大型进攻性武器,而被指挥舰受排水量的限制,一般只能搭载中小型进攻性武器,因此,指挥舰能够完成对舰、对地目标的毁灭性攻击,而被指挥舰只能完成对空、对潜目标的毁灭性攻击。现代海战作为海空一体的立体作战,已突破单一的平面作战,海上舰艇编队在实施远程海上攻击的同时,须构建起阻挡来自空中和水下攻击的坚固屏障。指挥舰作为主要的进攻性武器平台,能够保持最佳航向航速,保证以最佳角度发射导弹,完成对敌方重要目标的毁灭性攻击,而被指挥舰以构建空中和水下坚固屏障为基本出发点,利用防空导弹、反潜鱼雷等进攻性武器,保护指挥舰免受敌方的毁灭性攻击。随着通用武器发射平台的发展,各类防空、反舰等平台的界线趋于模糊,舰艇编队协同攻击开始从固定攻击模式向最优攻击模式转变。

2. 有人舰艇与多无人舰艇协同作战

无人舰艇具有很多有人舰艇无法比拟的战场优势,现代海战正从传统的有人舰艇编队协同作战向有人/无人舰艇编队协同作战的方向转变,无人舰艇开始在现代海战中登上历史舞台。有人舰艇与多无人舰艇协同作战的实际应用中,有人舰艇会充当指挥舰,下达侦察监视、导弹攻击等各类作战命令,而其他无人舰艇作为被指挥舰,会执行指挥舰作战命令,配合指挥舰完成抵近侦察监视、作战意图欺骗等任务,这样不仅可以有效发挥海上分布式攻击效能,还能够有效缓解有人舰艇的海上作战强度。随着未来有人/无人舰艇智能化程度越来越高,从优化海上作战效果的角度出发,有人/无人舰艇编队的指挥舰可能会由无人舰艇充当,此时,有人舰艇就要服从无人舰艇指挥舰的命令,配合无人舰艇编队完成多样化海上作战任务。有人舰艇与多无人舰艇协同作战如图3-5所示。

图3-5 有人舰艇与多无人舰艇协同作战

1) 有人舰艇与多无人舰艇协同探测

协同探测是有人舰艇与多无人舰艇协同攻击的前提。有人舰艇具有排水量大、续航能力强的特点，能够搭载各种大型远程探测传感器，而无人舰艇受舰艇结构的制约，只能搭载小型近距离探测传感器，综合有人/无人舰艇探测传感器的优势，对敌方海上重要目标，尤其是动态目标进行实时跟踪监视。随着舰艇隐身技术发展，各种隐身舰艇层出不穷，这为海上远程探测提出很大的挑战，同时，反舰导弹技术的进步，又严重阻碍了有人舰艇的近距离探测。从优化海上协同探测的角度出发，利用无人舰艇完成对敌方目标的抵近侦察，是解决海上近距离探测的有效手段。利用无人舰艇搭载的拖曳声纳、对海/空搜索雷达，实现海战场全维全域侦察监视，抵近发现敌方水面、水下和空中的动态目标，及时定位出隐身战斗机和静音潜艇的三维维度及隐身舰艇的二维维度，能够准确判断敌方目标的实时位置，并高效预测敌方动态目标的行动轨迹。

2) 有人舰艇与多无人舰艇协同攻击

随着有人舰艇排水量的增加，其能够搭载越来越多的反舰/防空导弹和反潜鱼雷，可以同时实施海上反舰、防空和反潜作战任务，而现有的无人舰艇受排水量和艇型结构的限制，很难搭载各种进攻性武器装备，因此，有人舰艇与多无人舰艇协同攻击模式基本上都处于"无人舰艇探测-有人舰艇攻击"的阶段，有人舰艇通过无人舰艇获取敌方动态目标的精确位置，计算出发射角度和攻击路线，发射导弹、鱼雷等进攻性武器实现对敌方目标的毁灭性攻击。随着世界各军事强国日益重视无人舰艇技术的进步，必定会推动无人舰艇朝着搭载导弹、鱼雷等进攻性武器的方向发展，有人舰艇与多无人舰艇协同攻击模式也会发展为"有人/无人舰艇探测-有人/无人舰艇攻击"阶段。此时，无人舰艇不再是单纯的战场感知模块，而是集探测感知、火力攻击于一体的作战单元，这样既有利于海上作战能力的高效提升，又极大地降低了有人舰艇被敌方摧毁的可能性。

3. 无人舰艇集群协同作战

由于远程侦察、导弹突防等技术发展，有人舰艇受到的威胁日益严重，海上斗争也日趋复杂激烈。从推进海上可持续作战的角度出发，发展高度智能化的无人艇是应对海上激烈对抗的重要保障。随着深度学习、6G等关键技术相继突破，发展人工智能技术群，支撑无人舰艇达到有人舰艇实战效果成为亟待解决的关键问题。从理论上讲，无人舰艇集群协同作战不同于有人舰艇编队协同作战，存在固定的指挥舰和被指挥舰，而是从优化海上作战效能的角度出发，即时集群指挥舰由最优无人舰艇担任，或者由局部最优无人舰艇担任。但是，随着海上作战进程的持续推进，即时集群指挥舰可能会转换为其他无人舰艇，依次优化推进海上作战行动的高效实施。无人舰艇集群协同作战如图3-6所示。

图3-6 无人舰艇集群协同作战

1) 无人舰艇集群协同探测

无人舰艇集群对敌方目标,尤其是动态目标进行高效探测,是降低有生力量战场伤亡率的关键方法,也是海上协同探测能力发挥的重要保障。相比现有的有人/无人舰艇,未来无人舰艇不但具有大排水量、攻击能力强的特点,还能搭载远距离、大角度、高密度多维多向传感器,形成对海战场全域目标的跟踪监视。从多维度、多方向感知战场态势的角度出发,无人舰艇集群能够同时搭载对空、对海和对潜传感器,搜索探测空中、水面和水下的各类目标,尤其是水下时敏目标。无人舰艇集群协同探测以提高海上搜索效率为基点,在局部探测方向上,构建以无人舰艇指挥舰为核心的侦察监视体系,对敌方动态目标完成多角度的跟踪监视,使其行动轨迹能够在无人舰艇探测之间有效衔接,保证无人舰艇集群可以实时跟踪敌方动态目标,实现对海战场的全域监视,同时,协同探测还避免了单一无人舰艇被摧毁,导致海上探测被中断的尴尬局面出现。

2) 无人舰艇集群协同攻击

无人舰艇集群协同攻击的传统模式是利用大型舰艇平台将无人舰艇集群携带至敌方防区之外,利用"海上狼群"攻击战术,以自杀式方式完成对敌方目标的毁灭性攻击。随着美国"幽灵舰队霸主"无人舰艇项目的实施,世界各军事强国开始推进无人舰艇的大型化和智能化,这都为无人舰艇的长航时、强攻击力奠定重要基础。未来无人舰艇集群具有高度智能化特点,不再单纯依靠人工干预方式实施海上攻击,通过接收的战场感知情报信息,集群指挥舰自主分析和自主决策,以海上攻击最优化为出发点,选择最优的无人舰艇作为攻击节点,分别自主完成对敌方空中、水面和水下目标的攻击,实现舰艇集群对海上全域目标的协同攻击,构建攻防兼备的无人舰艇作战系统。综合利用无人舰艇的传感器和攻击火力资源,不但能够实现不同无人舰艇之间的协同攻击,还能够实现同一无人舰艇海上探测和海上攻击的协同衔接,保障海上作战能力有效发挥。

3.4.3 海上协同作战关键技术

随着海战场环境日趋复杂,未来争夺制海权的形势更具有不确定性,现代海战必须强化人工智能技术对海上作战的支撑作用,极大提升海上作战的时效性。从智能控制角度出发,必须实现各高新技术与海上作战协同结合上的突破,通过战场信息网络实现协同作战,将运载平台、武器、传感器等进行重组和动态编组,实现海上作战能力的多样化、一体化、聚焦化和最大化,从而实现作战平台的分散部署和作战效果的集中统一,达成"形散神聚"的海上作战效果。

1. 传感器组网技术

传感器组网技术是支撑海上协同作战的基础技术。传感器组网是指某一作战兵力群为完成特定的战术任务,根据现有传感器资源的特点合理地对不同传感器组进行联网,从而形成一个统一的有机整体[36]。传感器组网技术作为支撑传感器组网这一复杂系统工程的关键技术,其主要目的是为使各作战兵力协同完成预定的海上作战任务,按照预期的规划算法及方法,对海战场全域空间的传感器进行调度组网,全天时全天候动态感知战场态势。传感器组网的核心是基于特定的海上感知目标,依据特定的最优准则,确定传感器组网的工作方法及参数,建立目标优先级、传感器分配、传感器指令和交接的无缝衔接,以获取海上作战情报优势。建立目标优先级是按照海上战场态势,根据每个目标的重要性,按照战场优先级进行排序;传感器分配是根据目标优先级分配传感器,在现代海战密集目标环境下,需要建立动态分配准则,然后按照预定的规划方法来进行分配;传感器指令和交接主要是为了优化航迹或保持航迹的连续。

2. 多源信息融合技术

多源信息融合技术是支撑海上协同作战的核心技术。多源信息融合是将海战场分散部署的多个传感器所获取的信息数据,利用图像识别、深度挖掘等技术进行融合处理,消除多源信息数据存在的冗余,降低不确定性,提高情报侦察系统反应的灵敏性和准确性。多源信息融合技术主要用于支撑数据层、特征层和决策层上的信息融合,其中,数据层信息融合主要是针对同类传感器收集的数据,进行同类数据融合;特征层数据融合主要是提取收集数据所包含的特征向量,用于对监测对象特征进行融合;决策层信息融合是根据特征层信息融合所得到的数据特征,进行相应的判别及简单逻辑运算,再根据海上作战需求进行的高级信息融合。决策层信息融合是面向海上作战的信息融合,如通过对温度、湿度和风力等数据特征的融合,可以判断影响海上作战的可能性,基于此,发送数据就可以是影响海上协同作战的概率,而不是温度、湿度及风力大小等。在多源信息融合现实中,可以根据海战场实际需求来选择融合方式。

3. 目标威胁评估技术

目标威胁评估技术是支撑海上协同作战的关键技术。目标威胁评估是判断敌方目标是否对己方作战力量构成威胁及威胁程度的大小,然后根据威胁程度大小对敌方目标进行排序,为科学规划打击顺序、打击速度和打击角度奠定重要基础,也是制定作战计划、规划攻击顺序的重要保障。目标威胁评估技术的关键方法主要有:变权理论[37]、属性分析[38]、改进灰关联分析[39]、神经网络[40]、多属性决策法[41]等,而在常用的关键算法中,多属性决策法是提高判定目标威胁评估准确率的基础。作为执行海上作战任务的水面舰艇编队,正遭遇越来越严重的海上攻击威胁,对敌方目标威胁程度判断的准确与否,直接影响到攻击顺序和火力分配。利用多属性目标决策理论和方法,研究目标距离、攻击角度、通视条件和作战环境等,采用混合精确实数型指标和模糊区间型指标的决策模型,通过模糊评价、实数、三角模糊数等方式进行量化,最大限度保留不确定性信息并降低海战场应用的复杂程度,完成对目标威胁程度的科学高效排序。

3.5 水下协同作战

2021年3月,英国国防部发布《竞争时代的国防》战略报告,阐述了不断变化的战略环境及未来战场形势。随着人工智能、机器学习等技术发展,为应对未来战争形态产生巨大影响,摸清智能化作战的战斗力形成机理,是反智能化作战的前提和基础[42]。由于无人潜航器等水下智能化主战装备的出现,水下作战已经不同于以往的作战形态,从高效发挥作战能力的角度出发,实现水下作战平台的模块化组合,完成侦察监视、指挥控制、火力打击等全流程全要素的水下作战全过程,从根本上颠覆传统的水下作战平台单打独斗的被动局面[43]。

3.5.1 水下作战制胜机理

由于深海技术飞速发展,世界军事强国开始走向深海,并试图设计深海智能化武器库等战争新武器,以抢先控制"深海边疆",占领未来军事制高点。最近几年时间内,以无人潜航器为代表的智能化武器装备异军突起、飞速进步,各国海军开始深入研究新型无人潜航器跟踪探测技术、精准打击技术以及导航定位技术的同时,同步推进水下无人化作战等全新概念的设计,检验水下分布式协同打击的制胜机理,力争快速提高有人与无人高度融合的水下作战能力[44]。

1. 系统融合,综合感知

战场感知是实施水下作战的前提,能够从根本上解决"看不见"的现实制约。随着水下作战平台从单一作战逐渐演变成多元作战,为各类探测传感器系统融合,综合感知水下战场,拨开战场迷雾,为精准打击奠定重要基础。系统融合、综合感知是水下战场态势汇聚成网的前提,随着水下通信系统的成熟,为连接各类传感器构建实时监测网络提供关键支撑,保证所有水下作战平台能够实时共享多元传感器获取的情报信息,快速构建水下战场综合感知网络;系统融合、综合感知是保证潜艇、无人潜航器等水下作战平台搭载的同类传感器进行高度融合,从不同深度、不同方向综合感知整个水下战场态势,避免遗漏全域战场的任何动态目标,尤其是快速捕捉水下时敏目标;系统融合、综合感知能够融合潜艇、无人潜航器等不同作战平台搭载的不同类型传感器,随着潜艇及无人潜航器体积的日趋增大,为搭载各种不同类型的传感器奠定重要基础,同时,利用不同传感器从不同维度获取各种情报信息,综合感知水下战场的敌方目标。

2. 体系对抗,功能多样

过去很长时间内,受到水下通信距离限制和综合反潜能力大幅提升的影响,水下作战平台很难进行体系作战,基本上都是以单打独斗为主。然而,由于水下装备技术的发展,水下作战体系可能会逐步建立成形,并展示出难以应对的新质水下作战能力。体系对抗、功能多样会以深海基地为中心、以深海武器库为支撑、以水下警戒和通信系统为依托、以各深度层机动的水下有人作战平台为骨干、以各型水下无人作战平台为前哨、以水下雷阵为防御阵地、以隐蔽突然的综合打击行动为手段,消灭敌各类重要目标于无形[45];体系对抗、功能多样伴随高度智能的武器装备层出不穷,可以执行水下作战任务及作战行动样式随之大大拓展,推动水下作战功能朝着多样化方向快速发展;体系对抗,功能多样促使新型水下作战体系主要用于完成对全域动态目标的重点攻击,以及封锁敌港口基地,进行水下特种作战,实施核威慑核打击等其他作战任务,相比传统的攻击方法,水下攻击更加可靠和难以防御,呈现出无可比拟的作战优势。

3. 区域控制，联合攻击

未来水下作战力量是由智能化武器装备和人组成的综合作战系统，作战指挥开始由"以人的经验为中心"向"以数据和模型为中心"进行转变，通过人机的合理分工与智能交互，大幅压缩观察、判断、决策和行动的全过程，将智能优势转化为作战胜势[46]。区域控制、联合攻击基于有人系统与无人系统联合作战理念，有人潜艇从传统作战平台向指挥调度平台转变，通过构设水下作战前沿终端，用于感知区域战场态势，为水下联合攻击奠定重要基础；区域控制、联合攻击是在有人作战平台的指挥控制下，实现各类大中小型无人潜航器的区域融合，分布式完成态势感知、指挥控制、火力打击等作战环节，快速高效地毁伤敌方重要目标，是水下联合攻击顺利实施的核心；区域控制、联合攻击从水下作战平台智能交互的角度出发，综合链接各类传感器、指控中心、火力打击平台等，在一定控制区域内，跟踪监视敌方动态目标，尤其是水下时敏目标的变化，并快速完成对敌方目标的识别和攻击，是保证水下联合攻击效果的关键。

3.5.2 水下协同作战样式

水下战场作为未来各军事强国角逐的主战场，谁有效控制好这个主战场，谁就能赢得未来海战的主动权，加强水下作战概念研究成为应对复杂多变现代海战的关键要素[47]。随着水下武器装备迅速发展，水下作战正从单打独斗朝着协同作战的方向快速转变，改变了传统的水下作战样式。尤其是近几年来，各类新型无人潜航器的发展与运用，对水下作战概念研究提出了更高要求，水下作战样式也随之发生颠覆性变化，对于提高非对称作战制衡能力具有重要意义。

1. 有人潜艇编队协同作战

有人潜艇编队协同作战是现行水下作战的基本模式，通常由两艘或三艘潜艇组成，其中一艘为指挥艇，其他为被指挥艇。指挥艇主要负责下达编队队形调整、航迹路线规划、水下火力攻击等作战命令，被指挥艇主要接受并执行指挥艇的命令，配合指挥艇完成水下作战任务。有人潜艇编队协同作战可以有效降低单一潜艇的水下作战强度，从不同角度、不同深度协同完成水下作战任务，大幅提高水下作战效能。有人潜艇编队协同作战作为传统水下作战样式，受人工智能等关键技术的发展制约，基本上都处于遥控指挥的阶段，限制了水下作战能力的提升。无人潜航器作为未来替代潜艇的重要武器装备，将逐渐取代被指挥艇，协同有人潜艇实施水下作战。有人潜艇编队协同作战如图 3-7 所示。

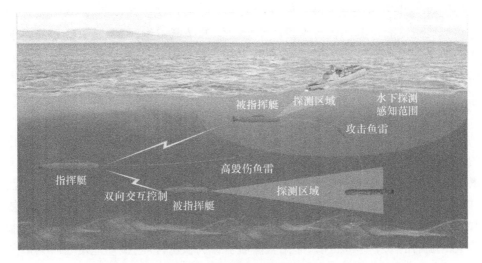

图 3-7 有人潜艇编队协同作战

1) 有人潜艇编队协同探测

有人潜艇编队协同完成对敌方水下目标的探测,尤其对时敏目标的跟踪监视,是完成水下精准打击的重要保障。有人潜艇编队通常由指挥艇完成对水下目标的精准打击,因此,指挥艇必须保持合理的航速、深度、角度等,确保能够先敌发现、先敌攻击。在确保指挥艇最佳攻击窗口的基础上,势必会影响其探测精度,这在很大程度上就要共享被指挥艇的情报信息,才能够支持水下作战效能的高效发挥。被指挥艇作为重要辅助平台,通常会根据指挥艇的作战命令,从不同深度、以不同速度隐蔽行进到探测范围内,利用艇载探测传感器感知水下动态目标。在敌方探测系统反应之前,迅速规避敌方火力攻击圈,利用数据传输链将目标动态轨迹传输到指挥艇,为指挥艇实施火力打击奠定重要基础。有人潜艇编队协同探测并非固定由被指挥艇实施目标探测,指挥艇实施火力攻击,而是从优化作战效能的角度出发,潜艇编队选择性完成水下作战任务。

2) 有人潜艇编队协同攻击

有人潜艇编队协同攻击是从不同方向、不同深度对敌方目标实施精准攻击,增强了水下作战的时效性。作为指挥艇的有人潜艇排水量较大,能够搭载高毁伤性鱼雷,攻击距离较远,而作为被指挥艇的有人潜艇通常会比指挥艇排水量小,但却能够搭载近距离攻击鱼雷,有人潜艇编队有效弥补了攻击距离缺位,实现水下攻击范围内的全覆盖。指挥艇作为水下协同攻击的核心,通常会在敌方攻击范围外,利用高毁伤性武器对敌方目标实施毁灭性攻击,而被指挥艇作为水下协同攻击的重要补充,利用抵近探测的时间窗口,基于最优的攻击路线,对敌方目标实施精准攻击。从完成预期作战目标的角度出发,指挥艇分配被指挥艇相应的水下攻击任务,被指挥艇按照作战命令执行攻击任务,但是在战场态势发生急剧变化时,有人潜艇编队应紧盯突然出现的时间窗口,选择最佳位置的潜艇,发射攻击性鱼雷对敌方目标实施摧毁,以提高水下作战时效性。

2. 有人潜艇与多无人潜航器协同作战

虽然有人潜艇编队水下作战运用日益成熟,但受人体生理条件限制,水下作战能力很难有巨大提升。武器装备发展是颠覆水下作战样式的关键,随着无人潜航器型号发展的逐渐完善,有人潜艇与多无人潜航器协同作战概念开始出现,并在现实水下作战中得到尝试性运用。受人工智能技术发展的制约,有人潜艇和无人潜航器尚无法达到高度智能化,通常是由有人潜艇作为指挥艇,全程控制无人潜航器的水下作战行动,而无人潜航器作为被指挥艇,被动地接受有人潜艇各种作战指令。随着人工智能技术的进步,有人潜艇与多无人潜航器协同作战样式并非固定不变的,未来无人潜航器将具有高度智能化特征,为其成为水下作战集群的指挥艇奠定重要基础,而此时的有人潜艇就会成为被指挥艇,被动接受水下作战任务。有人潜艇与多无人潜航器协同作战如图3-8所示。

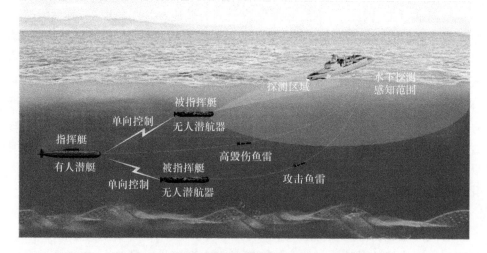

图3-8 有人潜艇与多无人潜航器协同作战

1)有人潜艇与多无人潜航器协同探测

协同探测是有人潜艇与多无人潜航器协同攻击的前提,为水下精准打击提供重要的目标指引。有人潜艇作为水下作战的指挥艇,在探测敌方水下目标,尤其是时敏目标时,极易遭受敌方探测系统的跟踪监视,成为敌方重点攻击的对象。从降低有生力量战场伤亡率的角度出发,利用小型无人潜航器能够有效解决这一问题,因其具有体积小、航速低、噪声小等显著特点,很难被敌方的探测系统跟踪监视,能够隐蔽抵近敌方目标周围,识别查证敌方目标特征,引导有人潜艇或大型无人潜航器的毁伤性武器进行水下攻击,确保从合适位置、以适当角度对敌方重要目标进行功能性摧毁。多无人潜航器作为水下探测的重要主力,能够大幅延伸有人潜艇的探测距离,其基本都是利用艇载传感器对复杂危险区域内的所有固定或动态目标进行全方位搜索,并将搜索到的情报信息快速传输给有人潜艇,保证有人潜艇与无人潜航器编队能够及时跟踪敌方目标。

2) 有人潜艇与多无人潜航器协同攻击

这种协同攻击模式是未来有人潜艇与多无人潜航器协同攻击的重要方向,随着俄罗斯"波塞冬"、美国"虎鲸"等无人潜航器的研发成功,无人潜航器正朝着大型化、高速化的方向发展,这都为无人潜航器搭载毁伤性武器提供重要载体。有人潜艇作为水下作战的指挥艇,通过获取的水下战场态势,合理制定作战方案,而无人潜航器作为被指挥艇,被动接收水下攻击指令,与有人潜艇协同实施水下攻击任务。无人潜航器利用其具有的低噪声潜航优势,在抵近敌方目标实施跟踪监视的同时,按照水下编队的作战意图,发射其搭载的进攻性鱼雷对敌方目标实施近距离攻击,极大地提高了水下协同攻击的精度。基于现有技术条件,被动攻击是无人潜航器水下作战的主要模式,但是随着未来无人潜航器智能化程度的提高,其将具有独立决策、独立指挥、独立打击等功能,可以自主智能化分配水下攻击任务,支持有人潜艇与多无人潜航器实现协同攻击。

3. 无人潜航器集群协同作战

以美俄为代表的军事强国逐渐强化无人潜航器的研发,到目前为止,俄罗斯"大键琴"、美国"蓝鳍金枪鱼"等无人潜航器开始在实战中得到运用,但是基本上都处于有人潜艇与多无人潜航器协同作战阶段,无法独立自主地实施水下作战行动。随着无人潜航器智能化程度提高,其将具备自主搜索、自主决策及自主攻击等能力,为无人潜航器集群协同作战奠定基础。在物联网、6G等技术支持下,为无人潜航器集群实现即时通信、高速传输等功能提供重要保障,实现了无人潜航器集群的网络化布势。从提高水下攻击效能角度出发,集群指挥艇在无人潜航器之间进行智能切换,保证可以选择最优攻击节点,以最佳角度完成对敌方水下目标的精准攻击。无人潜航器集群协同作战如图3-9所示。

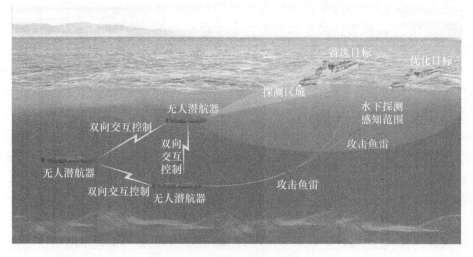

图 3-9　无人潜航器集群协同作战

1) 无人潜航器集群协同探测

无人潜航器集群协同探测是替代有生力量实施水下跟踪监视的重要方式,能够有效降低有生力量的战场消耗,保证水下作战的可持续进行。从实现水下目标全覆盖的角度出发,水下协同探测需要不同排水量、不同潜航深度的无人潜航器进行模块化组合,利用搭载的多元传感器不间断扫描水下重要区域,完成对敌方动态目标的实时感知。随着敌方水下目标隐身性能的加强,水下作战集群需要科学预判敌方作战意图,对无人潜航器集群进行科学布势,使其在不同深度、以不同速度进行潜航,利用战场多角度感知方式,从不同方向、以不同方式感知敌方目标,尤其是水下动态目标。无人潜航器集群探测作为未来水下战场情报获取的重要手段,在弥补单一无人潜航器探测盲区,实现水下战场区域单向透明的同时,还能够深入敌方敏感海域,运用自杀式探测方式,前仆后继地完成对水下目标跟踪监视,为水下攻击性武器的精准打击提供目标指引。

2) 无人潜航器集群协同攻击

受无人潜航器潜航距离和速度的制约,无人潜航器集群协同攻击通常是利用大型水面或水下平台将无人潜航器运输至战场安全海域,然后以水下攻击队形展开,对感知的敌方水下目标实施毁灭性攻击。随着人工智能技术的发展,未来无人潜航器集群协同攻击不再是以水下攻击有效性为出发点,而是以水下攻击灵活性为出发点,将有序的水下攻击模式转变为灵活的水下攻击模式。受水下武器攻击距离的限制,无人潜航器发射攻击性武器通常是攻击固定的敌方目标,而随着水下武器攻击距离的大大延伸,水下攻击可以不再设定固定的攻击目标,通过对敌方目标的全程优化选择,及时改变水下攻击策略,引导攻击性武器打击其他水下目标,为提高水下协同攻击的灵活性奠定重要基础。无人潜航器集群协同作战是未来水下作战的重要模式,已经得到世界各军事强国的深入研究,但受武器装备智能化程度的制约,尚未在水下作战中得到实际运用。

3.5.3　水下协同作战关键技术

随着海上争端的愈发严重,世界军事强国开始强势发展水下智能化武器装备,为争夺海上资源奠定重要基础。由于水下作战具有其他作战样式无法比拟的作战优势,推动了以无人潜航器为代表的先进武器装备的发展,也使有人/无人水下协同作战迎来重要机遇期。水下作战平台作为水下协同作战的主要载体,其能够决定水下协同作战的技战术水平。从技术实现角度出发,水下协同作战需要解决任务模块技术、水下组合导航技术、多目标跟踪技术等关键技术。

1. 任务模块技术

发展各类有人或无人水下作战平台的主要目标,就是利用其执行各种不同的水下作战任务。随着水下武器装备的发展,已经从传统的水下侦察任务拓展到侦察、打击等不同任务,但是为了某项作战任务而建造专用的水下作战平台,将会造成极大的资源浪费。发展任务模块技术能够很好地解决这一难题,首先为整个模块化制定统一标准,设计平台载体的基本结构特征,在满足水下作战需求的基础上,还要尽量适合水下航行体的结构要求等,如总体结构的压力要求、水密性能、载荷等基本条件都必须要得到满足。其次,任务模块技术要求尽可能使用标准化接口,以便于其他设备及模块的接入,同时,水下作战的模块化设备还必须选用兼容性较好的设备,这样才有利于新旧设备的快速替换,极大地减少了战场耗时。从提高作战平台通用性的角度出发,任务模块技术能够按照作战任务需求建造相应的任务模块,并根据不同的水下作战任务,对相应的水下作战任务模块进行优化组合,极大地提高了水下作战平台的通用性。

2. 水下组合导航技术

与其他战场环境相比,水下环境更加复杂多变,单一导航系统很难满足水下作战需求。通过分析现有导航技术,并基于技术实现难度的角度进行考量,采用成熟的水下组合导航技术,将卫星导航技术与惯性导航技术结合在一起,优化传统水下导航方式,构建新型水下组合导航方案,综合单一导航系统的技术优点,最大限度地满足复杂环境下的水下作战需求。在水下组合导航技术的支撑下,组合式导航系统通常会采用卫星导航与捷联式惯性导航相结合的方式,水面探测器和浮式中继站一般运用卫星导航方式,待到探测器到达指定工作区域,开始准备下潜时,才启动捷联式惯性导航,同时,对探测器与浮式中继站的位置进行初始化[48]。通过对比捷联式惯性导航输出信号与卫星导航的独立值,利用最优控制理论和卡尔曼滤波组合的滤波器,处理各类信号和高斯白噪声,得出组合导航系统误差的最小值,并确定修正量,从而将两种导航方式有机结合在一起,实现水下组合式导航效能的最优化,极大地提高水下导航精度[49]。

3. 多目标跟踪技术

对多目标跟踪而言,无论是理论还是技术方法,都包括很多内容,如跟踪目标模型、算法以及数据关联性等。随着水下作战的日趋激烈,水下多目标态势更加多元、更加复杂,因此,对水下多目标跟踪技术的应用,提出了更高的实战化要求。水下多目标跟踪技术是由很多组成部分构成的,其中最重要的两个方面就是声纳多目标跟踪和水下精确制导多目标跟踪。声纳系统探测多个目标主要是通过主动探测和被动探测来进行的,但是被动探测和主动探测相比更难一些,如水下潜艇时常隐身潜行,能够较为隐蔽的跟踪目标,这样被动跟踪就可以发挥其作战优势,算出跟踪目标的航行要素,使被动跟踪得以实现[50]。同时,水下自导鱼雷为了更迅速、更精确地跟踪目标,常采用主动跟踪技术,或者是将主动跟踪技术和被动跟踪技术结合起来,实现对预期目标的准确跟踪。但是对于水下制导武器而言,多目标跟踪技术主要是对目标采取准确估计和分辨等先进的理论和方法,近几十年来这些技术都已经在实践中得到充分验证。

3.6 本章小结

本章简要概述了海上作战基本概念,从海上作战面临问题入手,分析海上侦察监视范围小、远距离通信保密性差、战场环境探测难度大等亟待解决的关键问题,以态势感知、指挥控制和精准打击为3个基准点,深入研究海上作战基本要素。从适应海上体系作战出发,分析海上作战体系制胜因素,以作战需求、作战行动、作战能力和协同作战为根本,研究由栅格化信息网、空中作战系统、海上作战系统和水下作战系统构成的海上作战体系。在不同作战域,分析作战制胜机理,研究协同作战样式,提出协同作战关键技术,在为海上协同作战提供保障的同时,支撑了海上体系作战能力的有效发挥。无人化作战作为海上体系作战的重要组成部分,已经被美俄等军事强国广泛运用,其无人机、无人艇和无人潜航器发展较为成熟,为海上作战力量发展提供重要借鉴。

第 4 章　海上无人装备浅析

随着人工智能技术、网络信息技术、无人平台技术、纳米电子技术的发展，极大地推动了无人系统高性能、低成本发展进程，军事用途的无人作战系统已经在实际战场上展现出良好的效费比和极高的作战效能。无人系统作战运用呈现出常态化、规模化、体系化的总体态势，各种新理念、新战法不断涌现，集中体现了无人装备实战运用的新趋势。无人装备作为智能作战力量和特殊武器平台，频繁出现在近几次局部战争中，完成了从辅助战争到参与战争的演变，作用地位得到不断提升，为海上战场控制和作战能力拓展发挥了重要作用。

4.1　海上无人装备组成

近年来，随着人工智能等科学技术的不断发展以及各军事强国对战场低伤亡率的不断追求，无人作战系统在海上战争中发挥着越来越重要的作用。海上无人装备能够充分利用海洋的隐蔽特性与海洋空间优势，以信息技术为核心，以全域全维无人作战平台相结合为基础，支撑完成多种海上复杂作战任务。海上无人装备作为未来非接触海上战争智能化、无人化的重要武器平台，具有效费比高、无惧伤亡，隐蔽性好、适应域广，部署机动、应用灵活等作战优势。无人装备作为海上作战装备体系的重要组成部分，是夺取和保持海上信息优势、达成海战场制胜的重要利器，也是新型作战力量战斗力提升的倍增器，具有较强的全域渗透能力、战场生存能力、高效攻击能力和持续作战能力。以无人机为代表的无人装备是未来海上作战装备体系的重要组成部分，是海上装备中新概念、新技术最为丰富的新兴领域，必将带来海上作战模式的颠覆性变革。

随着海上作战趋向于体系作战,广义的海上无人作战已经成为涵盖陆地、海洋、空中、太空以及电磁空间的体系作战,对应的海上无人装备也成为包含太空卫星、空中无人机、水面无人艇等在内的无人装备体系,而狭义的海上无人作战是作战区域内直接进行侦察监视、火力打击等短兵交战的武器装备,对应的海上无人装备就仅仅包含空中无人机、水面无人艇和水下无人潜航器等武器装备。在此基础上,太空空间的卫星、电磁空间的电子战装备都是支援陆地、海洋和空中作战的通用装备,而不是海上作战的专有装备,因此,从直接进行海上交战的角度出发,海上无人装备组成应是狭义概念。随着无人机、无人艇和无人潜航器广泛运用于海上作战,满足了从空中、水面和水下等多个角度和空间对海上目标实施全域攻击的作战需求,颠覆了传统的海上作战制胜机理,极大地降低了有生力量的战场伤亡率。海上无人装备组成如图4-1所示。

图4-1 海上无人装备组成

4.2 无人机装备概述

随着智能化技术的进步,全球30多个国家开始从事无人机的研制和生产,先后有几千余种型号无人机问世,无人机的发展和运用呈现出前所未有的热潮。无人机在历次局部战争中的广泛运用,克服了以预先设置为主要方式的计划协同所存在的灵活性不够的问题,也解决了临时协同方式存在的准备不足问题,显示了无人机具有高度智能化的自主筹划、自主协作、自主行动,真正达到了无人机集群的智能化组织。为适应未来海上作战需要,无人机正朝着侦打一体化、滞空长时化、高度智能化、功能集成化、飞行隐身化等方向快速发展。

4.2.1 无人机概念

无人机,是指由自身动力驱动,携带任务载荷,采用无线电遥控或自主程序控制的非载人航空器。无人机作为海上联合作战力量体系的重要组成部分,具有隐身性好、效费比高、打击精确、无人员伤亡等优势,在海上联合作战集群中可担负电子干扰、诱饵欺骗、反辐射压制、机动巡弋等任务,撕裂敌战场防御体系,为后续有人作战力量开辟安全通道。2018年1月,俄驻叙利亚赫迈米姆空军基地和塔尔图斯港补给站遭到13架无人机的突然袭击。2019年7月,以军无人机多次突入黎巴嫩境内进行了480余次特种侦察和打击任务。

借鉴自然生物的群体行为可以实现远超个体能力的特点,世界上主要军事强国已纷纷研究无人机作战集群技术,无人机集群作战开始走出试验场、走向战场,尤其是日趋复杂的海战场。无人机"蜂群"最早是由美国海军借鉴德国潜艇部队"狼群"战术提出的,将大量无人机基于开放式体系架构进行集成,以无线通信网络为中心,以系统群智涌现能力为核心,以平台间的协同交互能力为基础,以单节点的作战能力为支撑,构建能够模拟群聚生物的协作行为与信息交互方式、能够以自主化和智能化的整体协同作战方式来完成任务的作战体系。

4.2.2 无人机发展概述

随着无人技术的进步,美俄等国都加速推进无人机列装各自部队,并在实战中不断检验无人机运用。美俄等军事强国通常会根据战场需要,研发各类型无人机,尤其是美国无人机型号发展非常齐全,已经构建出距离覆盖、高低搭配、功能多样的空中无人作战体系,使得各无人作战平台能够紧密耦合,探索出"斩首攻击""点穴清除"等作战样式。无人机在现代战争中的广泛运用,大有替代有人机进行作战的趋势,迫使世界军事变革发生革命性重塑。

1. 美国无人机发展概述

未来作战必将基于人工智能等技术的进步,加快无人作战平台发展已经成为必然。从2003年开始,美军越来越重视无人机遂行多样作战任务,无人机的数量也随之增加至5类163架,但此时无人机数量只占美国空军飞机总数的1%,而到2012年,美军装备的各类无人机数量激增至7494架,占美军所有飞机总数的41%。随着美军不断扩大无人机的作战运用范围,从2003年的5个增加到 2012 年的 17 个,甚至现在扩充到了更广的作战范围。2020 年,美军装备有 7500 多架的无人机,按照能力、体积、使命和成本可分为 5 类(表 4-1)[51]:第一类无人机为运维成本低、作战能力单一的低端机,广泛运用于美国陆军和海军陆战队,第五类运维成本高、作战能力强的高端机,广泛运用于美国空军和海军,美军高端和低端无人机的数量配比在一定程度上达到相对平衡。

表 4-1 美国无人机发展概况

类别	名称	功能定位	首飞/服役时间
5	RQ-4"全球鹰"	高空侦察和对地/对海打击	1998 年/2000 年
	MQ-9"收割者"	高空侦察和对地/对海打击	2001 年/2006 年
4	MQ-1"捕食者"	高空侦察和对地/对海打击	1994 年/2002 年
	MQ-1C"灰鹰"	空中情报监视和侦察	2004 年/2009 年
3	RQ-7"影子"	战场监控、目标定位和战斗损失评估	1999 年/2002 年
2	"扫描鹰"	持久性侦察、监视和情报(ISR)收集	2001 年/2005 年
1	RQ-11B"大乌鸦"	战地侦察	2005 年/2011 年

美国在无人机领域开展了大量的应用性研究,已经列装并实战运用了多款无人机,但由于无人机使用寿命的限制,美军"捕食者"和"全球鹰"无人机已接近使用极限,美军拟打破高端和低端无人机均衡的数量配比,转而发展更高端的无人机。美国空军就计划 2021 年前淘汰"捕食者"无人机,转而采购 75 架"收割者"无人机,"收割者"无人机中队每年运维费用大约 1.6 亿美元,而"捕食者"中队每年仅 7000 万美元。美国海军在"无人作战空中系统演示"项目(UCAS-D)上的投入已经超过 14 亿美元,以评估未来从航母上操控无人机的技术可行性[52]。此外,美国海军还在持续研发"舰载无人监视与打击飞机"项目(UCLASS),以期让无人机代替更多载人战斗机,承担海上多样化作战任务。由此可见,随着美国空军和海军高端无人机数量的不断增加,其作战成本和运维费用都会急剧膨胀。

2. 俄罗斯无人机发展概述

现代战争中,无人机正扮演着越来越重要的角色,俄罗斯的无人机发展可以追溯到苏联时代,先后研制出图-123、图-243、"蜜蜂"等各型无人机,并在一段时间内领先于美国。但在经历东欧剧变和苏联解体,俄罗斯经济长期持续低迷,无力研发新型的无人机。随着无人机在近几场局部战争中崭露头角,俄罗斯开始强化无人机研发,加快其列装部署,促使俄军中无人机数量从 2011 年的 180 架增加到 2020 年的约 2000 架(表 4-2)[53]。俄罗斯现在可以生产高质量的小型无人机,但在远程高空无人机领域,与美国和以色列还存在较大差距。例如,在大型重型无人机方面,俄军现役列装的"前哨"-3SV 型高空无人机,是来源于以色列研发的出口型号,而俄罗斯研发列装的"猎户座"高空长航时无人机,与美制 MQ-1"捕食者"无人机相比,包括性能在内的各方面,还存在一定的差距。

表 4-2 俄罗斯无人机发展概况

类别	名称	功能定位	首飞/服役时间
5	"猎人"	高速和自主的无人机侦察和打击系统	2019 年/—
5	"雷霆"	高空侦察和对地/对海打击	2019 年/—
4	"猎户座"	空中情报侦察和战场毁伤评估	2015 年/2020 年
4	"赫利俄斯"	高空侦察和对地/对海打击	2019 年/—
3	"天狼星"	高空侦察和对地/对海打击	预计 2022 年/—
2	"前哨"	空中情报侦察和对地打击	2019 年/—
1	"副翼"	战地侦察	2016 年/2018 年

俄罗斯作为世界重要军事强国,近年来不断加大对无人机的研发力度,但与美国无人机发展相比,其无人机进展要慢得多。到目前为止,俄罗斯列装部署的重型无人机数量较为有限,参与实战或训练的机会也很少,重型无人机的技术开发、战术运用等都与美军存在很大差距。首批俄罗斯国产"猎人"重型无人机正在接受测试,2020 年底,进行了无人机和苏-57 战斗机编队飞行,提前实现了美国对未来空战的设想,即无人机由有人机指挥,完成空中前突侦察、集群作战和地面攻击等任务,无人机成为有人机的"忠诚僚机"。随着"猎人"重型无人机测试完成,俄罗斯将进入超视距飞行、察打一体无人机的新时代,构建形成远程与近程、轻型与重型相结合的空中无人作战体系,完成空中侦察、对地/对海攻击等作战任务,有效降低战场损耗率,提升作战的可持续性[54]。

3. 其他国家无人机发展概述

从技术开发和作战运用两个方面出发,以色列是仅次于美国的无人机技术强国,是世界上很多国家在无人机领域不断创新发展的典范。以色列无人机发展呈现系列化特征,如"云雀"小型无人机家族,除早期型号"云雀"1 和"云雀"2 外,以色列还研发出"云雀"3、"云雀"I-LE 及"云雀"I-LEX 等不同型号。按照战场实际需要,以色列接连研发了"苍鹭""赫尔墨斯"等系列无人机(表 4-3),同系列无人机通常情况下会具有相同或相似的技术、有效载荷和控制系统,这样不但节约了大量的研发时间,还有效控制了新型无人机的研发风险[55]。无人机在历次实战中的突出表现,充分展现了其作战优势,从而奠定了无人机在以色列武器装备发展中的重要地位。与此同时,以色列无人机的发展思路并非向美国看齐,而是从自身作战需求的角度出发,根据以色列战场实际需要来确定。

表 4-3 其他国家无人机发展概况

类别	国家	名称	功能定位	首飞/服役时间
5	以色列	"云雀"-3	目标侦察及为制导弹药提供目标指示	2016 年/2017 年
4	以色列	"苍鹭"TP	高空侦察及目标跟踪、锁定,海上巡逻和搜索救援	2007 年/2010 年
3	以色列	"赫尔墨斯"	空中侦察监视、目标截获和通信中继	2009 年/2010 年
2	法国等	"神经元"	高空侦察、监视、通信中继和对地攻击	2012 年/—
1	英国	"雷神"	具备隐身功能和洲际攻击能力	2013 年/—

法国作为欧洲第一个拥有隐身无人机的国家,于 2006 年联合西班牙、意大利、瑞典、瑞士、希腊等多个国家研发"神经元"无人机,其中,该无人机整体设计由法国负责、燃油系统设计由瑞典负责、数据链开发由西班牙负责、发动机研制由希腊负责、风洞测试由瑞士负责、武器系统由意大利负责。截止到 2019 年初,"神经元"无人机已经完成多达 150 次的试飞试验,并逐步进行了武器投放、侦察监视、隐身能力、海上环境实验等测试。2020 年 2 月,"神经元"无人机联合 5 架阵风战斗机和 1 架预警机开展了空中编队战术训练,为加速推动欧洲"未来战斗航空系统"发展奠定重要基础[56]。而英国研发的"雷神"无人机虽然在 2013 年就完成首飞,但是近些年来"雷神"无人机项目却进展缓慢,几乎已经陷入停滞状态,欧洲无人机的研发进度已远远滞后于美俄等军事强国。

4.2.3 无人机装备简析

无人机在未来战争中的广泛运用是显而易见的,其存在正悄然改变着作战样式和手段,成为主导未来战争形态的骨干力量。世界各军事强国从适应未来战争形态的角度出发,开始纷纷研究无人机作战技术,并随技术发展逐渐列装高度智能化的无人机作战系统。美俄欧等作为世界主要军事力量,其作战理论、作战装备等远超其他国家。随着无人机的实战运用,不但推动了高性能、低成本无人机作战系统的发展进程,还创新和完善了未来智能化作战理论。

1. 美国无人机装备

1) RQ-4"全球鹰"

RQ-4"全球鹰"(Global Hawk)无人机是美国诺斯罗普·格鲁曼公司研制的大型高空长航时无人侦察机,主要用于连续高空监视、远程和长航时侦察任务。"全球鹰"无人机生产型主要包括两个基本型号:RQ-4A(批次 10)和 RQ-4B(批次 20/30/40),分为 4 个生产批次。批次 10 型机已于 2011 年 5 月全部退出美国空军序列。RQ-4B"全球鹰"无人机一边小批量生产,一边又同时研发和实现新的性能,连续不断地完善该机性能,以最大限度地满足美国空军的战场需求。

"全球鹰"无人机技术规格如表 4-4 所列。2016 年 2 月,诺斯罗普·格鲁曼公司在"全球鹰"上成功验证了 U-2 侦察机上所用的 SYERS-2 光电传感器。10 月中旬,又完成了携带 U-2 所用"光阑"相机的飞行测试。2017 年 2 月,装备新型 MS-177 远程、多光谱成像传感器的"全球鹰"无人机完成飞行测试。随着所有飞行测试的完成,MS-177 进入为期 6 个月的整合、测试和资格认证阶段,2019 年,"全球鹰"无人机开始进行全面升级,以适应美国未来空中无人作战需要。

表 4-4 "全球鹰"无人机技术规格

名称	RQ-4A"全球鹰"	RQ-4B"全球鹰"
制造商	诺斯洛普·格鲁曼	
类型	大型战术无人机	
外形尺寸	长 13.53m、翼展 35.42m、高 4.45m	长 14.51m、翼展 39.90m、高 4.69m
飞行高度	19812m	18288m
续航时间	35h	36h
任务设备重量	907kg	1361kg
最大起飞重量	12111kg	14629kg
巡航速度	629km/h	574km/h
最大飞行速度	648km/h	629km/h
实用升限	19812m	18288m
活动半径	9947km	
动力装置	AE 3007H 涡轮风扇发动机	
起降方式	地面滑跑起飞与回收	

2) MQ-1C"灰鹰"

MQ-1C"灰鹰"(Grey Eagle)无人机是通用原子能航空系统公司为美国陆军"增程/多用途"无人机系统项目专门研制的,通常会搭载多种载荷和多枚 AGM-114"海尔法"空地导弹,能够执行侦察、要点和部队保护、精准打击、通信转发等,是一款多用途、多任务,并可自动起飞和降落的无人机。该无人机装备美国陆军后,主要为战区指挥官及合成部队指挥官决策提供情报支持,极大提高了战场情报收集和对地打击能力,提升了美国陆军部队的综合作战能力。

"灰鹰"无人机技术规格如表4-5所列。"灰鹰"无人机系统配置为每组4架无人机,一个通用地面控制站和一部系统视频接收机。因与美国陆军现役RQ-7B无人机采用统一的数据链、统一的控制系统和地面控制站,可以相互操作彼此的飞行和任务载荷并应用载荷获取相关信息。同时,AH-64D/E攻击直升机和EH-60空中指挥直升机全部装备了战术通用数据链和无人机操控单元,使这3种有人机都可以控制"灰鹰"无人机的飞行和载荷应用,提高其空中作战效能。

表4-5 "灰鹰"无人机技术规格

名称	MQ-1C"灰鹰"
制造商	通用原子能航空系统公司
类型	中型战术无人机
外形尺寸	长9m,翼展18m,高2.1m
飞行高度	超过8800m
续航时间	30h
最大起飞重量	1633kg
有效载荷	488kg
最大飞行速度	270km/h
动力装置	柴油发动机螺旋桨动力驱动
起降方式	地面滑跑起飞与回收
挂载武器	"海尔法"导弹,现用AGM-114P4A和AGM-114N4导弹

3) RQ-7"影子"

RQ-7"影子"无人机是美国德事隆AAI公司研制的单发活塞战术无人机,主要装备美国陆军的旅级部队,执行情报侦察监视、炮兵校射、半主动激光制导弹药导引照射、战斗毁伤评估等作战任务。投产并列装美军的主要基本型号有RQ-7A和改进型RQ-7B,相比RQ-7B,改进型RQ-7B改用了升阻力更高翼型,相应增大了尾翼;集成战术通用数据链和"导引星"GS-211e制导、导航与控制系统,提高了目标定位精度;显著增大了燃油容量,扩大了作战半径。

"影子"无人机技术规格如表4-6所列。除美国陆军外,海军陆战队也于2007年订购了2套该系统。美国陆军在2014年5月对RQ-7B的新改型RQ-7Bv2进行了后续作战试验与鉴定,2015年1月开始列装部署。该型加装了Ⅰ型密码机,可与AH-64"阿帕奇"直升机和MQ-1C"灰鹰"互联互通互操作,同时有效缓解了计算机和软件过时淘汰问题。2020年3月,美国陆军又授予内华达山脉公司合同,为该机提供战术自动着陆系统,实现在铺筑/非铺筑跑道上能够自主起降。

表4-6 "影子"无人机技术规格

名称	RQ-7A"影子"	RQ-7B"影子"
制造商	美国德事隆AAI公司	
类型	陆军小型战术无人机	
搭载平台	地面战术机动车	
外形尺寸	长3.59m,高0.91m,翼展3.97m	长3.59m,高0.91m,翼展6.10m
螺旋桨直径	0.66m	
有效载荷	25kg	20~36kg
最大起飞重量	138~154kg	208kg
最大平飞速度	228km/h	203km/h
巡航速度	157km/h	166km/h
实用升限	4572m	
作战半径	80km	
续航时间	5~6h	9h
最大航程	125km	
动力装置	UEL AR-741转子发动机	
起降方式	跑道自主起降或滑道弹射/拦阻索回收	

4)"扫描鹰"

"扫描鹰"(ScanEagle)无人机由波音公司下属的因斯图公司为美国海军和海军陆战队研制的小型舰载无人机,主要用于海上情报、监视、侦察、通信中继等战术支援任务。"扫描鹰"无人机自2005年进入美国海军服役以来,就被部署在多艘不同级别的水面舰艇上执行海上情报收集任务。该无人机除大量装备美国空军、海军、海军陆战队和海岸警卫队外,还出口英国、伊拉克等全球20多个国家,主要用于执行海上作战或海上执法任务,有效支援了战术行动。

"扫描鹰"无人机技术规格如表4-7所列。2017年,因斯图公司成功试飞采用氢燃料和电动机推进的"扫描鹰"无人机。这种氢动力型号于2011年开始研制,2015年完成全系统集成、原型试飞和生产型试飞,该型无人机采用Protonex公司的质子交换膜燃料电池将高压氢燃料转换为电能,用于电动机驱动5叶拉进式螺旋桨,驱动该机空中飞行。这种推进系统具有更高功率,可搭载更多类型的有效载荷,并具有空中停车/再启动能力,这种燃料电池性能完全超出预期。

表4-7 "扫描鹰"无人机技术规格

名称	"扫描鹰"
制造商	因斯图公司
类型	小型战术支援无人机
搭载平台	两栖船坞运输舰、导弹驱逐舰等
外形尺寸	长1.55m或1.71m(导流罩不同),翼展3.1m
有效载荷	3.2kg
最大起飞重量	20kg
巡航速度	111km/h
最大飞行速度	148km/h
最大升限	5950m
实用升限	305~762m
续航时间	24h
航程	110km
动力装置	1.5HP汽油活塞发动机
起降方式	气动弹射/天钩回收

2. 俄罗斯无人机装备简析

1) S-70"猎人"

S-70"猎人"(Okhotnik-B)无人机是由著名的苏霍伊设计局设计和开发,新西伯利亚飞机制造厂负责生产,该无人机除了兼具对地、对空作战能力外,还可以根据作战需要执行空中情报收集等任务。"猎人"无人机项目开始于2011年,2012年4月被俄罗斯国防部正式批准,2019年8月首飞成功,预计服役时间为2024年左右。"猎人"无人机首次亮相是在MAKS2019国际航空和航天展上,苏霍伊设计局展示了飞翼式设计布局的无人机,引领未来的主要发展方向。

"猎人"无人机技术规格如表4-8所列。"猎人"无人机有两个版本,一个版本就是依靠地面控制站来遥控指挥的传统无人作战飞机,另一个版本会搭载AI系统,作为苏-57战斗机的"副手"应用,能够以自主智能模式进行飞行和作战,类似美国开发的"忠诚僚机"。这款无人机使用了部分苏-57战斗机技术,在机身上涂有隐身涂层,大量使用了特殊材料,而且发动机喷口、红外信号处理等方面也做了特殊处理,飞行中雷达反射面积非常小,具备完全的隐身能力。

表4-8 "猎人"无人机技术规格

名称	S-70"猎人"
制造商	俄罗斯苏霍伊设计局
类型	重型攻击无人机
外形尺寸	长14m,翼展19m
有效载荷	8000kg
起飞重量	25000kg
最大速度	1400km/h
最大作战半径	4000km
最大平飞速度	920km/h
最大升限	10500m
巡航速度	1000km/h
最大航程	6000km
动力装置	AL-31F发动机/AL-41F发动机
起降方式	地面滑跑起飞与回收
挂载武器	Kh-35U反舰导弹、Kh-59MK2空地导弹、500kg级航空炸弹

2)"猎户座"

"猎户座"(MALE)无人机是由俄罗斯喀琅施塔得公司研发,该无人机最初定位是中低空长航时大型侦察无人机,但考虑到俄军需求,加装了对地攻击等功能。2018年俄罗斯国防部将"猎户座"无人机派往叙利亚执行对真实目标的作战任务,但此时仅执行空中侦察作战任务。在"军队2020"国际军事技术论坛上,俄罗斯国防部宣布签署首份"猎户座"无人机合同,并且首套无人机系统将于2020年7月交付俄罗斯空天军部队,进行试验性作战运用,为该机正式服役提供依据。

"猎户座"无人机技术规格如表4-9所列。在"猎户座"无人机服役以前,"前哨"无人机是俄罗斯最大无人机,"猎户座"无人机的服役,表明其已经取代"前哨"无人机成为俄罗斯现役最大的无人机。2020年"猎户座"无人机在试验场还首次发射空地制导导弹,并精准命中预定目标,此外,在此次测试中,"猎户座"无人机还试射一枚无动力滑翔制导炸弹,同样达到预期目标。此次试验表明,"猎户座"无人机将成为俄罗斯第一架能够挂载并发射制导导弹的国产大型无人机。

表4-9 "猎户座"无人机技术规格

名称	"猎户座"
制造商	俄罗斯喀琅施塔得公司
类型	中空长航时察打一体无人机
外形尺寸	长8m,翼展16m,高3.2m
自重	1020kg
有效载荷	200~250kg
起飞重量	1200kg
滞空时间	24h
作战半径	200~300km
最大升限	7500m
最大速度	200km/h
巡航速度	120km/h
动力装置	APD-110/120发动机
起降方式	地面滑跑起飞与回收
挂载武器	修正炸弹、制导炸弹和非制导炸弹

3)"天狼星"

"天狼星"(Sirius)无人机是由俄罗斯喀琅施塔得公司研发,该无人机计划是执行远程侦察任务的,但随着叙利亚战争等因素影响,新增加对地打击模块,为该机配套研制的空地导弹已经进行实弹发射试验。"天狼星"无人机项目研制工作于2011年开始启动,在2019年首次以概念模型亮相,其全尺寸模型在"军队2020"展会上首次亮相。俄媒报道称,"天狼星"无人机第一架试验样机的建造工作将于2022年完成,并于同年开始飞行试验,现正处于无人机技术研发阶段。

"天狼星"无人机技术规格如表4-10所列。"天狼星"无人机与美国"灰鹰"无人机的战场定位类似,该机的突破在于安装了卫星通信系统,在机头加装一个大口径卫星通信天线,配备有先进的宽带通信设备,能够以16MB/s的高速实时传输高清图像和数据。而此前俄罗斯研制的"猎户座"无人机则没有卫星通信设备,因此尽管有24h的长航时,但控制半径只有200km左右,而"天狼星"无人机在卫星通信系统的加持下,作战半径可以高达500~1000km。

表4-10 "天狼星"无人机技术规格

名称	"天狼星"
制造商	俄罗斯喀琅施塔得公司
类型	远程中高级察打一体无人机
外形尺寸	长9m,翼展23m,高3.3m,平直翼,V形尾翼
有效载荷	450kg
起飞重量	25000kg
作战半径	500~1000km
续航时间	20h
最大升限	12000m
巡航速度	295km/h
动力装置	两台涡桨发动机
起降方式	地面滑跑起飞与回收
挂载武器	空地导弹和高精度滑翔制导炸弹

4)"前哨"

"前哨"(Forpost)无人机是俄罗斯国防工业集团旗下的乌拉尔民用航空工厂根据以色列授权组装生产,被认为是以色列"搜索者"2型无人机的翻版,可以独立执行搜索、识别和打击目标等任务。2010年,俄罗斯国防工业集团与以航空工业公司签署合作协议,由以向俄转让必要的技术文件、工艺设备、检测设备和训练系统,并提供无人机零部件,由乌拉尔民航工厂组装生产"前哨"无人机。目前,俄军太平洋舰队已组建起首支"前哨"无人机部队,主要用于战术支援任务。

"前哨"无人机技术规格如表4-11所列。"前哨"无人机虽然已经列装俄军部队,并得到实战训练和应用,但是缺点却非常明显,首先该机作战半径较小,这就意味着该机控制台需要在距离战场较近的区域展开,如果要侦察敌人纵深情报,控制台甚至需要部署到交战区。此外,该机有效载荷能力也偏弱,仅有

100kg 左右,且使用内置弹舱,这就注定其只能携带两枚不超过 50kg 级的小炸弹,而美制 MQ-9"死神"无人机 227kg 级的炸弹直接挂 4 枚。

表 4-11 "前哨"无人机技术规格

名称	"前哨"
制造商	俄罗斯国防工业集团
类型	小型战术无人机
外形尺寸	长 5.85m,宽 1.88m,高 1.4m
有效载荷	100kg
起飞重量	454kg
最大速度	200km/h
最大高度	7000m
续航时间	17h
最大航程	250km
作战半径	250~400km
巡航速度	98km/h
动力装置	Limbach L550 发动机
起降方式	地面滑跑起飞与回收
挂载武器	小型航空炸弹

3. 其他国家无人机装备简析

1)"苍鹭"TP

"苍鹭"(Heron)TP 无人机是由以色列航空工业公司研发,主要用途除执行侦察监视任务外,还能挂载其他设备以执行不同作战任务,以色列航空工业公司称之为全天候、多功能、能自主起降的无人机。2004 年以色列宣布了改进型"苍鹭"无人机研发计划,2006 年"苍鹭"TP 无人机进行了首飞,2007 年该无人机首次公开亮相于巴黎航展,同年,挂载各种传感器的无人机公开亮相,2010 年以色列空军开始装备"苍鹭"TP 无人机,并被多次派往战场执行作战任务。

"苍鹭"TP 无人机技术规格如表 4-12 所列。"苍鹭"TP 无人机继承了"苍鹭"无人机的机身设计,其内置数据链可提供视距(LOS)通信,卫星通信系统(SATCOM)可以进行超视距(BLOS)通信,通过集成式 ATC 通信系统、机载数据中继(ADR)和地面数据中继(GDR)等,可以将传感器收集到的实时图像和遥测数据等传输到地面控制站。凭借"苍鹭"TP 无人机的出色性能,该无人机除装备以色列军队外,还出口到澳大利亚、加拿大、德国、印度等国。

表4–12 "苍鹭"TP无人机技术规格

名称	"苍鹭"TP
国家	以色列
制造商	以色列航空工业公司
类型	大型战术无人机
外形尺寸	长14m、翼展26m、重4650kg
任务设备重量	250kg
有效载荷	2700kg
最大起飞重量	5670kg
滞空时间	>20h
巡航速度	210km/h
最大飞行速度	407km/h
实用升限	13700m
最大航程	1000km
续航时间	>30h
动力装置	普惠PT6A–67A涡轮螺旋桨发动机
起降方式	地面滑跑起飞与回收

2)"赫尔墨斯"900

"赫尔墨斯"(Hermes)900无人机是由以色列埃尔比特系统公司研发,是以"赫尔墨斯"450无人机为基础改进而来的,主要用于执行侦察监视、目标截获和通信中继等作战任务,并能够在敌方小型防空武器射程之外实施毁灭性攻击。以色列埃尔比特系统公司在2009年对"赫尔墨斯"900无人机进行了试飞实验,2010年该无人机投入使用。该无人机除装备以色列空军以外,2011年智利组建首个"赫尔墨斯"900无人机侦察排,支援强化机械化步兵旅的情报收集能力。

"赫尔墨斯"900无人机技术规格如表4–13所列。"赫尔墨斯"900无人机通过一个两人的地面控制站来运行,是一款中高空、长航时无人机,在尺寸和外观上与美国"捕食者"无人机相似,但相比"捕食者"无人机,具有高空逗留持久性的显著特点。2014年7月,以空军装备的"赫尔墨斯"900无人机在加沙地带"保护边缘"作战行动中,累计飞行时间高达数百小时,出动架次超过100余次,首次执行空中打击作战任务,并通过空袭摧毁了武装分子使用的部分军事设施。

表 4-13 "赫尔墨斯"900 无人机技术规格

名称	"赫尔墨斯"900
国家	以色列
制造商	埃尔比特系统公司
类型	大型战术无人机
外形尺寸	长6.5m、翼展10m、重1180kg
有效载荷	300~350kg
续航时间	36h
最大航程	4500km
最大起飞重量	1180kg
巡航速度	130km/h
最大飞行速度	220km/h
实用升限	9145m
动力装置	Rotax914F 涡轮增压平直四缸发动机
起降方式	地面滑跑起飞与回收

3)"神经元"

"神经元"(NEURON)无人机着眼未来战场,由法国领导,瑞典、意大利、西班牙、希腊和瑞士参与的无人战斗机技术演示验证项目,采用了飞翼布局,具有航程远、滞空时间长和低可探测性等基本特点。"神经元"无人机项目于2003年由法国牵头启动,2010年制造出第一架原型机,2012年11月原型机在法国伊斯特尔空军基地试飞成功,该原型机的研发成功,开创了下一代战斗机的新纪元,为欧洲空军未来可能装备的无人机进行新技术测试和研究奠定基础。

"神经元"无人机技术规格如表 4-14 所列。"神经元"无人机是一种集侦察、监视、攻击于一体的多功能空中无人作战平台,具有较好的隐身性能和较强的突防能力,能够诱敌主动暴露目标,并对其实施毁灭性快速攻击。该无人机综合运用自动容错、神经网络、人工智能等先进技术,具有自动捕获和自主识别目标的能力,解决了编队控制、信息融合、无人机之间的数据通信以及战术决策与火力协同等,实现了无人机的自主编队飞行,其智能化程度达到较高水平。

表4-14 "神经元"无人机技术规格

名称	"神经元"
国家	法国主导,瑞典、意大利、西班牙、瑞士和希腊参与
制造商	法国达索航空公司和泰莱斯公司、瑞典萨伯公司、意大利阿莱尼亚航空公司、西班牙航空制造股份有限公司、希腊航宇工业公司、瑞士RUAG公司
类型	大型战术无人机
外形尺寸	长约10m、翼展约12m
飞行高度	13000m
最大起飞重量	7000kg
有效航程	800km
载弹量	400kg
飞行速度	956km/h(前期)、1200km/h(改进)
实用升限	10000m
续航时间	>3h
动力装置	阿杜尔MK951发动机(前期)、M88型涡扇发动机(改进)
起降方式	地面滑跑起飞与回收
挂载武器	激光制导或GPS制导炸弹,"风暴幽灵"巡航导弹和联合直接攻击弹药,AIM-132空空导弹

4)"雷神"

"雷神"(Taranis)无人机是英国国防部研发的最新型无人战斗机,由BAE系统公司、劳斯莱斯公司等公司负责研发,是一款三角翼高科技无人战机,该机具有超隐身和自动防卫功能,能够实施超远程巡航,可做跨越洲际飞行。2006年,英国军方组织开展了前期验证任务,后与BAE系统公司签订了研发合同,2007年11月,BAE系统公司在兰开夏郡的工厂内举行机体加工启动仪式,标志着"雷神"验证机正式进入制造阶段。2010年7月,"雷神"验证机进行了公开展示。

"雷神"无人机技术规格如表4-15所列。"雷神"无人机是一款面向未来的高科技产品,攻克了数字式电传飞控系统技术难题,具备了静不稳定的飞行技术特征,为实施自主操控飞行奠定重要基础。从实战化角度出发,该无人机能够搭载大量攻击性武器,对全球目标完成集中式攻击,具备强劲对抗实力,是建立在全新技术基础上的新型空中作战平台。"雷神"无人机研发不但推进了英国无人机隐身技术,还提升了无人机制造水平,为下一代无人机设计做准备。

表 4-15 "雷神"无人机技术规格

名称	"雷神"
国家	英国
制造商	BAE 系统公司、劳斯莱斯公司等
类型	大型洲际攻击无人机
外形尺寸	长 12.43m、翼展 10m、高 4m
飞行高度	待定
续航时间	待定
起飞重量	8000kg
有效航程	洲际飞行
巡航速度	亚声速
最大飞行速度	1235km/h
实用升限	待定
作战半径	洲际作战
动力装置	MK951 型发动机
起降方式	地面滑跑起飞与回收
挂载武器	"海尔法"导弹、"宝石路"激光制导炸弹

4.3 无人艇装备概述

军事技术决定战争形态,人工智能作为最重要的颠覆性技术,在军事领域运用日趋广泛,无人艇作为海上作战的新型武器装备,必将催生海上智能化作战,改写海上战争规则。无人艇作为新兴的海上智能化装备,正在逐步改变海上作战形态,其作战任务由传统的海上监视、侦察和情报收集等向电子战、海上反舰等更多方向拓展。无人艇大量列装克服了有人舰艇生理极限的制约,获得"非对称"海上作战优势,基于此优势,各军事强国从装备研制和技术攻关等维度不断推进海上无人作战系统能力建设。

4.3.1 无人艇概念

无人艇,是指依靠遥控或自主方式在水面航行的无人化、智能化海上作战平台。无人艇通常采用无人化设计,战时不存在人员伤亡的危险,能够在敌方防护严密、水文气象条件复杂、辐射生化等高危环境中执行海上作战任务,必要时还可以根据需要进行抵近侦察或实施火力打击行动,比较符合未来海上战争所追求的"非接触"和"零伤亡"作战理念。早在20世纪60年代,无人艇就被广泛用于收集原子弹核爆后的辐射海水样品。2000年,美国海军"科尔"号驱逐舰就遭遇一艘装满炸药的无人艇突然撞击,造成17人死亡,39人受伤。

未来战争时体系与体系的对抗,单一装备性能再优秀,也无法对抗多平台集群协同作战。于是,传统海上军事强国开始探索无人艇集群技术,以实施"海上鲨群"作战,就犹如第二次世界大战时期德国实施的"狼群"战术。运用无人艇实施"海上鲨群"作战,不必考虑海战人员伤亡,能够大幅提高战争决策者"敢战、能战、快战"的决心,提高战争效率,以最小代价达成战争目的。同时,由于无人艇体积小、航速快、可满足达成海上作战的隐蔽性、突然性要求,并能够多艇协同,从不同方向对敌方海上目标进行全方位饱和攻击,高效优化海上作战能力发挥。

4.3.2 无人艇发展概述

无论从技术发展还是作战运用,无人机要比无人艇相对成熟,为满足海上作战任务需要,各军事强国也开始重视无人艇的研发。与有人舰艇相比,无人艇具有生存能力强、不易被探测等优点,但单个无人艇能力有限,难以执行复杂任务。因此,无人艇一般采用集群作战方式,在敌方防护严密的高危环境中执行作战任务,必要时还可以根据需要抵近侦察或实施火力打击,有效弥补了有生力量的伤亡,满足未来战争所追求的"非接触"和"零伤亡"的作战理念[57]。

1. 美国无人艇发展概述

根据美军颁布的《海军无人水面艇主计划》,2007年7月美国海军明确了当时无人艇发展规划,主要包括"X"级、"海港"级、"浮替者"级和"舰队"级4个级别,经过长期的建设与发展,美国无人艇方面取得了巨大进步(表4-16)。随着分布式作战概念的提出和不断成熟完善,美国海军正着力推动向适应分布式作战要求的兵力结构转型,无人艇是适应这一转型趋势的海上重要装备。在美国海军开展的"无人综合作战问题21"演习中,"阿达罗"(ADARO)无人艇的出现,颠覆了传统的海战模式,其具有较强隐蔽性,能够搭载各种电子通信设备,利用隐蔽潜入的方式,执行战场情报收集任务,必要时还可以执行自杀式海上攻击任务[58]。随着无人艇大量列装美国海军,能够增强其海上行动的灵活性和有效性,显著提升其海上综合作战能力,引发未来海上作战模式的颠覆式变革。

表 4-16 美国无人艇发展概况

类别	名称	功能定位	试航/服役时间
6	"斯巴达侦察兵"	水面监视和部队保护,可执行港口安全监视任务,并监视海上检查点过往舰船	2003 年/2005 年
5	"幽灵卫士"	海上警戒和防护、运送货物、收集情报和海上检测等	2003 年/2006 年
4	AN/WLD-1	对水雷快速侦察并准确定位,也可用于反潜搜索、水面监视和沿海情报搜集	2000 年/2008 年
3	"海狐"	江河地区的作战评估及远征部队的安全保障	2006 年/2008 年
2	"海上猎人"	跟踪浅水区内的敌方潜艇,以及情报、监视和侦察任务	2016 年/2021 年
1	LUSV	大型模块化海上无人作战平台,作为无人机和无人舰母艇使用	2020 年/—

由于无人艇技术日益成熟,美国海军研制成功并陆续装备多种类型和型号的无人艇,并根据未来战场需求制定了清晰的无人艇技术发展路线。随着"海狐""斯巴达侦察兵"等无人艇陆续装备美国海军,并在实战中得到有效运用,美军已经积累了一定的无人艇作战使用经验。2014 年美国海军在詹姆士河对 5 艘自动控制无人艇和 8 艘远程遥控无人艇开展了编队集群作战相关试验,在该实验中,利用智能化控制技术,使 13 艘无人艇按照某编队队形组织护航行动,并通过无人艇集群搭载的传感器成功捕捉到敌方动态目标,随即按照预设方案对无人艇集群展开部署,完成对敌方目标的分割包围和双向堵截,阻止敌方目标接近艇群护卫目标。美国海军未来将持续组织其他无人艇作战试验,并将研究重点向引导无人艇开展多艇协同的方向延伸,以验证无人艇集群具备遂行反潜、反舰、防空等海上复杂任务的可能性,提升其在未来海战中的重要作用。

2. 以色列无人艇发展概述

以色列作为一个特别重视士兵伤亡的国家,率先启用无人艇用于巡逻黎巴嫩海岸,并隐蔽监视敌方海上作战力量的布防情况,为以色列海军提供重要情报支持。2006 年,以色列海军在海法基地对"保护者"无人艇进行作战评估测试,期望评估无人艇在拦截可疑船只时的优点,避免遭受小型船只自杀式攻击的威胁,此次对"保护者"无人艇的作战评估测试是对"无人艇作战概念"的探索,而不是对"保护者"无人艇产品的探索[59]。以色列航空航天工业公司研发的"KATANA"新一代无人艇受到世界主要军事强国的关注,其能够广泛用于执行多种海上作战任务,在兵力保护、海上反潜等方面发挥着重要作用。随着以色列无人艇技术的日益成熟,越来越多的无人艇型号被研发成功(表4-17),逐渐成长为主导海上作战的关键利器,为提升海上综合作战能力奠定重要基础。

表4-17 以色列无人艇发展概况

类别	名称	功能定位	试航/服役时间
6	"保护者"	具备舰艇和兵力保护、反恐、情报监视和侦察等功能	2001年/2005年
5	"海星"	用于监视、侦察、反水雷战和电子战等	2002年/2006年
4	"黄貂鱼"	近岸目标识别、情报侦察与监视、电子战和电子侦察等	2005年/2008年
3	"银色马林鱼"	情报、监视和侦察(ISR)、兵力保护/反恐、反舰和反水雷、搜索与救援、港口和水道巡逻	2007年/2011年
2	"海鸥"	执行反潜行动、排雷、电子战、海上安全及其他作战任务,但其最大优势是反潜作战	2016年/2019年
1	"海上骑士"	侦察、辨别和拦截敌舰、反恐、水雷战、电子战和精确打击等任务	2017年/—

相比美国无人艇的发展和运用,以色列无人艇并未存在很大差距,甚至在某些方面,还具有一定的优势,尤其是在作战运用方面,以色列无人艇在与黎巴嫩的多次作战中大显身手。2017年,以色列成功测试了"海上骑士"无人艇,作为"保护者"无人艇的升级版,具备了一个突出功能,即导弹发射,从而使其成为全球首艘能够发射导弹的无人艇。以色列海军正以此为基础,组建由4艘"海上骑士"无人艇组成的海上分队,对敌方舰艇实施海上拦截,必要时甚至用舰载导弹对敌方目标进行攻击。随着海上作战任务的拓展,升级后的"海上骑士"无人艇还可用于执行投掷深水炸弹任务,以拦截敌方水下特种作战力量的隐蔽偷袭。由于以色列在无人机发展与运用方面非常成熟,实现无人艇与无人机的协同作战会成为以色列海军无人艇发展的新方向,并引领其他国家的发展动向。

3. 其他国家无人艇发展概述

与无人机研发"你追我赶"的激烈场面不同,各国推进无人艇研发力度和进度差异较大,当前,俄罗斯正抓住机遇,加速推进无人艇的研制列装和实战运用。俄罗斯无人艇与有人舰艇、战机、直升机等配合使用,能够替代部分有人舰艇职能,遂行海上目标跟踪、查证可疑船只和搜索敌方潜艇等任务。2018年俄罗斯新列装的22160型轻型护卫舰,为强化其海上反恐、打击海盗及在专属经济区内制止非法捕捞等能力,该护卫舰加装一艘无人侦察艇,能够在母舰周边半径数十千米范围内查看可疑船只、尺寸很小的漂浮物及沿岸目标,并将获得的情报通过无线通信网络传回母舰,有助于提高护卫舰海上战力。随着无人艇列装速度加快,多功能无人艇成为未来发展趋势之一,其不但能够执行侦察、监视等弱对抗的海上作战任务,还将强化反舰、反潜等强对抗的海上作战能力。

美国和以色列无人艇海上作战的成功运用,对海上作战样式产生深远乃至革命性影响,促使法国、英国、土耳其等国家加快了无人艇研发和列装速度(表4-18)。为适应复杂的海上作战任务,法国武器装备总署与美国海军合作研发"斯巴达"无人艇,并于2005年进行海试,该无人艇能够加装多种任务模块,以满足海上复杂作战任务需要。2019年,英国对"太平洋"950无人艇进行海上测试,其不但能够独立担负海上作战任务,还可以扮演不同功能的舰队节点,并在苏格兰海岸组织的"无人战士-2016"大型无人装备演习中首次登场,验证了无人装备的海上协同作战能力。2020年土耳其新型水面无人艇开始生产,并被命名为乌拉克(ULAQ),其由土耳其阿瑞斯船厂公司和梅特克山国防工业公司合作研发,该无人艇航程能够达到400km,时速可达到65km/h[60]。

表4-18 其他国家无人艇发展概况

类别	国家	名称	功能定位	试航/服役时间
5	瑞典	SAM3	海上扫雷	2008年/2011年
4	新加坡	"警惕"	海上监视任务,包括搜救、海上后勤、反潜战和海港防御	2009年/2013年
3	英国	"太平洋"950	侦察、监视、攻击引导,或直接实施海上攻击等多阶段复杂任务	2019年/—
2	土耳其	乌拉克	情报收集、监视、侦察、水面战、护送任务和战略基础设施保护	2020年/—
1	日本	OT-91	海上情报侦察和反水雷等	在研

4.3.3 无人艇装备简析

相比无人机、无人车等传统无人作战平台,无人艇技术更为复杂,更依赖于先进技术作为支撑,世界各军事强国都开始将无人艇研发作为武器装备现代化的基础项目。随着5G、人工智能、大数据等技术的日趋成熟,并不断运用于军事领域,让无人艇发展迎来黄金期,现已基本实现多传感器智能感知、远程宽带信息传输、自主学习与信息智能处理,再加上一系列模块化设计、系统集成、新材料等关键技术的运用,无人艇海上作战运用前景将更加广阔。

1. 美国无人艇装备

1)"斯巴达侦察兵"

"斯巴达侦察兵"(Spartan Scout)无人艇是美国联合法国、新加坡等国家共同研制的,主要用于执行情报收集、战场监视、目标跟踪、局部海区有限封锁、警告性射击、检查附近过往船只、监测生物污染海域等作战任务。"斯巴达侦察兵"无人艇在美国海军现役水面舰艇和大甲板两栖舰上已被广泛部署,并且船体上安装有标准设备基座和具有互换特征的工作任务模块,该艇于2001年开始研制,2003年10月完成首艘无人艇的建造工作,2007年开始进行商业化生产。

"斯巴达侦察兵"无人艇技术规格如表4-19所列。"斯巴达侦察兵"无人艇是一种集海上跟踪侦察、反水雷、反舰和反潜于一体的多功能海上无人作战平台,该艇通过模块化设计,成为一种由标准组件构成,可进行重新配置的多功能、高速半自动水面无人艇,以应对复杂的非对称作战环境,保护主力部队免受非对称威胁的攻击,在网络中心环境中提升传感器覆盖范围,建立海战场的主动攻势,验证无人艇的海上作战效能,最大限度地降低有生力量战场伤亡率。

表4-19 "斯巴达侦察兵"无人艇技术规格

名称	"斯巴达侦察兵"
制造商	美国诺斯罗普·格鲁曼公司设计建造,法国泰勒斯水下系统公司提供并集成吊放声纳,以及其他多家企业参与
类型	小型战术无人艇
外形尺寸	长约7m/11m、重1674kg(11m)
吃水深度	0.91m(11m)
航速	28kn(最大50kn)
续航力	8h(最大48h)
航程	270km(最大1800km)
有效载荷	1350kg(7m)/2250kg(11m)
投放方式	舰艇携载、投放或回收
动力装置	柴油动力装置
挂载武器	12.7mm高射机枪、"标枪"或"海尔法"等小型导弹以及30mm舰炮

2)"幽灵卫士"

"幽灵卫士"(Ghost Guard)无人艇是美国机器人船舶公司研制的,其基本功能是警戒和防护,通过近海巡逻,保护航道、港口、桥梁、码头、石油钻井平台等,防范各种可能的威胁,保障航海系统的整体安全,除此之外,还可运送货物、收集情报、海上监测。"幽灵卫士"无人艇于2003年9月在佛罗里达州进行了首次试验,圆满完成了各种试验任务。由于"幽灵卫士"无人艇具有较大灵活机动性能,应用前景非常广阔,许多国家已经对其表现出浓厚的兴趣。

"幽灵卫士"无人艇技术规格如表4-20所列。"幽灵卫士"无人艇与无人飞行器类似,既可由地面站操纵,也可以由计算机自动控制,能保障以较快速度追逐各种目标。幽灵卫士"的核心部分是计算机程序、远程指挥、控制、导航、摄像观察、随机分析、设备检测及修复等系统,可预先设置航线并随时更改,及时处理各种事故和危机情况,可收集声音、图像资料,接收雷达、声纳数据,并通过互联网络及时传输至与其保持不间断协作和联系的地面指挥部。

表4-20 "幽灵卫士"无人艇技术规格

名称	"幽灵卫士"
制造商	美国机器人船舶公司
类型	小型无人摩托艇
外形尺寸	长约8m
艇型	普通滑行艇
最大航速	大于40kn
续航力	大于24h
有效载荷	150kg
最大功率	266马力
投放方式	舰艇携载、投放或回收
动力装置	柴油动力装置

3)"海狐"

"海狐"(Sea Fox)无人艇是由美国海军研究署主持开发,西雅图北风海事公司建造,主要执行情报侦察监视、目标跟踪、港口安全、海上封锁等作战任务。2006年1月,美国海军通过塔拉瓦级"珍珠港"号两栖舰,对"海狐"无人艇进行了多种试验,以验证其多项技术性能。2012年3月,美国海军研究实验室航天器工程部又对"海狐"无人艇进行了加油试验。美国海军现在已经列装服役2艘"海狐"MKI型无人艇。

"海狐"无人艇技术规格如表4-21所列。"海狐"无人艇船体为铝质刚性充气艇结构,具有较高航速和较大航程。该艇采用综合导航系统,在一定程度上实现自主导航,并能规避水面舰艇、水面漂浮物等障碍,标准配备2部避障声纳、电子光学相机和红外摄像机、6个宽角度航海摄像机、GPS卫星罗盘、HG1700惯性测量单元、3轴速度与角速度激光陀螺、HMR3000罗盘、Raymarine ST60流速传感器,采用440MHz命令控制链路和2.4GHz无线网络作为通信系统。

表4-21 "海狐"无人艇技术规格

名称	"海狐"
制造商	西雅图北风海事公司
类型	小型战术无人艇
外形尺寸	长约5.2m、宽2.4m
满载排水量	1.27t
最大航速	38kn
续航时间	12h
投放方式	舰艇携载、投放或回收
工作模式	遥控、路径点定位、跟随行动
动力装置	柴油动力装置
搭载装备	指挥、控制、通信与情报系统等有效载荷

4)"海上猎人"

"海上猎人"(Sea Hunter)无人艇是由原科学应用国际公司(现雷多斯公司,由科学应用国际公司拆分而来)建造,主要用于跟踪浅水区内的敌方潜艇,以及获取情报、目标跟踪和监视等作战任务。"海上猎人"无人艇项目由海军研究办公室和国防高级研究计划局负责,经全面研究评估后,2015年与科学应用国际公司签署一份价值5850万美元的合同,用于设计、建造并测试一艘该型无人艇样机,此后,"海上猎人"无人艇进入样机设计、样机建造和样机测试等阶段。

"海上猎人"无人艇技术规格如表4-22所列。"海上猎人"无人艇采用无人驾驶的三体船型,稳定性高,复杂海况条件下也不会翻沉。该无人艇不能能够在全球独立部署,独立实施反潜作战,还可以与有人反潜作战平台进行联合,获取反潜过程中的潜艇水声特种等情报,为有人反潜作战平台提供情报支持,从而形成由无人水面艇负责搜索和跟踪、有人作战平台负责精确摧毁的高效反潜模式,在一定程度上摆脱了美国海军攻击性核潜艇和水面舰艇不足的困境。

表4-22 "海上猎人"无人艇技术规格

名称	"海上猎人"
制造商	原科学应用国际公司,现雷多斯公司
类型	中型战术无人艇
外形尺寸	长39.6m、宽14.3m
吃水深度	1.52m
最大航速	27kn
满载排水量	145t
自持力	60~90天
最大航程	6200km(12kn)
声纳探测距离	18km
投放方式	自主航行,较少人为干预
动力装置	2台MTU柴油发动机,双轴推进
挂载武器	30mm机炮、2座4联装近程防空导弹、2枚反潜鱼雷

2. 以色列无人艇装备简析

1)"保护者"

"保护者"(Protector)无人艇是由以色列拉斐尔武器发展局和航空防御系统公司共同研发的一种集成遥控作战系统,可用于执行反恐、监视、侦察和水雷战等高风险海上作战任务。为开拓海外市场,以色列于2006年6月在美国特种作战司令部所在地佛罗里达州塔姆帕海湾进行了相关演示试验,2006年8月以色列拉斐尔武器发展局联合美国BAE系统公司和洛克希德·马丁公司,在圣迭戈为美国海军、海岸警备队和其他安全机构再次举行了一系列演示和作战试验。

"保护者"无人艇技术规格如表4-23所列。"保护者"无人艇采用模块化设计,可根据不同的任务需要,将各种设备快速安装在艇上,执行多种海上作战任务。从提升隐身能力的角度出发,该艇甲板上没有安装增大雷达反射截面的设施,并在某些部位涂抹了雷达吸波材料,使其具备较好的隐身性能,同时,该无人艇的艇体采用玻璃钢复合材料以降低艇体受损程度,并且艇的边梁和框架采用碳纤维及轻质复合材料取代传统的钢材料,以加固艇体结构和减轻艇体重量。

表 4-23 "保护者"无人艇技术规格

名称	"保护者"
制造商	以色列拉斐尔武器发展局和航空防御系统公司
类型	小型战术无人艇
外形尺寸	长 9~11m
航速	40kn
排水量	4t
有效载荷	1000kg
搭载传感器	导航雷达、"托普拉伊特"光学系统
投放方式	自主航行,遥控控制
动力装置	柴油发动机
推进力	喷水装置
挂载武器	12.7mm 机枪或 40mm 自行榴弹发射器

2) "海星"

"海星"(Seastar)无人艇是由以色列航空防御系统公司研发的,是一种硬壳充气式水面无人艇,主要用于执行监视、侦察、反水雷战和电子战等海上作战任务。无人艇的开放式设计使得其搭载的各种传感器和武器,可以按照即插即用的原则进行集成,能够融入 C^4I 网络,而"海星"无人艇则由航空防御系统公司的 UMAS 多功能 C2 指挥控制系统控制。随着"海星"无人艇功能的日益完备,并在海战场上得到广泛运用,必将成为"保护者"无人艇的主要强劲竞争对手。

"海星"无人艇技术规格如表 4-24 所列。"海星"无人艇采用开放式体系结构,装有光电传感器、目标搜捕传感器、通信情报系统等,主要包括用于侦察监视及目标搜索的昼夜红外/可见光传感器和用于支援、电子对抗和通信侦察的电子战套件等。具有硬式可充气船壳的"海星"无人艇具有良好的操纵性能,而深 V 形船体的构型更适合行进间的破浪,而该艇搭载的一门带稳定装置的小口径舰炮,其水上操作不仅可由陆基海基平台控制,甚至可由空基平台实施控制。

表4-24 "海星"无人艇技术规格

名称	"海星"
制造商	以色列航空防御系统公司
类型	小型战术无人艇
外形尺寸	长11m、宽3.5m
重量	6t
巡航速度	25kn
自持力	10h
有效载荷	2500kg
搭载传感器	搜索雷达和电子支援/光学密测器、声纳以及加装前视红外线、激光测距仪、GPS和惯性导航系统
投放方式	自主航行,遥控控制
动力装置	2台470马力的柴油发动
推进力	喷水装置
挂载武器	非致命性武器系统、快炮和机枪等

3)"黄貂鱼"

"黄貂鱼"(Stingary)无人艇是由以色列埃尔比特系统公司研发,该无人艇是在民用喷水推进艇型基础上研发成功的,主要用于执行近海岸目标识别、情报侦察与监视、电子战和电子侦察等多种海上作战任务。埃尔比特系统公司在2005年土耳其举办的国际防务展上向世人首次展示了该公司自行研制的"黄貂鱼"无人艇,具有出色的自主导航与定位能力,可由岸基平台或舰上控制台对其实施遥控,适用于进行港口和海上设施的安全防护、现场管理和损伤评估。

"黄貂鱼"无人艇技术规格如表4-25所列。"黄貂鱼"无人艇具有自动导航和定位能力,以及巡航传感器和防止船身倾覆的稳定系统。新型无人水面舰艇能够进行远程遥控,可用于本土和沿海地区防御,也可用于海军作战情报/监视/侦察(ISR)和电子战任务,该型无人艇大大提升了近岸跟踪监视、电子干扰等海上作战能力,可在多种复杂海上作战任务中发挥重要作用,有效增强了以色列军队的海上综合作战能力。

表4-25 "黄貂鱼"无人艇技术规格

名称	"黄貂鱼"
制造商	以色列埃尔比特系统公司
类型	小型战术无人艇
外形尺寸	长9.6m
重量	700kg
有效载荷	150kg
最大航速	40kn
最大航程	550km
活动半径	25km
自持力	8h
搭载传感器	前视红外摄像机、电视摄像机、光电探测系统等
控制方式	自主控制或遥控控制
动力装置	柴油发动机,喷水推进
挂载武器	无

4)"银色马林鱼"

"银色马林鱼"(Silver Marlin)无人艇是由以色列埃尔比特系统公司研发,是继"保护者"之后研发的第二代多功能无人水面艇,该艇能够执行情报、监视与侦察(ISR)和兵力保护/反恐、反舰、反水雷、搜索与救援、特种作战等多种海上作战任务,可用于本土和沿海地区防御。"银色马林鱼"无人艇于2006年研发成功,具备敏捷、快速、高机动性的优点,能够大大增强海上作战能力,可在多种海上作战任务中发挥重要的作用,已经发展成为重要的海上作战利器。

"银色马林鱼"无人艇技术规格如表4-26所列。以色列埃尔比特系统公司正在为"银色马林鱼"无人艇研制一种"自主舵手系统",这是一种具有先进自主决策能力的专家系统,具有自适应特点,能针对环境或任务的变化自动调整控制系统,使无人艇能够以最佳转向速度、最佳燃油消耗率航行,并采用巡航传感器和稳定系统进行精准航行与导航,防止无人艇在航行途中倾覆。另外,埃尔比特系统公司还在为"银色马林鱼"无人艇开发避撞系统,增强其海上生存能力。

表4-26 "银色马林鱼"无人艇技术规格

名称	"银色马林鱼"
制造商	以色列埃尔比特系统公司
类型	小型战术无人艇
外形尺寸	长10.6m
材质	增强玻璃纤维材料
有效载荷	2500kg
最大航速	45kn
最大航程	1000km
续航时间	24~36h
搭载传感器	CCD电视摄像机、第三代前视红外热成像仪、激光扫描具、激光测距仪以及激光目标照射器等
控制方式	自主控制
动力装置	柴油发动机
挂载武器	装备7.62mm顶置遥控武器系统,可携带690发子弹,具有全天候作战及在行进中射击的能力

3. 其他国家无人艇装备简析

1) SAM3

SAM3无人艇是瑞典海军研制的海上扫雷无人艇,主要用于清理浅水区雷区,执行开辟航道、登陆作战前扫雷等作战任务。瑞典海军在2008年就已经完成样机制造,并在芬兰的外群岛对该艇进行抗水雷爆炸冲击试验,预设水雷在距离该艇非常近的地方被引爆,但其通过引爆区时没有出现任何问题。SAM3无人艇可以搭载在大型水面舰艇上进行遥控控制,也可以完全自主地执行扫雷任务。德国和丹麦海军都已经装备了该型无人艇,主要应用于海上排雷作战。

SAM3无人艇技术规格如表4-27所列。SAM3无人艇采用了模块化设计,能够拆散装进一标准集装箱内,便于实施快速部署,并可以在最快的时间通过陆路或运输机,运往作战任务区。SAM3无人艇在支援舰装备有重14t起重机的基础上,便可以快速实施海上部署,同时,该艇组装高效便捷,在一天或两天内时间内就可以完成。SAM3无人艇运作更加便捷高效,在任务操作员设定及输入扫雷任务区资料后,就可以选择全自动或遥控模式进行运作。

表 4-27 SAM3 无人艇技术规格

名称	SAM3
国家	瑞典
制造商	考库姆公司
类型	小型扫雷无人艇
外形尺寸	长 14.4m、宽 6.7m
排水量	14t
船型	双体船型
材质	非永磁复合材料
拖曳速度	8kn
作业区域	3~60m 深的浅水区域
搭载传感器	电磁信号模拟器和声信号效应器
控制方式	自主控制或遥控控制
投放方式	自主投放或舰载携带
动力装置	2 个 190 马力的柴油发动机

2)"警惕"

"警惕"(IUSV)无人艇是由位于新加坡的 Zycraft 公司进行研发,用于在主要专属经济区内执行沿海和海上安全任务,主要执行海上监视任务,包括搜救、海上后勤、反潜战和海港防御。"警惕"无人艇第一阶段开发于 2013 年 9 月成功结束,与其他传统无人舰艇不同,该艇从研制之初就是以无人平台作为出发点,最终产品可以轻松实现各类海上作战任务的优化,同时,该无人艇也可以是有人型号,即布局采用两名操作员,坐在 SHOXS 军用标准减震座椅上进行操作。

"警惕"无人艇技术规格如表 4-28 所列。"警惕"无人艇的船体采用碳纳米管加固,具有出色的强度,能够以较低的发动机功率提供所需的速度,同时,安装在船上的传感器还能使操作员获得船周围区域的态势感知。"警惕"无人艇较轻的平台还允许携带更多的有效载荷和燃料,以增强范围和操作,而且还可以作为自主飞行器从基站和母船操作,紧凑的尺寸和良好的海上保持特性使船舶能够进行岸到岸的任务。即使在恶劣的环境和高海况下,该船仍然可以运行。

表4-28 "警惕"无人艇技术规格

名称	"警惕"
国家	新加坡
制造商	Zycraft 公司
类型	小型战术无人艇
外形尺寸	长16.5m、宽3.6m
重量	8500kg
满载排水量	16000kg
最大航速	40kn
经济航速	12kn
续航时间	30天
有效载荷	7000kg
最大航程	1500km
动力装置	两台Yanmar 6LY3-ETP涡轮柴油发动机
挂载武器	遥控消防栓、电子消防泵及附属设备
喷水距离	40m

3)"太平洋"950

"太平洋"950(Pacific 950)无人艇是由英国BAE系统公司和ASV Global公司联合研制的,该艇有两种操作模式,有人驾驶和无人驾驶,能够执行海上巡逻、监视、侦察、火力支援,以及保护较大的船只。2017年9月,"太平洋"950无人艇在伦敦举行的国际防务和安全展览会上首次露面,英国皇家海军"无人战士"演习期间,该艇展示了反潜战和情报监视,目标获取和侦察的能力。到目前为止,美国、英国、加拿大、法国、印度都表现出浓厚的采购兴趣。

"太平洋"950无人艇技术规格如表4-29所列。"太平洋"950无人艇的船体经过优化之后,可以在复杂海况下增强海水保持,其深V造型减少了执行海上作战任务时被猛烈撞击的可能性。另外,"太平洋"950无人艇还提供了较大的可用甲板空间,用于安装船用设备和武器装备,这个结构主要用于满足重载要求,同时,轨道系统在整个船舶上提供恒定的间距,能够并排安装座椅、底座和专用设备机架,快速重新配置和转换平台,满足不同的海上作战任务需求。

表4-29 "太平洋"950无人艇技术规格

名称	"太平洋"950
国家	英国
制造商	BAE系统公司和ASV Global公司
类型	小型战术无人艇
外形尺寸	长9.5m、宽3m
最大航速	30kn
最大载荷	3000kg
自持力	12h
有效航程	300n mile
搭载传感器	导航雷达,带光学和热显示的电光平移-倾斜变焦摄像头,以及360°全景红外摄像头
控制方式	自主控制或遥控控制
动力装置	柴油发动机
推进方式	螺旋桨推进
挂载武器	7.62mm和12.7mm机枪,以及40mm榴弹发射器

4)"乌拉克"

"乌拉克"(ULAQ)无人艇是由土耳其阿瑞斯船厂和梅特克桑防御系统公司联合研制,该无人艇有许多不同版本,以支持多种海上作战任务,如侦察、监视和情报、不对称作战、反水面战、反潜战、战略设施的安全性,以及武装护送和强制保护。"乌拉克"无人艇研发始于2018年,概念研究于2018年至2019年进行,原型机生产始于2019年,并于2020年6月生产,该艇原型于2020年12月在土耳其安塔利亚进行公开展示。"乌拉克"无人艇目前正处于研发中。

"乌拉克"无人艇技术规格如表4-30所列。"乌拉克"无人艇可以携带各种有效载荷,主要包括电子战、干扰及各种通信和情报系统,这些载荷还能够与直升机、无人机、固定平台以及装甲车等不同平台进行综合集成。"乌拉克"无人艇一般由操作员从海岸控制站进行远程操作,该控制站集成了船舶控制控制台,有效载荷控制控制台和200km范围内的视线数据链接,同时,还能够通过安装在船上的人工智能系统执行自主操作,以便能够在自主模式下完全控制船只。

表 4-30 "乌拉克"无人艇技术规格

名称	"乌拉克"
国家	土耳其
制造商	阿瑞斯船厂、梅特克桑防御系统公司
类型	小型战术无人艇
外形尺寸	长 11m
巡航速度	35kn
最大航程	400km
有效载荷	2000kg
恶劣海况下速度	5kn
搭载传感器	昼/夜电光(EO)系统、被动和主动稳定系统、激光和红外制导武器系统、伸缩天线桅杆系统以及用于跟踪地面的导航和监视雷达系统目标
动力装置	柴油发电机
挂载武器	4 具 CIRIT 和 2 具 L-UMTAS 反坦克导弹系统
导弹参数	激光制导导弹,最大射程可达 8km,可以配备多用途弹头或高爆炸弹头

4.4 无人潜航器装备概述

近几年,以无人机、无人艇和无人潜航器为主体的无人装备开始在海上作战中崭露头角,尤其是无人潜航器具有更强的隐蔽性,能够作为水下作战的重要攻击利器,主要执行水下情报搜集、目标跟踪监视、通信传输中继、水下隐蔽攻击等作战任务,已经成为世界各军事强国的重点研究方向。目前,以美俄为首的军事强国已经开始无人潜航器研究,相比其他国家,美国、俄罗斯、欧洲等处于无人潜航器研发的第一梯队,随着小型化模块技术、高性能电池以及自动控制技术的发展,无人潜航器的集成化和智能化水平必将迈上一个新台阶。

4.4.1 无人潜航器概念

无人潜航器,是指无人驾驶,依靠无线遥控或自动控制方式在水下进行航行的水下作战平台。强对抗、非线性的海上战争,对侦察监视、指挥决策等诸多环节提出了较高要求,水下战场空间"无人化"已成大势所趋,无人潜航器成为代替潜水员或载人小型潜艇进行深海探测、反潜、监视等水下作战任务的重要利器。1990年海湾战争期间,美国舰船在波斯湾海域遇到严重的水雷威胁,运用无人潜航器对付水雷成为美国海军重点研究课题。2003年伊拉克战争期间,美国海军使用REMUS100无人潜航器在乌姆卡斯尔港口实施水道清扫。

海底资源及海床矿藏具有巨大的经济潜力,同时水下空间和海底能够部署大量的军事力量,这些因素引来世界军事强国对未来水下作战的高度重视。顺应无人潜航器的水下作战需求,美国海军战略司令部提出了"先进水下无人舰队"的战略构想。按照水下作战任务,无人潜航器编队能够有效探测和识别水下目标,进而提升水下作战编队的全域、全频、全时战场感知能力和自主决策能力,实现水下作战指挥高效化、行动精确化、操作自动化和行为智能化,保证水下作战编队能够在深海中自主执行作战任务,提高水下非接触作战能力。

4.4.2 无人潜航器发展概述

无人潜航器从20世纪50年代开始研制,到80年代技术发展较为成熟,但从20世纪末起,世界主要军事强国才开始普遍关注无人潜航器的发展,此后进展速度较快[61]。许多军事强国普遍重视无人潜航器的军事价值,如水下侦察、水雷探测与反潜功能,因此,各国开始投入大量资源,研发这项可能颠覆未来水下作战的高新技术装备。随着水下作战模式演变,无人潜航器水下作战任务开始明确,促使其逐渐发展成为与无人机和无人艇作战运用等同的杀手锏武器。

1. 美国无人潜航器发展概述

美国无人潜航器处于世界领先水平,早于20世纪90年代就制订了无人潜航器发展规划,提出了近期水雷侦察系统和远期水雷侦察系统等研制计划,其中近期水雷侦察系统曾作为攻击型核潜艇的制式装备正式列装过。2002年,美国在"21世纪海上力量"战略构想中提出,期望2030年前能够组建一支约2000艘不同级别的无人潜航器组成的水下舰队。历经十几年的发展,美国研制出几十种不同排水量、不同动力形式的无人潜航器,并在水下情报收集、水下反水雷等领域开始实战应用(表4-31)。美国起步阶段的无人潜航器基本上都是小排水量,大多低于1t,在航速、航程和有效载荷上难以实现有效平衡,因此,美国提出发展大型无人潜航器计划,通过增大体积和排水量,以便能够搭载更多的任务载荷,保证无人潜航器能够向执行水下复杂作战任务转化。

表4-31 美国无人潜航器发展概况

类别	名称	功能定位	试航/服役时间
5	"蓝鳍金枪鱼"	执行近海调查、搜索打捞、环境保护和监测、水雷对抗以及寻找未爆弹药等	2012年/2014年
4	LBS-G	海洋水文气象环境数据收集和情报监视侦察	2013年/2015年
3	"刀鱼"	反水雷	2017年/2019年
2	雷姆斯-300	水雷战、环境评估、水文调查、可再生能源、海上油气、反潜战和情报、监视和侦察	2017年/2020年
1	"虎鲸"	水雷战、反潜战、反水面作战等	—/—

无人潜航器趋向于智能化和模块化的方向发展,是美国海军构建新型水下作战体系的核心装备,其能够颠覆美军传统的水下作战模式。2017年,美国海军建立了第一个无人潜航器部队,并将其从潜艇部队分离出来,此举可以明显看出无人潜航器在水下作战中的应用将会越来越重要,美国海军希望借此机会于2020年之前组建能够专门执行水下作战任务的无人作战力量。"虎鲸"无人潜航器作为世界上首艘超大型无人潜航器,是美国重点研发的新下一代水下无人潜航器,已于2019年正式启动研发计划[62]。随着无人潜航器性能趋于成熟,美国海军计划采购135辆Hydroid ML-18无人驾驶海底车(无人潜航器)、10辆小型/中型无人潜航器、3艘大口径无人潜航器和9艘超大型无人潜航器,与有人装备共同构建完整的水下作战装备体系,以提升美国海军的水下作战能力。

2. 俄罗斯无人潜航器发展概述

俄罗斯对无人潜航器的研制工作可以追溯到苏联时期,但随着苏联的解体,俄罗斯经济一蹶不振,使无人潜航器研发受经费和技术的双重制约,从而导致其停滞不前,仅有个别型号尚在服役中(表4-32)。近年来,由于地缘政治格局的演变,俄罗斯不断强化新概念和颠覆式武器的研发,因此,俄军加大无人潜航器研发经费的支持力度,相关设计机构也同步开展了多型无人潜航器的研究工作,依仗其雄厚的工业基础和技术实力,已经取得巨大进步,基本上能够达到世界一流水平。从20世纪70年代苏联研发的第一代无人潜航器开始,苏联(俄罗斯)就从未效仿过西方同类装备技术,红宝石中央海洋技术设计局、特提斯集团等无人潜航器研发机构,均在自主探索、设计各自产品,像可携带核鱼雷的"波塞冬"无人潜航器在世界上绝无仅有。

表4-32 俄罗斯无人潜航器发展概况

类别	名称	功能定位	试航/服役时间
5	"大键琴"1R "大键琴"2R-PM	搜索海底武器装备残余,进行海底环境研究和通信设备状态监视,执行多种军用和民用领域任务	2006年/2008年 2016年/2018年
4	"护身符"	主要用于勘测、绘图、搜索和识别水下物体,以及探测水下建筑	2017年/2019年
3	"海神"	既可以作为核弹头运载平台,又可以用于情报、监视和侦察任务	2018年/2020年
2	"波塞冬"	执行洲际水下航行任务,能够摧毁敌方的海军基地和航空母舰	2018年/—
1	"替代者"	主要用于反潜训练,也可以用于开发和测试新的声纳系统、鱼雷等潜艇探测设备和武器装备	2020年/—

虽然俄罗斯在役无人潜航器的种类和数量,与美国相差甚远,但是无人潜航器的在研项目却并不处于弱势,且具有赶超美国的趋势,无人潜航器已经成为水下攻击其他军事强国的重要利器。俄罗斯"军队2017"年度展览会上,红宝石海洋工程中央设计局(鲁宾设计局)就展出了"护身符"和"朱诺"两款最新型无人潜航器,引起世界各军事强国的重点关注[63]。2018年,俄罗斯对外公布了一款战略级武器,即"波塞冬"无人潜航器,红宝石设计局为其配备了专门研制的核动力系统,使该潜航器的水下续航力非常强悍,能够进行跨洲际水下巡航。同时,"波塞冬"无人潜航器的下潜深度也比其他潜航器要深得多,可达到3000多英尺①,此外,该潜航器的水下速度接近60kn,甚至超过了新式鱼雷、潜艇和某些水面舰船,现有跟踪监视手段很难发现,性能堪称世界一流水平。

3. 其他国家无人潜航器发展概述

日本作为传统军事强国,一直试图突破世界格局的政治枷锁,尤其是近几年,加快了军事防卫战略从"守"到"攻"的转变,以满足增强军事进攻能力,成为世界军事强国的野心。根据防卫战略的调整,日本持续提升军事防卫预算,特别是从2013财年到2016财年,防卫预算总额每年都有较大幅度的增加,为军事进攻提供充足的资金支持。在过去很长一段时间内,日本将有限的资源集中在包括无人潜航器在内的重点项目和核心技术上,并为无人潜航器的研发持续投入资金高达数亿美元,保证其无人潜航器技术能够达到世界领先水平。基于水下

---

① 1英尺=0.3048m。

作战需求,日本发展了REMUS 100基本型、REMUS 100-S型、Cal Poly型、CMOP型等一系列无人潜航器,基本上都具有功耗低、功能多元等特点,能够与海上自卫队现役装备进行兼容,最大程度优化水下装备体系建设。

除美国和俄罗斯外,世界其他军事强国无人潜航器服役如表4-33所列。英国国防部2019年发布公告,计划设计和测试超大型无人潜航器,项目分两个阶段进行,第一阶段是超大型无人潜航器设计,第二阶段是测试其水下作战能力。在该公告中特别提到情报收集、部署与回收以及水下作战能力建设等,还首次明确了模块化的载荷设计。从提升水下作战能力的角度出发,瑞典国防物资局会同工业部门共同研发AUV62无人潜航器,该鱼雷型无人潜航器可从水面舰船、潜艇、岸上布放,并携带了反潜战或反水雷战模块。法国海军和ECA集团于2019年10月展示了为比利时和荷兰设计的反水雷方案,包括A18-M无人潜航器、T18-M拖曳声纳以及扫雷设备等,基于该方案,比利时和荷兰海军将在未来20年各自装备10类80余艘包括无人潜航器在内的反水雷作战力量[64]。

表4-33 其他国家无人潜航器发展概况

类别	国家	名称	功能定位	试航/服役时间
5	英国	"泰利斯曼"M	用于反水雷,同时可以更换各种负载,执行多种水下作战任务	2005年/2008年
4	日本	OOZ	具有反水雷、执行环境监测、港口防卫、港口安全作业、科学调查、海图绘制、搜救打捞、协助水道测量	2007年/2010年
3	瑞典	AUV62	具有水雷探测、反水雷、远程作业与高价自助能力,采用模块化设计,可执行多种水下作战任务	2011年/2014年
2	法国	A9-M	可执行水雷对抗任务,如水下调查,水下识别,分析和分类。	2014年/2016年
1	挪威	"湖滨"	可执行多种水下作战任务,主要包括远程军事勘测、广域地雷探测以及探测潜艇等	2021年/—

4.4.3 无人潜航器装备简析

近几年来,随着科学技术的飞速发展,水下作战样式及水下战法应用都受到了前所未有的挑战。由于人工智能技术的日益成熟,无人化装备的不断投入使用,对水下作战产生了重大影响,甚至是引发了水下作战样式的一场革命。无人潜航器作为水下作战的重要利器,已经渗透到水下作战的方方面面,是水下作战效能的倍增器。通过对各国无人潜航器发展现状的梳理和未来发展趋势的展望,研究无人潜航器水下作战运用,掌握未来水下作战的制胜机理。

1. 美国无人潜航器装备简析

1)"蓝鳍金枪鱼"

"蓝鳍金枪鱼"(Bluefin)由世界上最大的无人潜航器研制生产商之一的"蓝鳍金枪鱼"机器人技术公司研制(该公司隶属于美国通用动力任务系统公司),主要执行近海调查、搜索打捞、环境保护和监测、水雷对抗以及寻找未爆弹药等任务。"蓝鳍金枪鱼"-12已完成开发,并于2019年初在英国国际防务展上公开展示,澳大利亚海军是第一个客户,采购了4具"蓝鳍金枪鱼"-9和3具"蓝鳍金枪鱼"-12。该公司已经将第一具"蓝鳍金枪鱼"-9交付给泰勒斯公司,后者是该项目的主要承包商,10月份将首具"蓝鳍金枪鱼"-12交付,其余全部在2019年年底完成交付。目前,该无人潜航器已升级到"蓝鳍金枪鱼"-21。

"蓝鳍金枪鱼"无人潜航器技术规格如表4-34所列。"蓝鳍金枪鱼"无人潜航器曾经是美国海军"战场空间预备自主水下潜航器"的一部分,主要用于濒海战斗舰的浅水水雷战。该无人潜航器具有一个可拆卸的数据存储模块,可以存储清晰影像、视频和声纳数据,存储模块并可在数分钟内取出回收。通用动力的工程专家对"蓝鳍金枪鱼"无人潜航器在设计、生产、质量、模块化和可靠性等方面做了重大改进,使整个系列产品具有更强的作战性能和更广的使用范围。

表4-34 "蓝鳍金枪鱼"无人潜航器技术规格

名称	"蓝鳍金枪鱼"
制造商	美国通用动力任务系统公司
类型	中型无人潜航器
外形尺寸	长4.83m、宽0.32m
重量	250kg
最大潜深	1500m
标准航速	3kn
最大航速	5kn
潜航时间	30h
搭载传感器	侧扫声纳或数码相机
投放方式	舰载或潜艇携带和投放
动力装置	电力推进

2)"刀鱼"

"刀鱼"(Knifefish)无人潜航器是由美国通用动力公司研制的,主要用于代替扫雷舰艇深入雷区作业,充当前伸的"耳目",有效降低了舰艇触雷的风险。美国海军于2019年签订价值4460万美元的合同,开始对"刀鱼"无人潜航器进行小批量生产,全部工作计划于2021年8月完成。美国海军完成该批潜航器的测试后,做出大批量生产的决定,拟计划于2022财年购买30具,其中,24具支持濒海战斗舰反水雷任务,其他6具将部署到参与反水雷作战的其他舰艇上。

"刀鱼"无人潜航器技术规格如表4-35所列。"刀鱼"无人潜航器采用声纳内置方式,由水面舰船携载并投放,能够发出低频电磁波来扫描物体(如鱼雷),然后把图像发回母舰分析。"刀鱼"无人潜航器利用低频宽带声纳和自动目标识别软件,采用开放系统架构设计和模块化结构,便于实现升级或改进系统,用于在高杂波环境下探测和识别掩埋雷、沉底雷和漂雷。同时,该无人潜航器还能搜集环境数据从而提供情报支持。

表4-35 "刀鱼"无人潜航器技术规格

名称	"刀鱼"
制造商	美国通用动力公司
类型	大型无人潜航器
外形尺寸	长5.8m、直径0.53m
重量	770kg
电池	高性能锂电池
潜航时间	16h/次
搭载传感器	合成孔径雷达
最大潜深	1500m
巡航航速	3kn
最大航速	5kn
搭载传感器	水雷探测声纳
投放方式	舰载携带和投放
动力装置	电力推进

3)雷姆斯-300

雷姆斯-300(REMUS-300)无人潜航器是由美国水下技术公司海德罗伊德

制造,该公司是造船公司亨廷顿英格尔工业公司的子公司,主要用于水雷对策、搜索和恢复、快速环境评估、水文调查、可再生能源、海洋考古、海上油气、反潜战和情报、监视和侦察。2020年2月,作为与美国国防部达成原型机项目协议的一部分,海德罗伊德向美国海军交付了第一具该型无人潜航器的原型机,现正在致力于对商用雷姆斯-300进行螺旋桨改装,以增强其水下作战能力。

雷姆斯-300无人潜航器技术规格如表4-36所列。雷姆斯-300无人潜航器的设计符合美国海军的模块化开放系统体系结构和无人海上航行自主体系结构规范,具更坚固的结构和传感器、数据分配系统、开放式体系结构、灵活的能源选项。下一代雷姆斯-300无人潜航器将与雷姆斯技术平台集成在一起,该平台具有高效的核心电子元件,并且可在所有型号上进行扩展,具有先进的自治能力和共享的操作系统,能够实现与整个雷姆斯系列系统的互操作性。

表4-36　雷姆斯-300无人潜航器技术规格

名称	雷姆斯-300
制造商	美国水下技术公司海德罗伊德
类型	中型无人潜航器
外形尺寸	长2.3m、宽0.19m
重量	56kg
最大潜深	305m
潜航时间	30h
最大航速	5kn
最大航程	110km
续航时间	10h(1.5kW/h)、20h(3kW/h)、30h(4.5kW/h)
搭载传感器	"海洋"超声速900/1800kHz双频侧扫声纳、NBOSI电导率和温度传感器,以及加密连接深度传感器
投放方式	舰载携带和投放
动力装置	电力推进

4)"虎鲸"

"虎鲸"(XLUUV)无人潜航器是由美国洛克希德·马丁公司研制的,是利用波音公司"回声旅行者"柴电动力潜航器改进而成的,其除了具备"黑鱼"无人潜航器的功能以外,还将具备电子战、对陆打击等能力。作为美国海军重点研发的武器装备,其投入实战部署后,极有可能改变现有海战模式,诸如海床战、非杀伤性海域控制甚至是自杀性任务等都会成为可能。可以这样说,"虎鲸"无人潜航器已经成为美国海军维持水下优势、实现"制霸深海"的重要装备之一。

"虎鲸"无人潜航器技术规格如表4-37所列。"虎鲸"无人潜航器总体设计采用模块化和开放式架构,主要有制导和控制、导航、态势感知、通信、能源和动力、推进以及其他传感器模块。外形为切角方柱体,头部向前收缩圆滑过渡,内装探测、导航、控制等设备。中部是长大约10m的负载舱,可用来搭载多种传感器和武器,底部有对开的舱门,方便水下布雷和释放小型潜航器。后部有6个压力容器,用来安装动力装置和电池等,前部和后部各有一个平衡罐。

表4-37 "虎鲸"无人潜航器技术规格

名称	"虎鲸"
制造商	美国洛克希德·马丁公司
类型	超大型无人潜航器
外形尺寸	长15m、宽2.6m、高2.6m
排水量	50t
巡航航速	2.5kn
最大航速	8kn
最大潜深	3000m
有效航程	12000km
续航时间	6个月
潜航距离	280km/次
投放方式	自主航行
动力装置	柴电动力
挂载武器	鱼雷或水雷、对地、反舰或反潜武器以及电子战武器

2. 俄罗斯无人潜航器装备简析

1)"大键琴"

"大键琴"(Harpsichord)无人潜航器已经发展了"大键琴"1R和"大键琴"

2R–PM两种型号,其中"大键琴"1R由位于符拉迪沃斯托克的俄罗斯科学院远东分院海洋技术研究所研发,"大键琴"2R-PM由红宝石海上装备中央设计局研发,主要用于搜索海底的武器装备残余,进行海底环境研究和通信设备状态监视,执行多种军用和民用领域任务。2008年底,俄罗斯媒体公布"大键琴"1R的试验情况,依据该试验结果,决定研制该级无人潜航器的改进型号,供海军特种部队专用。

"大键琴"无人潜航器技术规格如表4–38所列。2018年,俄罗斯《消息报》称,携带"大键琴"1R无人潜航器的集装箱将装备海军舰艇,集装箱直接放置在舰艇甲板上,到达作业区后,舰艇上的起重机将集装箱投放到水中,随后"大键琴"1R开始作业。而"大键琴"2R-PM无人潜航器的外形尺寸和重量都超过了"大键琴"1R,无法使用集装箱运载,将装备在核潜艇上,包括经现代化改进的949AM型核潜艇,以及BS-64"莫斯科郊外"号和K-329"别尔哥罗德"号特种核潜艇。

表4–38 "大键琴"无人潜航器技术规格

名称	"大键琴"1R	"大键琴"2R-PM
制造商	俄罗斯科学院远东分院海洋技术研究所	俄罗斯红宝石设计局
类型	中型无人潜航器	
外形尺寸	长5.8m,宽0.9m	长6.5m,宽1.0m
重量	2.5t	3.7t
最大潜深	6000m	
潜航速度	2.9kn	
自持力	120h	140h
最大航程	300km	250km
巡航深度	450m	500m
搭载传感器	摄像机、电磁探测器、声学分析器等探测设备	
投放方式	舰载携带和投放	
动力装置	电力推进	

2)"护身符"

"护身符"(Amulet)无人潜航器是由俄罗斯红宝石海洋机械中央设计局

研发的,主要用于勘测、绘图、搜索和识别水下物体,以及探测水下建筑。俄罗斯红宝石设计局在俄罗斯"军队2017"年度军事展览会上推出第一代"护身符"无人潜航器,并在"综合安全-2019"展览会期间展出了升级版"护身符"无人潜航器。升级版无人潜航器对软件和导航系统做了很大改变,艇体长度缩短150mm,整体重量从25kg下降到17.5kg,但玻璃纤维的船首和船尾保持不变。

"护身符"无人潜航器技术规格如表4–39所列。"护身符"无人艇的主要优点是机动性,如有必要,可在现场部署,这对于在小海湾或湖泊中的工作来说是必不可少的。与自主研发的高性能、高端无人潜航器"朱诺"不同,白色类鱼雷式无人潜航器"护身符",定位于中低端,主要由进口组件设计组装而成。它的竞争优势就是成本低,价值仅为100万卢布,仅为市面上性能、级别相当的同类型美国、欧洲产无人潜航器价格的1/20~1/10,性价比极高。

表4–39 "护身符"无人潜航器技术规格

名称	"护身符"
制造商	俄罗斯红宝石海洋机械中央设计局
类型	小型无人潜航器
外形尺寸	长1.6m
重量	25kg
最大潜深	50m
最大航速	2.9kn
最大航程	15km
搭载传感器	捷联惯性导航系统、光纤陀螺仪(测量绝对角速度)、多普勒测程仪(测量船相对于地面和水的速度)、水声调制解调器和侧扫声纳
投放方式	舰载携带和投放
动力装置	电力推进

3)"波塞冬"

"波塞冬"(Poseidon)无人潜航器是由俄罗斯红宝石设计局研发的,是一种由小型核反应堆提供动力的无人潜航器,作为多用途水下作战武器系统,其不仅能够对潜在敌人的沿海基础设施实施核打击,还能够携带常规弹头对海上航母舰队编队采取行动。俄罗斯总统普京于2018年3月发表国情咨文时,首次向外界披露了包括"波塞冬"无人潜航器在内的一系列新型战略武器,据称该型无人潜航器有望在2027年之前装备俄罗斯海军,成为颠覆水下作战的重要利器。

"波塞冬"无人潜航器技术规格如表4-40所列。"波塞冬"无人潜航器采用液态金属冷却反应堆低噪声系统,因反应堆冷却回路中有磁液压泵驱动的液态金属,能显著降低噪声,与核潜艇(冷却系统中有涡轮旋转,这是一种非常严重的暴露特征)相比,发动机噪声很小。同时,该潜航器具有普通潜艇无法企及的加速度,能够潜入数千米以下深海,自动计算出抵达目标的最优路线,且航程不受限制,其水下作战运用将在一定程度上引发现代海战模式的颠覆性变革。

表4-40 "波塞冬"无人潜航器技术规格

名称	"波塞冬"
制造商	俄罗斯红宝石设计局
类型	超大型无人潜航器
外形尺寸	长20m、宽2m
重量	100t
巡航航速	70kn
最大航速	107kn
最大潜深	1000m
最大航程	无限
续航时间	无限
投放方式	潜艇携带投放或自主航行
动力装置	核动力推进
挂载武器	200万TNT当量核弹头鱼雷

4)"替代者"

"替代者"(Substitute)无人潜航器是由俄罗斯红宝石海洋机械中央设计局研发的,可以模仿各种核动力或柴电动力潜艇的声音特点,主要用于反潜训练,也可以用于开发和测试新的声纳系统、鱼雷等潜艇探测设备和武器装备,还可有效降低潜艇研制风险和成本。2020年6月,"替代者"无人潜航器项目研发工作已经完成,这项工作的结果已提请俄罗斯联邦国防部专门组织审看。如果俄罗斯海军希望拥有类似系统,红宝石设计局将会完成该项目。

"替代者"无人潜航器技术规格如表4-41所列。"替代者"无人潜航器能够模拟敌方核潜艇或常规潜艇,携带拖曳阵天线,充分模仿潜艇物理场环境。其使用简便,维护和升级成本低。同时,还可以模拟俄罗斯自身潜艇,部署无人潜艇,可有效转移敌方注意力。该无人潜航器的模块化设计可改变其功能,可用作日常训练、海底测绘和侦察,并可凭借其较大尺寸来摧毁敌方潜艇。"替代者"无人潜航器还将具有一项特殊的功能,即它将能够模仿外国潜艇螺旋桨的噪声。

表4-41 "替代者"无人潜航器技术规格

名称	"替代者"
制造商	俄罗斯红宝石海洋机械中央设计局
类型	大型无人潜航器
外形尺寸	长17m
排水量	60t
巡航速度	5kn
最大航速	24kn
巡航距离	960km
满载排水量	145t
最大潜深	600m
自持力	15~17h
动力装置	电力推进

3. 其他国家无人潜航器装备简析

1) 泰利斯曼M

泰利斯曼M(Talisman-M)无人潜航器是由英国BAE公司开发的"泰利斯曼"系列无人水下潜航器的最新型号,具有水上和水下两用的优势,主要执行反水雷任务,同时该潜航器还能够在超过150m深处,快速更换各种负载,执行其他多种水下作战任务。泰利斯曼M无人潜航器的第一次水下试验于2005年8月进行,是在该项目启动后的一年开始的,该次试验是在BAE系统公司潜艇分部的Buccleuch船坞进行的,进一步试验于2006年初在波特兰海港进行。

泰利斯曼M无人潜航器技术规格如表4-42所列。泰利斯曼M无人潜航器携带和发射有效载荷试验已经通过BAE系统公司的"射水鱼"灭雷具完成,能够在无需人员介入的情况下定位、鉴别和排除水雷,在一次任务中可以排除多枚水雷。泰利斯曼M无人潜航器能够在任何船只上部署使用,采用先进的通信设备与操作人员进行通信,既可以在部署前预先设定任务参数,由潜航器自主执行作战任务,也可以由操作人员实时控制,及时高效完成水下作战任务。

表 4-42 泰利斯曼 M 无人潜航器技术规格

名称	泰利斯曼 M
国家	英国
制造商	BAE 公司
类型	小型无人潜航器
外形尺寸	长 4.5m、宽 2.5m
重量	1000kg
工作水深	3～300m
最大续航时间	24h
最大航速	5kn
有效载荷	500kg
搭载传感器	"猎雷"声纳、可展开的传感器、一个探雷 UUV 和一次性灭雷具
投放方式	舰载携带或投放
动力装置	电力推进
挂载武器	4 枚一次性灭雷具"射水鱼"

2) AUV62-MR

AUV62-MR 无人潜航器是由瑞典国防装备管理局、国防研究所、萨博公司共同研发的,可从水面舰船、潜艇、岸上布放,并携带了反潜战或反水雷战模块。瑞典国防装备管理局已经在潜艇探测演习中测试了 AUV62-MR 无人潜航器的性能,得到瑞典军方的一致认可。未来该无人潜航器可能采用燃料电池以获得更长的水下续航时间,届时,就可以利用水下模式同母船一起离开港口。瑞典国防装备管理局称萨伯公司已经完成了该系统的第一个合同,现在正期待更多的合同。

AUV62-MR 无人潜航器技术规格如表 4-43 所列。AUV62-MR 无人潜航器处于反水雷模式时,将装备合成孔径声纳对水雷进行精确定位,而处于反潜模式时,则利用声纳回波和噪声共同对目标进行定位。AUV62-MR 无人潜航器能够在反潜训练中模拟潜艇信号,该信号与当前市场上的所有声纳和鱼雷系统相匹配,可以完全替代以前用潜艇作为反潜机动训练目标的形式。同时,该无人潜航器还装备合成孔径声纳,能够高效完成水雷搜索、情报收集和海底绘图等作战任务。

表4-43 AUV62-MR无人潜航器技术规格

名称	AUV62-MR
国家	瑞典
制造商	国防装备管理局、瑞典国防研究所、萨博公司共同研发
类型	小型无人潜航器
外形尺寸	长6.5m
最大续航时间	20h
巡航速度	4kn
有效载荷	1500kg
搭载传感器	合成孔径声纳
投放方式	舰载携带或投放
动力装置	电力推进
挂载武器	反潜战或反水雷战武器

3) A9-M

A9-M(Alister-M)无人潜航器是由法国ECA集团设计和制造的自主水下潜航器,专门用于满足全球海上作战需求而开发的,该潜航器能够利用小型工具、刚性充气艇和其他无人水面舰艇轻松部署,可以执行一系列的地雷对抗任务,如水下调查,水下识别,分析和分类。在2016年4月在波斯湾举行的国际矿山对抗演习和2018年6月的2018年"开放精神"演习中成功展示了A9-M无人潜航器,在演习中成功展示了其可靠性,运行效率和水下水雷战能力。

A9-M无人潜航器技术规格如表4-44所列。A9-M无人潜航器是通过模块化技术进行开发,能够高效快捷地进行维护。即使在最恶劣的环境条件下也可以快速部署该型无人潜航器,并且能够承受来自波浪的高湍流。A9-M无人潜航器产生非常低的磁性和声学特征,以避免触发敏感的水下地雷,而且该潜航器具有紧凑的结构,使操作员可以高效执行各种水雷对抗任务,同时,还可以根据环境条件和海床类型对水下目标进行分类,及时识别出水下危险目标。

表 4-44 A9-M 无人潜航器技术规格

名称	A9-M
国家	法国
制造商	ECA 集团
类型	小型无人潜航器
外形尺寸	长 2m、宽 0.23m
重量	70kg
最大航速	5kn
巡航航速	3kn
工作深度	3~200m
巡航时间	20h
搭载传感器	测扫声纳以及高清视频设备,电导率、温度和密度传感器套件和环境传感器
声纳探测距离	18km
投放方式	舰载携带或投放
动力装置	电力推进

4)"湖滨"

"湖滨"(HUGIN Endurance AUV)无人潜航器是由挪威海洋技术公司康斯伯格海事公司研发,能够执行远程军事勘测、广域地雷探测、巡逻海上扼流圈以探测潜艇以及进行分类和识别等作战任务。"湖滨"无人潜航器于 2021 年 2 月发布,其设计允许根据客户要求与其他平台进行数据集成,是"湖滨"水下机器人系列的最新款,支持无人值守的岸上远程操作,是康斯伯格海事公司开发的下一代无人潜航器,可在深海环境中进行扩展操作,以高效完成水下作战任务。

"湖滨"无人潜航器技术规格如表 4-45 所列。"湖滨"无人潜航器配备了自主决策功能模块,能够使用水下和水面感知传感器运行数天,无需人工干预。水下航行器可以控制任务执行,并处理意外事件和故障模式,同时在冗余操作模式之间进行切换。该无人潜航器具有收集大量数据的能力,这些数据可以存储在冗余介质中,并且能够在静止状态下对数据进行加密,收集的数据通过云安全地传输到远程操作中心,而通信安全保障是通过柯尼卡基础设施提供的。

表4-45 "湖滨"无人潜航器技术规格

名称	"湖滨"
国家	挪威
制造商	康斯伯格海事公司
类型	中型无人潜航器
外形尺寸	长10m
最大潜深	6000m
最大航程	2200km
续航时间	15天
搭载传感器	HISAS合成孔径声纳、EM多波束回声测深仪系列,还集成了传统的侧扫声纳、亚底部轮廓仪,多束回声测深仪以及其他主动和被动有效载荷传感器
投放方式	舰载携带或投放
动力装置	电力推进

4.5 海上无人系统

海上无人系统是指海上无人驾驶、可通过遥控操作或自主行动的机动载具或航行器,以及由完成任务所必需的有效载荷和支持组件共同组成的系统。其主要包括无人机系统和无人海上系统。无人海上系统涉及的无人平台包括无人艇和无人潜航器,本书中所涉及的海上无人系统不涉及无人地面系统,其组织结构如图4-2所示。海上无人系统是一个复杂的系统,由光学、电子、机械、能源、计算机、通信等软硬件设备实现的具有推进、探测、跟踪、导航、制导、控制、信息处理、数据处理、数据传输等各项功能的分系统所组成[65]。

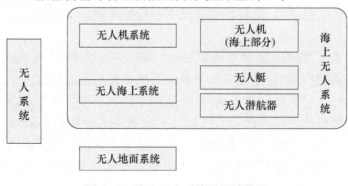

图4-2 海上无人系统组织结构图

4.6　本章小结

本章从海上无人装备组成入手,了解无人机、无人艇和无人潜航器的基本概念,研究以美俄为首的世界军事强国在无人装备发展方面的情况,探索主要军事强国的无人装备现状。美国作为科技强国,在无人化作战领域依然领先世界,其现役的 RQ-4"全球鹰"、MQ-9"死神"、X-47B 等一系列无人机在侦察、打击、轰炸方面都有着良好的表现。世界各国发展无人化作战的目标要涉及海陆空各个领域,不论是坦克、飞机,还是舰船、潜艇,现在用人操作的武器将来都要成为无人化自主控制。为此,世界主要国家在无人化作战领域展开了激烈的竞争,都在抢占该领域的制高点,争取未来战争的主动权,于是各类型的无人化武器装备纷纷诞生。无人化作战作为未来海上作战的重要样式,具有许多无法比拟的优点,同时还可以节约大量成本,还能够避免有生力量的伤亡。

第5章 海上无人作战模式

21世纪以来,新一轮科技革命、产业革命、军事革命加速推进,人工智能作为极为重要的颠覆性技术迅猛发展,推动军事各领域朝着智能化方向快速跃升,已经成为世界军事发展不可阻挡的历史潮流。新近发生的许多军事冲突和局部战争表明,人类战争在历经冷兵器战争、热兵器战争、机械化战争、信息化战争之后,智能化战争已初露端倪。未来离开无人作战系统的海上军事行动是难以想象的,海上无人作战的边界延伸,将诱发新的作战方式,从物理域实体摧毁,到信息域无形破坏,再到认知域智力搏杀,从集群式饱和覆盖到极微式蚁穴渗透等,加速推动作战样式从"量变"走向"质变"。海上战争形态随着人工智能技术的进步而不断演变,在作战需求和高新技术的双重推动下,海上无人化作战力量将逐渐渗透到海上战场的各个角落,从根本上将改变传统的海上作战制胜机理,对海上作战行动产生前所未有的深刻影响,对传统海上作战方式、战术战法和力量运用带来一系列革命性的变化,极大颠覆了海上作战能力的生成,加速孵化生成海上新质战斗力,为赢得海上作战主动权奠定重要基础。

5.1 海上无人作战模式及关键技术

海洋作为世界各国强力争夺的焦点,已经发展成为战争频发的主要战场,海上作战是海上诸兵种合同进攻或防御的基本样式,其主要任务是歼灭敌海上目标,削弱敌作战能力,降低海上作战的持久性。随着技术进步和装备发展,无人化作战开始走上历史舞台,以无人机、无人艇和无人潜航器为代表的海上无人作战力量逐渐成熟,在海上护航、反舰反潜、岛礁进攻、空中歼敌等海上作战行动中的作用日益凸显,成为海上作战中必不可少的重要力量。

5.1.1 海上无人作战体系结构

随着大数据、云计算、人工智能等技术的持续发展,海上无人装备必然会迎来大发展,在海上作战体系中将逐步由介入转化为支撑,并以遥控式、半自主式、自主式等不同层次形成海上无人作战体系,推动未来海上作战的变革,甚至是颠覆式的创新。海上无人作战体系包括地面指挥中心、有人作战平台、无人作战平台3类实体构成,利用高度信息化的作战体系实现地面指挥中心、有人作战平台和无人作战平台之间的有序高效协同。随着智能化技术的发展,地面指挥中心在作战体系中的影响将逐渐减弱,并且指挥平台也并非必须固定在有人作战平台上,未来高度智能化的无人作战平台同样可以成为指挥平台。有人作战平台与无人作战平台协同遂行作战任务过程中,如果某有人作战平台或无人作战平台被击毁,失去相应的作战能力,则通过信息交互技术实现作战体系的自动调整,将该平台的作战职责自动迁移至其他作战平台上,从而实现作战体系的柔性重组,提高其抗毁能力。结合有人作战平台与无人作战平台协同作战的组织关系,构建具有层次化特征的作战体系结构,如图 5-1 所示。

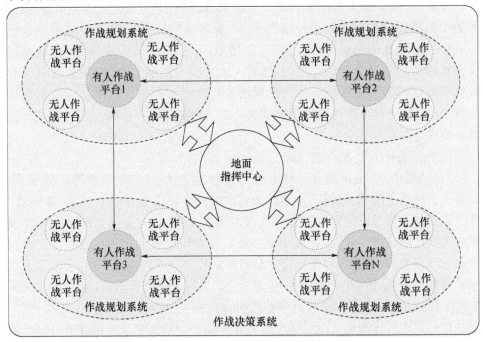

图 5-1 有人/无人作战体系结构

有人/无人作战平台协同作战的关键是优化配置作战资源,快速高效实施海上作战任务。信息化作战体系的运行贯穿于海上作战行动全过程,根据海上作战进程可以将体系运行过程分为4个步骤:一是由地面指挥中心依据海上作战需求,快速生成作战任务,并借助作战决策系统实现作战任务的分解,并将作战任务下发至各有人作战平台;二是有人作战平台利用作战规划系统对分配的作战任务进行深度分解,形成可执行的作战子任务并下发至各无人作战平台;三是各无人作战平台领取任务后,对编组执行的局部任务进行优化,并建立局部协同作战方案,遂行作战子任务;四是各无人作战平台将作战任务的执行状态反馈至有人作战平台和地面指挥中心,由有人作战平台统筹作战任务的局部执行情况,形成局部作战态势,地面指挥中心统筹海上作战任务的整体执行情况,形成整体作战态势,并根据所形成的局部和整体作战态势,优化局部和整体作战方案,并将优化方案以作战任务的方式反馈至各无人作战平台,从而实现有人作战平台和无人作战平台闭环式协同作战,最终形成完整的海上作战闭合环路,以满足智能化条件下海上作战需求,强力提升海上作战能力的发挥。

5.1.2 海上无人作战基本模式

近些年,随着无人作战力量在近几次局部战争中的广泛应用,各军事强国开始试图利用有人与无人平台协同作战,来弥补传统有人作战力量在信息化海上作战中存在的劣势,对其进行互补增效,充分提升海上作战能力,是提高海上作战效能的重要手段[66-67]。随着无人作战力量的发展,正呈现出替代有人作战力量实施海上作战行动的发展趋势。按照无人作战力量参与海上作战的程度,将海上无人作战划分为被动集中式、半主动分布式和驻地分布式3种基本模式。

1. 被动集中式协同作战模式

"被动集中式"是机械化条件下有人/无人作战平台的海上协同作战模式,是海上协同作战的初级阶段,也是最原始的海上协同作战模式。"被动集中式"作战模式的指挥平台全程固定在有人作战平台上,无人作战平台配合有人作战平台完成作战任务,其核心思想是不单独依靠多用途有人作战平台独立完成相应的作战任务,而是将各种作战能力分散加载到多种无人作战平台上,由有人作战平台控制无人作战平台协同作战,因此,如果有人作战平台被击毁,将极大影响海上作战进程,而无人作战平台被击毁,将在一定程度上影响海上作战进程。被动集中式协同作战模式主要是少量有人作战平台和大量无人作战平台海上协同作战的方式方法,有人作战平台驾驶员作为战斗指挥者和决策者,负责海上作战任务的分配和实施,而无人作战平台则用于执行相对危险或相对简单的单项任务(如电子干扰或空中侦察等)[68-69]。有人作战平台是被动集中式协同作战的核心,具有很强的指挥控制能力,与无人作战平台之间是一种主从关系。有人作战平台对无人作战平台的运行轨迹、通信保障、有效载荷和任务执行等多个层面进行有效的控制。有人/无人作战平台协同作战需要其之间具有良好的互连、互通和互操作能力,它们之间的信息交互可以按海上作战进程自动发起,也可以由有人作战平台根据海上作战需求随时发起。有人作战平台根据海上战场态势的变化,能够及时传输作战指令给无人作战平台,必要时候对无人作战平台运行轨迹进行人工干预;同时,无人作战平台能够将获取的战场情报数据、作战任务执行状态以及自身运行情况及时反馈给有人作战平台,综合上述信息,有人作战平台驾驶员对海上战场态势进行分析判断,及时调整海上作战计划,并指挥无人作战平台协同有人作战平台完成相应的海上作战任务。有人/无人作战平台被动集中式协同作战可以降低海上作战体系的复杂性,减少无人作战平台之间的通信,通常主要应用于无人作战平台的遥控式指挥,保证无人作战平台能够按照有人作战平台的意图进行战场部署,有效弥补有人作战平台的跟踪监视盲区、火力打击空隙,完成多层次的跟踪监视和多角度的火力打击配系,实现海上作战效能的最优化,是适用于小规模、近距离海上作战的主要协同作战模式。有人/无人作战平台被动集中式协同作战模式如图5-2所示。

2. 半主动分布式协同作战模式

"半主动分布式"是信息化条件下有人/无人作战平台的海上协同作战模式,处于海上协同作战的中级阶段,是目前普遍运用的海上作战模式。半主动分布式作战模式的指挥平台基本固定在有人作战平台上,但在局部空间也存在无人作战平台独立完成海上作战任务,其核心思想是不再依靠高价值多用途有人作战平台独立完成相应的海上作战任务,而是将各种能力分散加载到多种无人作战平台上,相比较被动集中式协同作战模式,不是简单的有人作战平台控制无人作战平台,而增加了无人作战平台之间的信息交互,由有人/无人作战平台协同决策,虽然有人作战平台对海上作战进程的影响要大于无人作战平台,但是有人作战平台被击毁对海上作战进程的影响要低于"被动集中式"。半主动分布式协同作战模式主要是大量有人作战平台和无人作战平台海上协同作战的方式方法,有人作战平台的指挥决策功能部分被智能化无人作战平台取代,无人作战平台可以通过捕捉局部海上战场态势的变化,快速作出作战决策,并分配相应的海上作战任务给其他作战平台,及时完成局部海上作战任务。在海上作战任务

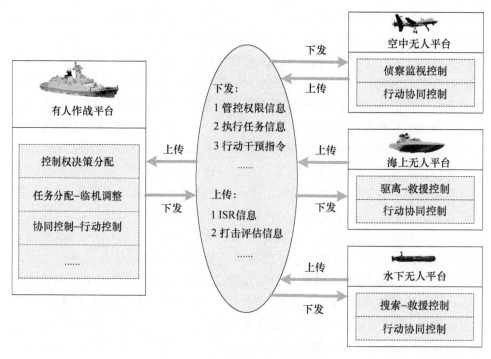

图 5-2　被动集中式协同作战模式

执行过程中,无人作战平台不再是单纯的任务执行平台,而成为具有部分指挥决策功能的半指挥平台,无人作战平台依据局部海上作战任务需求,分析战场态势的变化,判断敌方目标的威胁程度,优化分配传感器和火力打击等作战资源,形成分布式传感器资源和火力资源的使用决策,下达科学合理的指挥协同命令,协调分散配置的有人作战平台与无人作战平台高效协同完成局部海上作战任务。该作战模式以大容量、高效、快速的信息传输网络为基础,以海上协同作战任务规划为核心,综合无人机、无人艇、无人潜航器等多类传感器设备在多维空间跟踪监视海上战场态势,为火力打击平台提供精确的目标指示[53]。分布式协同作战模式对无人作战平台的自主协调能力要求较高,要同时具备感知、判断、决策、交互等战场认知能力,优点是灵活性好,战场自主性优于被动机械式协同作战模式,在特定情况下,无人作战平台能够自主感知、自主决策、自主实施,扩大了有人作战平台的侦察空间,延伸了火力打击距离,降低了被摧毁的风险,实现了海上局部作战效能的最优化,适用于非常复杂、高度危险的海上战场环境。半主动分布式协同作战模式如图 5-3 所示。

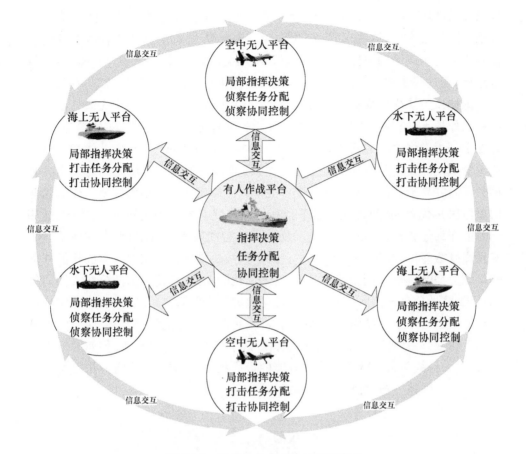

图 5-3 半主动分布式协同作战模式

3. 驻地分布式协同作战模式

"驻地分布式"是智能化条件下有人/无人作战平台的海上协同作战模式,处于海上协同作战的高级阶段,是未来海上智能化作战的重要发展方向。驻地分布式协同作战模式的指挥平台根据海上作战任务需要在无人作战平台与有人作战平台之间实现自由切换,其核心思想是有人作战平台和无人作战平台都可以作为战场空间的指挥控制节点,全程自主参与海上作战。相比较半主动分布式协同作战模式,不再是无人作战平台之间简单的信息交互,而是任何一个作战平台都能够随时共享其他作战平台的信息,自主进行海上作战决策,主导海上作战行动的进程,同时,海上作战进程的主导可以在不同作战平台之间自由切换。因此,有人作战平台或无人作战平台单独被击毁对整个海上作战的影响不大。在海上作战任务执行过程中,全过程同时发生在密切相关的物理域、信息域、认知域和行动域,有人作战平台与无人作战平台之间的信息交互在 4 个域内分别表现为态势共享、信息共享、决策共享和打击共享[70]。海上战场各类探测传感器收集来自物理域的目标监视和战场环境相关信息,在信息域中经传输、融合等处理后,通过网络在有人作战平台与无人作战平台之间实现信息共享,在认知域中发挥体系整体决策优势,形成科学合理的决策计划,在行动域中无人作战平台或有人作战平台按照决策计划分配的海上作战任务,对作战目标实施精确打击,并在物理域中将评估的任务完成程度及时共享其他作战平台,海上作战全过程在 4 个域内的发生并不是依次发生的关系,而是在不同作战域内同时发生并将信息实时共享于其他作战平台。该作战模式可以最大限度地发挥海上作战编队的整体决策优势,实现有人作战平台和无人作战平台优势互补、分工协作,适用于海上作战任务复杂的战场环境。随着人工智能技术的进步,无人作战平台将实现高度智能化,此时,无人作战平台海上作战决策仅仅是在保证完成作战任务的基础上,实现整个海上编队作战效能最大化的前提,相比半主动分布式协同作战模式,驻地分布式协同作战模式从优化火力打击配系的角度出发,能够实现无人作战平台对作战全过程的主动控制,不再是海上作战的局部控制,而要实现整个海上作战体系效能的最优化,有人作战平台还是起到主导作用,如何实现多个有人/无人作战平台编队整体作战效能的最优化,已经成为未来海上作战的重点研究方向。驻地分布式协同作战模式如图 5-4 所示。

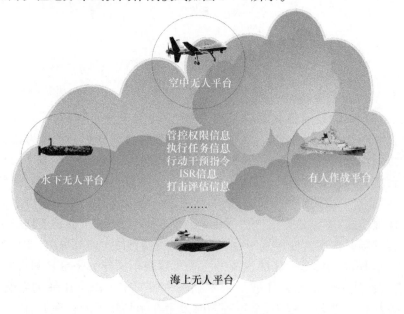

图 5-4 驻地分布式协同作战模式

5.1.3　海上无人作战关键技术

在信息化时代,迫切要求采用大数据、云计算、数据挖掘、机器学习等最新核心技术,支撑海上无人作战模式由信息化向智能化方向发展,提高海上自主智能作战水平,推动其海上作战能力实现跨越式发展。海上无人作战以作战需求为牵引,围绕体系构建、方案生成、推演评估等内容,研究突破战场态势研判、作战任务自动分配、智能化仿真推演与评估等核心技术,为提升海上无人作战能力提供重要技术支撑,是补充和完善海上无人作战理论的基础和关键。

1. 战场态势研判及预测技术

态势研判及预测的重点是通过研究敌方目标态势的变化情况,实现对战场态势的深度分析和对未来战场态势的初步估计,既要察分域之势,还要观综合之势,在把握分域态势各自独立性的基础上,客观分析各域态势之间的相互关联与制约关系,进而形成对整体态势的把握。统一融合的战场态势是海上一体化联合作战筹划和实施的基点,基于态势指挥、基于态势行动的海上联合作战特征日益凸显。利用复杂网络对海上无人作战体系进行建模,以体系中各作战节点之间的指挥、控制、协同、侦察和打击等关系为边设计复杂网络,研究复杂网络点和边的分布和变化规律,认识海上无人化作战体系的结构、行为、演化等方面的特点,分析海上作战重心以及协同关系,实现对战场态势的研判。同时,通过多智能体建模技术构建海上无人作战实体模型,演示无人作战能力是如何影响海上作战体系的演化,利用复杂网络技术构建有人与无人作战平台等作战实体之间的交互关系模型,进而反映作战实体之间的交互关系和网络演化趋势。收集多类海上无人作战数据,通过机器深度学习的方式获得大量的协同作战数据和模拟参数,战场态势预测时利用获得的作战数据与模拟参数,结合复杂网络演化规律和多智能体行为规律,生成敌方海上作战行动决策,形成敌方战场态势变化预测,从而为海上无人作战提供精准的敌方动态情报支撑。

2. 作战任务自动分配技术

作战任务自动分配过程是统筹作战资源和匹配作战能力的过程,即根据预设作战任务的能力需求,安排作战能力与之匹配的无人作战力量遂行相应作战任务,且作战任务分配需符合协同作战整体态势需求。由于作战任务难易程度和作战资源协同存在差异,两者的匹配度已经成为制约海上作战效能发挥的关键,因此,作战任务自动分配是海上体系作战的核心,而作战任务自动分配研究的基础是基于层次任务网络的自动分配技术,其主要对比双方在关键性局部战场上力量部署关系、交战格局关系和火力配系关系,综合分析得出敌我双方的作战势能比值,在定量计算的基础上对无人作战力量执行的作战任务进行智能分配。该技术通过引入决策支持库构建基于层次任务网络的作战任务生成框架,其中决策支持库主要由模型库、方法库、知识库和数据库等构成,以创新方式使用海量数据,以感知、认知和决策支持相结合,建立能独立完成指挥决策的辅助决策模型,结合作战任务分配的基本流程,以总体作战目标作为根本出发点,深入分析作战目标与作战任务的映射关系,建立基于目标匹配和任务数据库的任务分配知识库来支撑层次任务网络方法在作战任务自动分配中的应用,实现无人作战力量在有限参与下高度自主地自动分配作战任务,确定海上作战目标和行动方案,支撑由"凭经验概略指挥"向"依系统精确指挥"转变。

3. 作战方案智能推演与评估技术

作战方案智能推演与评估技术主要是以明确作战任务、分析作战方案、检验作战计划、预测作战效果为基础,基于机器学习的作战方案智能推演引擎技术和作战方案的智能化评估技术为核心,支撑进行必要的作战方案模拟推演,以提供科学可靠的辅助决策建议。智能推演引擎是驱动海上无人作战方案大样本并行仿真实验的基础支撑平台,着眼提高仿真推演的智能化程度,应实现基于离线学习与在线学习相结合的智能推演机制,离线学习主要利用海上无人作战训练样本,运用深度逆向强化学习、迁移学习、小样本类人概念学习和对抗生成式网络技术,构建面向无人作战平台的行动实体模型;在线学习主要利用蒙特卡罗树搜索算法,集成行动策略网与态势估值网,实现与智能蓝军对抗条件的策略优化与调整的过程。作战方案的智能化评估包括关键问题的专项评估和整个作战方案的综合评估,作战方案评估从技术可行性、可承受风险等多个方面进行综合评估,采用正向评估与逆向评估相结合、静态评估与动态评估相结合、整体评估与局部评估相结合、人工评估与系统评估相结合、过程评估与结果评估相结合等多方式、多角度展开,找出作战方案的优缺点,发现海上作战方案存在的问题,分析产生问题的原因,为作战方案的优化调整提供科学依据,实现依数据洞察"战场迷雾",助推海上作战方案更加科学、可靠、高效。

5.2 无人机海上作战运用模式及关键技术

随着各国经济发展对海洋的依赖,维护海洋权益成为各军事强国关注的焦点,海上作战作为维护海洋权益的有效方式,已经成为各国争相研究的重要课题。在大炮巨舰时代,船坚炮利就是赢得海上作战主动权的关键,而随着海上超视距作战的到来,大型水面舰艇作为海上高价值目标,在没有空中支援的情况下,很容易遭受敌方的毁灭性打击,造成难以承受的战争损失。相较于大型水面舰艇,有人驾驶战斗机海上作战会更加灵活高效,但是为了获得较大的海上攻击范围,往往需要前出较远的距离,单枪匹马进入敌方海上作战防空区,脱离大型水面舰艇的保护,很容易遭受敌方防空系统的精准打击,造成机毁人亡。利用无人飞行器参与海上作战行动,不但可以为大型水面舰艇提供空中支援,避免敌方对大型水面舰艇等高价值目标的饱和攻击,还可以降低有生力量消耗,提高海上作战的可持续性。很明显,利用无人机集群从空中发射空舰或空空导弹对敌方海上或空中目标进行精准打击,能够完成对敌方高价值目标的毁灭性饱和攻击,压制敌方海上作战的战场主动权。同时,无人机集群作为海上低价值武器装备,即使被敌方防空导弹击落,也从本质上消耗了敌方的弹药储备,为有人作战力量实施海上作战提供重要支持。无人机作为对敌方海上目标进行攻击的空中移动平台,已经能够实现侦察监视、海上反舰、海上反潜等作战任务,成为海上作战远程攻击的重要利器,未来将逐渐发展成为降低海上作战成本和提高海上精准打击的核心武器装备。无人机概念图,如图5-5所示。

图5-5 无人机概念图

5.2.1 无人机海上作战需求

在军事领域,机械化未竟、信息化正酣、智能化已启,人工智能技术的进步会推动海上作战从数字化、网络化向智能化加速跃升,凸显机械化信息化智能化融合发展态势。无人机随着智能自主能力的不断发展,将逐步形成涵盖遥控傻瓜式、半自主弱智式和全自主智能式的空中无人作战体系,着力聚合所有海空要素,实现海空作战力量的深度耦合。从争夺"制智权"的角度出发,推动海空力量的融合式发展,全面保障海上作战需求,快速提升海上体系作战能力。

1. 保障高空侦察的需要

侦察监视贯穿整个海上作战的全过程,能够为指挥员提供及时、准确的战场情报,而由于战场环境的日趋复杂,持久侦察监视是赢得海上作战主动权的关键。随着海上作战行动的不确定性成为常态,必须强力发展持久侦察监视能力,即在获取详细、准确的目标动态信息的同时,持久监视广阔区域的能力,但是受地球曲率的制约,舰载侦察设备难以远距离准确捕获海上动态目标,从而影响海上作战效能的发挥。无人机能够有效弥补舰载侦察设备跟踪监视距离近的缺陷,其依靠机载可见光照相机、多光谱照相机、激光扫描仪、红外扫描装置、电视摄像机、合成孔径雷达等侦察设备,从高空甚至敌阵地前沿或敌后,摄取敌目标图像以及记录各种目标的电磁辐射,对敌主要部署和重要目标进行实时跟踪监视。"沙漠风暴"行动中,美军曾出动307架次舰载"先锋式"无人机,在空中逗留1011h,对伊拉克军队的调动实施全天候侦察监视;同时,还为美军特种部队发现了"蚕"式反舰导弹发射阵地指挥所和防空兵器。现在,国外军事强国正在大力发展高空长航时无人机,以克服滞空时间短、飞行速度低、侦察面积小的缺点,保障高空侦察的战场需求,为海上作战提供精准情报支持[71]。

2. 满足灵活攻击的需要

灵活攻击是海上作战的一种重要方式,能够避免己方重要目标节点遭受敌方的全面干扰,保证己方海上作战火力的持续不间断输出,是海上高强度攻击的重要补充。传统海上作战形式是利用舰载武器发射导弹或炮弹对敌方目标进行硬火力杀伤,而水面舰艇作为海上作战的核心装备,通常会遭受敌方抵近侦察、特种作战等近距离、全方位地干扰,而水面舰艇的高强度火力杀伤在抵近侦察、特种作战方面受到极大限制,无法对敌产生有效毁伤。随着导弹小型化等技术的发展,利用无人机挂载导弹实施海上攻击已经成为可能,这样正好能够实现无人机对敌方目标进行近距离、轻强度的火力毁伤,解除水面舰艇面临的近距离干扰,有效保障了海上舰艇高强度作战能力的发挥。美国海军研究局开展了"低成本无人机蜂群技术"项目,该项目采用舰基多管发射装置,可以每秒一架的速度发射上百架小型无人机,无人机群利用搭载的低强度攻击火力或采用自杀式攻击方式,对近距离小型目标实施有效摧毁。灵活攻击使敌方目标时时处于无人机的火力杀伤范围内,不但有效解除了水面舰艇周边的近距离威胁,而且还能够最大程度降低海上作战消耗,保障海上作战的可持续性进行。

3. 实现诱导欺骗的需要

海上高价值目标,尤其是水面舰艇编队,通常会保持无线电静默,长时间处于隐蔽状态,利用传统的光学、电子等侦察手段,很难将水面舰艇编队识别出来,诱导敌方无线电开机已经成为发现海上舰艇编队的重要方式。通过诱导敌方雷达开机,捕捉其电磁信号,发现并定位敌方目标位置是实施海上作战的基础,但是敌方无线电开机,同样意味着作战行动的开始,很容易被敌方捕捉到,使诱导行为具有高度危险性。无人机可以利用自身信号进行放大来模拟作战飞机,给敌方防空系统造成严重的信息污染和过量载荷,诱导敌海上舰艇编队暴露目标,为己方作战平台提供可利用的火力打击空隙,形成海上作战绝对优势。海湾战争中,多国部队把无人机作为假目标安装在运载飞机的外挂上,在运载飞机抵达敌雷达搜索空域时,投放大量无人机模拟攻击机群,迫使伊军操作人员提早启动各种雷达,机载反雷达导弹立即对它们实施突击,该战争中首次使用的大型 ADM-141 型"空中战术诱饵",1 架飞机搭载 20 架无人机,诱导发现敌方多处重要目标[72]。诱导欺骗纯属战术问题,对其技术上没有太高的要求,所以在未来海上作战行动中,无人机必然会成为诱导欺骗的主战装备。

5.2.2 无人机海上作战运用模式

技术进步是军事发展中最活跃、最具革命性的因素,每次重大技术进步和创新都会引起战争形态的深刻变革。为适应海上新质战斗力需求,注重以联求强、以融求强,打造一支军事多能的高效型智能化海上作战集群成为亟须解决的时代课题。随着人工智能、大数据等技术的进步,无人机会沿着机械化、信息化和智能化的方向不断发展,以期形成"自主智能、跨域聚能、灵活制胜"的海上作战体系,这必将改变海上作战应用模式,颠覆传统海上作战制胜机理[73]。

1. 被动机械化作战运用模式

被动机械化作战运用模式是被动集中式协同作战模式的空中作战典型运用,受无人机信息化程度制约所造成的,是过去机械化无人机作战应用的主要模式,从实战化角度来看,被动机械化作战运用模式很难产生较好的作战效能,并未应用到实际海上作战行动中。受信息化技术发展制约,无人机在过去很长一段时间内,是以手工单向遥控为主,水面舰艇通常是无人机的指挥控制中心,全程遥控指挥无人机实施海上作战行动,而无人机作为受控主体,只能被动接受水面舰艇的作战指令。在海上作战行动过程中,无人机无法根据战场态势的局部改变而自主调整作战计划,仅仅是将战场态势信息传输到水面舰艇指控中心,待指控中心评估判断,形成新的作战计划,遥控指挥空中待命的无人机执行新的作战计划,这样就使作战计划的制定远远滞后于实时战场态势变化,还难以满足对敌方动态目标实时跟踪监视的作战需求,基本上丧失海上作战的主动权。同时,无人机之间无法进行信息交互,只能通过大型水面舰艇作为信息传输中介,实现无人机与无人机之间完成"空－海－空"的信息交流，严重限制和制约了各类战场信息的共享频率和效果。被动机械化作战运用模式如图5－6所示。

图5－6 被动机械化作战运用模式

被动机械化作战运用模式的指控主体是水面舰艇，其全程控制海上作战的所有战术行动，而受控主体是无人机，其被全程控制且仅能被动地参与各类海上作战行动。被动机械化作战运用模式的指控主体和受控主体有着明显的界限，而且两者在整个海上作战过程中的指控关系是全程不变的。指控主体全程控制受控主体的所有海上战术行为，且指控主体受到毁灭性攻击后，将对整个海上作战体系造成致命性影响。同时，受控主体之间无法进行信息双向传输，只能通过指控主体进行信息交互，严重制约海上作战行动的时效性。被动机械化作战运用模式仅仅成为前期海上无人作战理论研究的基础，而受被动遥控式无人机装备性能发展的制约，该模式其实并未实际运用到真实的海上作战行动中。

2. 半自主信息化作战运用模式

半自主信息化作战运用模式是半主动分布式协同作战模式的空中作战典型运用，是信息化无人机海上作战运用的主要模式，从实战化角度来看，半自主信息化作战运用模式能产生一定的作战效能，因此开始逐渐应用到实际作战行动中。随着信息化技术的发展，克服了手工单向遥控指挥难题，实现了无人机与水面舰艇以及无人机之间的信息交互，为海上作战行动战场态势信息共享、作战指令传输提供了保障。水面舰艇作为海上作战的指控中心，全程控制海上作战的重要进程，较少干涉无人机的具体战术行为，而无人机在接受水面舰艇指挥控的基础上,在一定作战权限内,自主识别和跟踪敌方海上动态目标的变化,自主筹划和实施精准打击,这样不但满足了对敌方动态目标实时跟踪监视的作战需求,还较好实现了对敌方动态目标的精准打击,避免因信息传输和错位筹划而错过最佳打击窗口。同时,随着海上作战强度的提升和作战节奏的加快,无人机编队作战必将成为常态,为实现编队作战有序进行,无人机之间必须共享战场态势、飞行姿态等有效信息,信息交互也为无人机编队有效避碰、科学筹划、合理打击提供关键支撑。半自主信息化作战运用模式如图5-7所示。

图5-7 半自主信息化作战运用模式

半自主信息化作战运用模式的指控主体是水面舰艇,其仅能控制海上作战的主要进程,较少约束受控主体的具体战术行为,而作为受控主体的无人机,在一定权限内能够自主实施部分海上战术行为。半自主信息化作战运用模式与被动机械化作战运用模式类似,指控主体和受控主体有着明显的界限,且两者在整个海上作战过程中的指挥控制关系是一成不变的。指控主体并未全程控制受控主体的所有海上战术行为,在一定权限范围内,某些受控主体会拥有部分指挥权限,与其他受控主体共同完成部分海上作战行为,但是指控主体作为海上作战体系的中心节点,受到敌方毁灭性攻击后,将严重影响海上作战的整体效能。在信息化技术发展的推动下,该模式已经成为海上作战运用的主要模式。

3. 全自主智能化作战运用模式

全自主智能化作战运用模式是驻地分布式协同作战模式的空中作战典型运用,是未来智能化无人机海上作战运用的主要模式。从实战化角度来看,全自主智能化作战运用模式能产生较好的作战效能,成为未来重点研究的关键方向。随着人工智能、大数据、5G等核心技术的发展,为未来实现无人机编队与水面舰艇编队实时共享战场态势、整体筹划远程机动、火力打击联合实施等提供可能。水面舰艇和无人机不再固定为指控主体或受控主体,而是根据海上战场态势变化需要,以提升海上作战杀伤力和灵活力为基本出发点,水面舰艇或无人机以等同身份不断变换角色主导海上作战行动,这样不但提升了海上作战的灵活性,还强化了海上作战的杀伤力。同时,随着海上作战智能化的实现,水面舰艇和无人机将以等同身份出现在海上作战行动中,每个作战单元必将成为海上作战体系的任一智能节点,形成指控主体和受控主体智能转换的柔性作战集群,其随着作战节奏的不断加快,科学筹划不同作战阶段的指控和受控主体,整体规划作战计划,并伴随作战进程快速演化不断变换角色,为实现海上作战效能最优化奠定重要基础。全自主智能化作战运用模式如图5-8所示。

图5-8 全自主智能化作战运用模式

全自主智能化作战运用模式模糊了水面舰艇和无人机指控主体和受控主体的界限,形成张弛有度的柔性作战集群,其不但增强了主动攻击的张力,还拓展了被动防御的弹力。从实现海上智能化作战的角度出发,任一作战单元都可以作为指控主体,主导其他作战单元参与海上作战行动,同时也可以作为受控主体,被动地参与其他作战单元主导的海上作战行动。全自主智能化作战运用模式支持柔性作战集群的网状互联和智能控制,保证指控主体能够在所有作战节点之间瞬时智能转移,实现柔性作战集群指控主体的全时全域存在,基于此,任一作战节点遭受敌方毁灭性攻击,都不会对整个柔性作战集群造成致命性的影响。该作战模式虽然并未实际运用,但必将成为颠覆传统海上作战制胜机理,主导海上作战行动的重要研究方向,是未来海上智能化作战研究的核心领域。

5.2.3 无人机关键技术

由于智能化、无人化、数字化等技术迅猛发展,促使作战力量开始向多元高能、作战指挥开始向扁平实时、作战行动开始向跨域多维等方向演变,助推海上作战形态加速演进。随着无人机的发展,其必将会越来越多地应用于海上作战行动中,全自主智能化作战应用模式也将成为无人机海上作战的主要模式,为支撑无人机海上智能化作战,全自主着舰、全自主编队飞行和全自主任务规划将成为未来必须攻克的关键技术[74],为增强海上作战能力奠定重要基础。

1. 全自主着舰技术

全自主着舰技术是无人机实施海上作战的重要基础技术,是保证无人机快速起降、重复利用的关键技术。由于续航时间和飞行速度相对有限,无人机着舰方式不同于有人机,无法依靠飞行员与舰上指挥人员的协同合作,必须依靠自身快速完成着舰准备、着舰实施等一系列战术动作。与地面机场停机坪相比,水面舰艇停机坪区域较为有限,且受恶劣海况影响时舰体晃动幅度比较大,对无人机的平稳控制要求会更高,所以在无人机降落时就比较困难。当舰艇运动到合适位置时,为避免无人机着舰受到舰艇尾涡流的影响,无人机必须在着舰点上方稍加停留,之后选择合适时机快速实施着舰[75]。在此过程中,舰艇存在升沉、横荡、纵荡、纵摇、摇首和横摇6个运动自由度,无人机必须保持足够的稳定性,准确识别出舰艇横向运动,大幅降低舰艇运动对无人机着舰的影响,以免造成无人机着舰方式简单粗暴。全自主着舰技术是无人机实施海上作战的基础技术,其支撑了无人机顺利起飞与回收,保障重复运用战术动作的发挥。

2. 全自主编队飞行技术

全自主编队飞行技术是无人机实施海上作战的重要支撑技术,无人机编队执行海上作战任务时,不仅需要避开已知障碍,还需要在飞行过程中实时更新航线。基于此要求,无人机编队需要解决队形保持、防撞避障、航迹规划等问题,降低其与预定航迹的偏离。从提升海上作战能力的角度出发,主要从编队集结控制、编队队形变换和编队队形重构3个方面研究全自主编队飞行控制技术[76]。编队集结控制是通过调整各无人机的飞行控制参数,使各无人机到达集结点时,满足位置、速度和时间的要求,实现编队集结;编队队形变换实质上是带有终端约束的协同路径跟踪问题,要求无人机满足队形、位置、航向角等要求[77];编队队形重构是当无人机编队在飞行过程中遇到障碍物或敌方目标时,及时根据战场态势改变编队队形,从而达到避障和提高编队安全性的目的[78]。全自主编队飞行技术是无人机实施空中协同作战的支撑技术,能够保证无人机执行编队飞行、编队攻击等重要作战行动,是大幅提升海上作战能力的关键技术。

3. 全自主任务规划技术

全自主任务规划技术是无人机编队实施海上作战的重要核心技术[79],是根据无人机编队的数量、要完成的海上作战任务及任务载荷情况的不同,建立无人机编队和作战任务的合理映射关系,对无人机编队所需完成的具体作战任务进行预先设定与统筹管理,有效发挥无人机编队的海上作战效能。随着无人机大量运用于海上作战行动中,传统的作战任务规划模式必将难以满足无人机编队作战需求,依托数学算法和智能优化算法支撑的全自主任务规划技术[80],能够支撑无人机编队从整体上分析海上作战需求,筹划海上作战计划,动态分配作战任务给无人机编队,同时,科学评估无人机作战任务的完成情况,重新智能规划作战任务,对无人机编队实施作战任务的再分配,保证无人机编队能够及时高效的自主实施海上作战行动。全自主任务规划技术是无人机实施海上作战的核心技术,其支撑了无人机编队能够自主分配作战任务、自主实施作战计划等作战任务,保证了无人机与水面舰艇海上协同作战的有序交接和顺利实施。

5.3 无人艇作战运用模式及关键技术

随着全球地缘政治格局的演变,世界各国的政治、经济和军事发展越来越依赖于海洋,建设强大的海上武装力量集团成为各海上军事强国拓展政治影响、保卫经济发展的重要保障。基于自身政治和经济利益需求,各海上军事强国从未停止大型水面武器装备的研制,美国"福特"级和英国"伊丽莎白女王"级航空母舰就是在这种背景下服役的,以适应未来海上战争的需要。虽然大型水面武器装备战斗力强悍,能够适应未来高强度海上战争的需要,但是其耗资也颇为惊人,这在一定程度上严重制约武器装备的发展,影响海上作战能力的生成,不利于海上作战的可持续性[81]。要有效应对海上强敌的攻击,传统水面武器装备很难在高强度的饱和攻击中生存下来,造成大量有生力量的严重损耗。基于此,发展低价值的水面无人化装备成为应对海上不对称战争的关键,不但能够利用"狼群战术"对敌方大型武器装备进行饱和攻击,还能够有效弥补己方有生力量损耗,这在一定程度上实现海上不对称战争的动态平衡。无人艇虽然只是大型水面舰艇随身携带的重要装备,但却随着人工智能、大数据等技术的进步,其智能化程度会越来越高,不但能够执行海上侦察、电子对抗等低强度海上作战任务,还逐渐进入作战核心区域,承担海上反舰、海上防空等高强度海上作战任务,成为应对海上作战的核心装备。无人艇在海上作战中的有效运用,颠覆了传统的海上非对称作战制胜机理,强力提升了海上作战能力,为未来海上作战理论发展和完善提供重要的现实依据[82]。无人艇概念图,如图 5-9 所示。

图 5-9 无人艇概念图

5.3.1 无人艇作战运用需求

随着人工智能、大数据、5G 等关键技术的迅猛发展,以无人艇为代表的无人作战装备开始在现代海上作战中崭露头角,其运用重组了海上作战力量体系,颠覆了传统海上作战制胜机理。无人艇作为大型水面舰艇随身携带的轻量化武器装备,与常规有人舰船相比,无人艇具有吨位小、速度快、机动灵活、造价低、环境适应能力强等优点,是替代有生作战力量实施战场抵近侦察、饱和集群攻击等作战任务的海上主战装备,也是有效降低战场伤亡率的重要利器[83]。

1. 实现抵近侦察的需要

情报侦察本质上就是监视敌方战场力量布势,引导攻击性武器实施海上打击,是实施海上作战的前提条件,建立多域全维的战场侦察监视体系是打赢信息化海上战争的重要保障。随着侦察卫星、侦察飞行器等各类传感器的逐步完善,已经构建起覆盖陆海空天的多域侦察监视网络,从广域范围内发现敌方目标已经成为现实。卫星及飞行器从空中跟踪监视海上动态目标,虽然具有侦察区域广阔、获取情报效率高等优势,但是随着隐身技术的发展和隐蔽突击战术的运用,以高空传感器为核心的侦察监视网络很难清晰跟踪敌方时敏目标,经常误判战场情报,错过最佳打击窗口。随着敌方侦察监视能力的提升和打击手段的多样化,海上和低空大型传感器平台都容易被敌方跟踪监视,造成"未出击先毁伤"的被动局面。小型化、隐身化的无人艇,受风浪等气候条件的影响,很难被敌方跟踪监视,这为无人艇抵近侦察创造了条件,利用其搭载光学、雷达等多种传感器,近距离识别、查证敌方重要目标及动态变化,剔除战场情报模糊信息,有效弥补了侦察情报漏洞,为引导海上火力打击提供重要情报支撑。

2. 满足饱和攻击的需要

传统的海上作战是以高价值、进攻性武器装备为核心,发射强威力导弹对敌方重要目标实施毁灭性攻击,实现"发射即攻击、攻击即毁灭"的作战效果,为各军事强国海上防护造成巨大压力。虽然海上重要目标正面临着越来越大的攻击威胁,但随着现代化攻击手段的完善,现代防御体系开始由点防御向面防御进行立体布势,以往的防御缝隙逐步被弥合,形成无缝衔接的立体防御体系,逐步抵消单平台、高价值和大威力武器平台的海上攻击优势。为突破现代立体防御体系的拦截,利用无人化作战平台搭载的多样化攻击性武器,发起集群式饱和攻击,已经成为海上作战的重要研究方向。无人艇作为低价值的无人化作战平台,自由进入危险区域的代价较低,同时,可以按照海上作战需求,对多样化攻击性武器进行模块化组合。以无人艇集群作为载体的海上饱和攻击,是以超过敌方防御火力和有效摧毁目标为基准,从不同角度、不同方向对敌方目标发起集群饱和攻击,不但可以有效突破敌方的立体防御拦截,还能够完成对敌方目标的多次攻击,集小胜为大胜,实现对敌方重要目标的毁灭性攻击。

3. 降低有生力量伤亡的需要

以高超声速导弹为代表的攻击性利器,大大拓展了海上攻击距离,将打击纵深由传统的几十海里延伸到几百海里,这将严重压缩有生力量的活动空间。在强化大型海上武器平台进攻性作战的同时,自身也受到敌方攻击性武器的威胁,这成为海上作战"攻与防"的基本矛盾,如何提升海上攻击力,又降低战场伤亡率,已经成为海上作战必须要解决的现实问题。要实现对敌方目标的持续性攻击,又要保证有生力量的生存,显然高价值的大型水面舰艇并非理想选择,因其难以兼顾海上精准攻击和有生力量生存两个作战目标,而无人艇刚好能够有效弥补这个缺点。低价值无人艇作为有生力量的重要攻击利器,能够扰乱敌方强威力导弹对己方有生力量的攻击,迫使敌方做出"大炮打蚊子"的战役战术部署,极大地消耗敌方攻击性武器储备。同时,无人艇具有机动灵活、隐身性好等特点,可以突破敌方的海上封锁控制,运用"狼群战术"抵近敌方重要目标区域,将小当量的攻击火力集群式发射,在短时间内击中敌方重要目标,用"量变换质变"的方式完成对敌方作战力量的毁灭性攻击,实现海上作战预期目的。

5.3.2 无人艇作战运用模式

由于大数据、深度挖掘等关键技术的进步,无人作战系统将具有模块化组合的特性,可根据需要将多个功能模块融为一体,及时准确地感知无人编组的适应性,随机应变地进行自主修正重组。随着无人艇智能化程度越来越高,构建黏性交错、弹性铰链的无人艇柔性作战集群已经成为可能,这样就能够保证无人艇集群任一作战节点遭受敌方的毁灭性攻击,都不会对整个作战集群造成致命性影响,在最大程度上保证了无人艇柔性作战集群的攻防稳定性[84]。

1. 集群攻击式作战运用模式

集群攻击式作战运用模式是半自主分布式协同作战模式的海上攻击作战运用,本质上就是利用无人艇集群搭载的各类攻击型武器对海上强敌目标进行自杀式饱和攻击,以击溃海上强敌的关键力量节点,瘫痪其作战体系,赢得海上全域攻击作战的主动权。通常情况下,海上强敌拥有完备的作战体系,支持防空、反舰、反潜等作战能力生成,利用高价值大型水面舰艇对海上强敌进行强行攻击,一般易遭受敌方的立体防御,同时也极易遭受对方的毁灭性攻击,这样就容易形成"既无把握毁敌、又无把握护己"的战场态势。利用低价值无人艇集群攻击能够有效弥补这一缺点,无人艇集群具有部署分散、机动灵活、跟踪和打击难度大的特点,敌方防御系统难以在短时间内跟踪定位所有无人艇,即使部分被敌方跟踪定位的无人艇,也能够大量消耗敌方的反舰导弹,对敌形成"上等马换下等马"的战场耗费,摧毁敌方的战争潜力。分散部署的大量无人艇冒着被摧毁的风险,自主优化机动路线和速度,在避免无人艇柔性作战集群遭受敌方致命性攻击的基础上,按照预期的作战目标和作战计划,以最佳视角和最佳位置同时发射各类攻击型导弹,发起对敌方海上重点目标实施毁灭性的集群饱和攻击,实现海上作战目的。集群攻击式作战运用模式如图5-10所示。

图5-10 集群攻击式作战运用模式

集群攻击式作战运用模式是应对海上不对称作战行动,是对强敌目标实施海上饱和攻击的重要作战模式。该作战运用模式适应于敌防我攻的战场态势,控制无人艇集群进入重点区域对敌实施海上自杀式集群饱和攻击,在保证无人艇作战效能最大化的基础上,按照不偏离目标、不遗漏目标的原则,遵循"先威胁强、后威胁弱"的打击顺序,采用"你打你的、我打我的"战术策略,实现对敌方作战节点的集群饱和攻击。大量无人艇依靠信息网络构建远中近多层次无人艇柔性作战体系,在保证其运行基本稳定的基础上,通过模块化组合方式,优化控制火力配系,按照敌方目标的打击顺序,在同一时间和不同地点向同一目标输出明显超出其防御能力的打击火力,完成对敌方重要目标的集群饱和攻击,摧毁敌海上作战的关键节点[85],彻底瘫痪敌海上作战体系的正常运行。

2. 分布攻防式作战运用模式

分布攻防式作战运用模式是半自主分布式协同作战模式的海上攻防作战运用,本质上就是按照分布式组合原则,将各类攻击和防御型武器搭载在不同无人艇平台上,在保证己方作战体系运行高效稳定的基础上,对海上强敌目标实施致命性攻击,赢得海上全域攻防作战的主动权。随着高价值装备综合集成度的提高,在满足海上攻击需求的同时,强化了海上防御,但因其体积庞大,极易被敌方跟踪监视,遭受重点火力打击。为避免有高价值装备的战场消耗,按照分布式原则,利用小型化、低价值的无人艇平台,搭载各类型的攻击型和防御性武器,以实现对敌方重点方向的重点攻击和敌方火力打击的重点防御。从海上攻防作战的角度出发,将防空、反舰和反潜武器搭载在不同的无人艇平台上,按照兵力部署态势,预测敌方火力攻击区域,以提升高价值装备存活率为根本出发点,按战场需求分类部署无人艇集群,以实现对敌方的攻防作战。无人艇集群依据战场态势自主计算敌方火力攻击盲区,规避敌方的火力打击,按照高价值装备防御和火力攻击效能最大化原则,同时完成对敌方的重点攻击和对己方的重点防御,必要时,无人艇集群要自主决策采用自杀式防御策略,保证高价值海上武器装备的生存。分布攻防式作战运用模式如图5-11所示。

图5-11 分布攻防式作战运用模式

分布攻防式作战运用模式是应对海上不对称作战行动,兼顾对敌核心节点重点攻击和对敌攻击火力重点防御的重要作战模式。该作战运用模式适应于敌我双方攻防交错的战场态势,控制无人艇集群前入敌方攻击区域,在保证己方作战力量免遭敌方火力重点打击的基础上,对敌方核心节点实施海上重点攻击。分布式攻防作战保证己方作战体系正常运行的同时,按照"先核心、中普通、后保障"的打击顺序,采用"打蛇斩七寸"的攻击战术策略,对敌方重点节点依次实施火力攻击,摧毁敌方核心节点,实现瘫痪整个海上作战体系的目标。按照分布式组合原则,优化攻击性和防御性武器的火力配系,集中优势力量防御己方重点方向、重点节点的同时,还要完成对敌重要作战节点的集中攻击,从而基本上实现"毁敌"与"护己"并存的作战目标,保证海上作战效能的最大化。

3. 弹性防御式作战运用模式

弹性防御式作战运用模式是半自主分布式协同作战模式的海上防御作战运用,本质上就是利用无人艇集群搭载的各类防御型武器,对海上强敌的攻击火力实施全面防御,保护己方作战力量的生存,以赢得海上全面防御作战的主动权。随着武器装备标准逐步趋向统一,按照真实战场需求,实现对空、对舰和对潜攻击武器的模块化随机组合,已经成为应对海上打击目标的多样化的前提条件。而从海上防御的角度出发,构建能够应对多样化攻击的战场防御体系,已经成为海上全面防御的基础。无人艇作为海上高价值武器装备的重要补充,采用集群防御模式,能够有效应对敌方的海上集火饱和攻击。传统无人艇集群受限于有生力量的控制,严重影响无人艇作战的自主性,而有生力量作为核心节点,也成为敌方重点攻击的方向。随着人工智能技术的进步,无人艇的智能化程度越来越高,不再是海上防御的被动控制节点,而将逐步发展成为海上防御的主动控制节点,能够自主击毁敌方来袭目标。弹性防御能够有效弥补战场刚性防御的缺陷,通过无人艇之间的弹性铰链和黏性吸引,高效弥合因火力毁伤造成的战场防御体系漏洞,构建"攻不垮、打不烂"海战场防御体系,全面保障对敌方火力攻击的弹性防御。弹性防御式作战运用模式如图 5 – 12 所示。

弹性防御式作战运用模式是应对海上不对称作战行动,是对强敌攻击火力实施海上全面防御的重要作战模式。该作战运用模式适应于敌攻我防的战场态势,控制无人艇集群以高价值装备为核心节点进行战场布势,强力全面防护己方作战力量,尤其是有生力量免遭敌方的火力打击,保证海上作战的持续稳定。从战场全面防御的角度出发,利用无人艇集群构建多层次、多角度的战场防御体系,全面防御敌方空中、海上和水下的立体攻击。按照战场力量防御最大化原则,遵循"先有生力量、后无人力量"的防御顺序,采用"集中优势力量打防御战"

图 5-12 弹性防御式作战运用模式

的战术策略,集中无人艇集群重点保障有生力量的安全,必要时,无人艇集群可自主智能选择自杀式防御方式,用自身艇体抵挡敌方的攻击火力,保障已方作战力量体系运行的高效和稳定,支撑海上体系作战能力的正常发挥。

5.3.3 无人艇关键技术

随着科学技术的快速进步,无人艇发展逐渐趋向于功能完备的现代化武器装备,在现代海上作战中发挥着越来越重要的作用[86]。无人艇的关键技术主要包括艇型技术、通信技术、动力技术、自主规划与控制技术和布放与回收技术等,其中,通信技术基本上可以借鉴有人艇的成熟技术,动力系统大多采用柴油发动机,这两项技术门槛相对较低,而其他技术成为亟待突破的关键技术,以适应海上高强度作战节奏,满足复杂多变的海战场需求和作战态势的变化。

1. 艇型技术

艇型技术是无人艇装备的重要技术,是影响无人艇的快速性、稳性、耐波性、抗沉性和操纵性的关键技术,是无人艇快速稳定航行的基础。通常情况下,国外海军装备的无人艇主要采用常规单体滑行艇、双体槽道滑行艇、小水线面双体船和多体船等艇型,而我国无人艇一般会采用半潜式、常规滑行、半滑行、水翼等艇型[87],半潜式无人艇的艇体大部分处于水下,该艇型的航行阻力较小,舰艇平台的稳定性较高,具有 25kn 左右的中高航速;常规滑行无人艇一般采用 V 形、深 V 形或 M 形,该艇型的拖曳能力较强,但负载分布不均对其稳定性影响较大,具有 20kn 左右的中低航速;与常规滑行艇型相比,半滑行无人艇的航行阻力一般较低,具有较高的适航性,能够达到超过 30kn 的较高航速;水翼型无人艇是所有艇型中航行阻力最小、适航性最好的无人水面平台,高效的动力输出,使该艇型能够达到超过40kn的超高航速,但缺点也非常明显,不适合海上拖曳。无人艇艇型技术的发展是国内外船舶研究的重点和难点。

2. 自主规划与控制技术

自主规划与控制技术是无人艇适应海上智能化作战的核心技术,主要是利用全局路径规划,寻优出一条最优路径,或者也可以通过局部优化,规划基本路径,获取无人水面艇的位置信息和周围环境信息,建立起无人艇的运动特性模型,利用动态窗口法等对动态目标及静态障碍物等进行合理避让,是自主融入现代海战的关键[88]。目前,正在发展的无人艇智能化程度较低,自主决策水平尚无法适应海上战场态势的动态变化,需要依靠操控人员的控制才能完成作战任务,全自主智能化作战水平低下。发展自主规划与控制技术,可以支撑无人艇超视距作战的战术应用范围,使无人艇在防空战、反潜战等作战任务中,单独地执行自主航行、攻击、障碍规避等任务,同时,也可以使多个无人艇进行编队作业,自主规划编队战术队形,确定敌方目标位置和火力攻击时间,提高无人艇在大规模防空战和反潜战中的作战效能。发展具备高自主控制能力的无人艇,支撑单独及编队协同海上作战,是应对未来海上激烈对抗的重要举措。

3. 布放与回收技术

布放与回收技术是无人艇快速战场部署的关键技术,无人艇在释放和回收过程中缺乏人员辅助,海上捕捉会显得十分困难,尤其在恶劣海况环境下的不确定性就更高,这对该技术的自动化、智能化及可靠性提出了更为严苛的要求。无人艇是搭载在大型水面舰艇上的,其布放与回收通常要借助母舰上的现成吊舱来实施,该方法一般需要低航速、高稳定性的母舰平台,并且需要人力参与挂接艇体等,危险性极大。无人艇布放与回收技术面临的主要挑战主要包括布放与回收作业的安全性、系统的可移植性和无人艇与母舰接口冲突等。目前,美国无人艇布放与回收技术最为先进,已开发出用于收放的助力拖曳吊及自动引导钩锚系统,主要开发在高海况下使用的无人艇。据媒体报道,美国物理科学公司最新开发出的新型布放回收系统,可使"斯巴达侦察兵"无人艇在母舰以速度15~20kn航行时完成布放与回收操作,实现高海况、高航速下无人艇的快速战场部署[89],使无人作战力量运用朝着安全、快速、高效的方向发展。

5.4 无人潜航器作战运用模式及关键技术

随着全球地缘政治格局的演变,各军事强国的利益触角开始由传统的陆地、海洋和天空向深海、太空等领域延伸,随着太空和深海争夺的日趋激烈,在一定程度上也为各军事强国扩展了新型作战领域。海洋作为人类资源的主要聚集地,争夺海洋和控制海洋已经成为未来海上斗争的主要目的,而随着大型水面舰艇的快速发展,攻击力、机动力等都有了较大提升,已经为各军事强国的海面作战提供坚实的物质基础,严重挤压了各国海洋利益的拓展空间。深海作为海洋利益争夺的最后空白,各军事强国开始强力布势,海洋利益的争夺也逐步由海面向水下延伸,而作为争夺深海的利器,水下无人潜航器应运而生,并开始逐步运用于军事领域。无人潜航器作为代替潜水员或载人小型潜艇进行深海探测、水下救援、近距攻击等水下作业的无人系统,已经得到美国和俄罗斯等军事强国的重点关注,成为颠覆水下作战模式的关键利器。2017 年,美国国防科学委员会发布《下一步无人水下系统》,探索如何用水下作战能力弥补其他领域作战能力的不足,以及如何开发下一代无人水下作战系统,明确未来无人水下系统的发展方向[90]。美国水下无人潜航器发展已经走在世界前列,在研超大型无人潜航器(LDUUV),具有自主执行扫雷、跟踪、情报侦察和智能化攻击的能力,既可以单独使用,也可以在核潜艇和水面舰艇上部署,LDUUV 作为未来水下作战体系的核心节点,计划 2016 年进行巡航试验,2017 年装备部队,2020 年形成完全作战能力[91]。水下无人潜航器概念图,如图 5-13 所示。

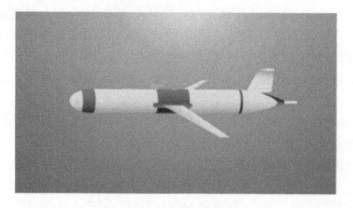

图 5-13　无人潜航器概念图

5.4.1　无人潜航器作战运用需求

无人化作战作为未来海上作战的一个重要特征,无人化装备将逐步替代有人装备来执行一些高风险、高难度的海上作战任务。随着水下无人潜航器性能的逐步完善,开始在现代海战中崭露头角,它的出现重组了海战场的作战力量体系,颠覆了现代水下海战的制胜机理[92]。水下无人潜航器作为一种新型作战装备,具备替代有生力量进行隐蔽跟踪、突然袭击和迷惑敌方的迫切需求,这样不但有效降低了水下战场的伤亡率,还极大提升了水下作战能力的发挥。

1. 实现隐蔽跟踪的需要

侦察监视是实现对敌方重要目标跟踪的前提,也是实施水下作战的基本保障。水下作战情报获取通常利用在不同深度布设声纳等传感器,形成水下立体监视网络,捕捉水下动态时敏目标。但是,随着隐身技术和小型化技术的进步,水下目标正朝着静音化和小型化方向发展,使避免被跟踪监视成为可能。利用无人潜航器隐蔽跟踪敌方水下动态目标已经成为亟待解决的关键问题,无人潜航器水下深潜的深度较大,很难被敌方的各类传感器探测感知,具有良好的隐蔽性能,在一定程度上满足了"先敌发现"的作战目标。随着敌我双方战场侦察监视体系的完善,跟踪与反跟踪成为支撑现代化战争的重要环节,敌方通常会利用各类传感器从不同作战域探测己方力量的战场部署,而利用小型化、高深潜的无人潜航器进行隐蔽跟踪,是抵消敌方战场侦察优势,先敌发现目标的重要保障。从感知战场态势的角度出发,利用无人潜航器搭载的光学、雷达等多种传感器,在保证己方生存的基础上,从水下隐蔽空间跟踪监视敌方动态目标,近距离识别和查证,剔除水下模糊情报信息,有效弥补水下战场情报缝隙。

2. 发动突然袭击的需要

随着海上作战体系从点防御向区域防御转变,逐步建立起完善的海上防御体系,水下突然性攻击的难度越来越大。要达到对水面及水下动态目标致命性摧毁的战术目的,对攻击性武器作战效能的发挥提出了很大挑战,无人潜航器作为小型化攻击性武器,相较于大型潜艇,具有航速慢、体积小等特点,使无人潜航器具有更好的隐蔽性,为实现水下突然袭击成为可能。从提升水下攻击突然性的角度出发,发展隐蔽性能强、攻击威力大的无人潜航器,是对敌方目标发动突然袭击,打击敌作战体系核心节点,实现海上非对称作战的重要保障。随着无轴泵推、消音瓦等隐蔽静音技术的进步,无人潜航器逐渐成为真正的"大洋黑洞",水下跟踪监视的难度越来越大,这就为突破敌方侦察监视体系,抵近敌方动态目标实施近距离攻击奠定了基础。无人潜航器作为低价值的无人化作战平台,能够自由进入危险区域,按照海上攻击的作战需求,对多样化攻击性武器进行模块化组合,从不同深度、不同角度对敌方水面和水下重要目标发动隐蔽袭击,出其不意地完成水下突袭等作战任务。

3. 迷惑敌方攻击的需要

水下作战力量作为海上作战体系的重要组成部分,已经成为敌方海上重点攻击的对象,敌方可利用深水炸弹、鱼雷等水下攻击性武器,对水下作战力量实施毁灭性攻击。大型攻击性潜艇作为高价值的武器装备,自身防御性能较差,虽具有较好的隐蔽性,但一旦被敌方发现、跟踪和锁定,极易遭受致命性打击,这将造成极大的战争代价,严重影响海上作战体系的完整性和火力打击的可持续性。提升大型潜艇生存能力是水下作战研究的重要课题之一,利用无人潜航器迷惑敌方跟踪监视系统,使敌无法辨别大型潜艇和无人潜航器,形成水下战场迷雾,迫敌无法准确跟踪监视水下动态目标。迷惑敌方攻击是无人潜航器未来研究的重点课题,作为部署在大型潜艇上的无人潜航器,在遭遇敌方的猛烈攻击时,选择适当时机、适当深度从母艇发射出去,运用噪声模拟装置,模拟出近似水下母艇的噪声,干扰敌方跟踪监视系统对水下目标的探测,迷惑敌方攻击目标的定位,以自杀式防御方式,吸引敌方的攻击火力,在保障水下母艇安全的基础上,不断消耗敌方攻击弹药,迟滞其海上高强度作战的持续进行。

5.4.2　无人潜航器作战运用模式

无人装备的远程遥控性能、自动化和自主性,将随着智能技术的进步不断取得突破,逐步具备自识别、自记忆、自选择、自跟踪等"智能"模式。无人潜航器作为重要的水下作战平台,开始在日趋激烈的海上斗争中发展成熟,其将海上作战空间由海面拓展到深海,推进多元多域海上作战模式的演化。在人工智能技术的支持下,无人潜航器将逐步改变被动参与的作战运用模式,促使其朝着自主智能参与的方向不断演化,严重颠覆传统的水下作战制胜模式和机理。

1. 机械化集中式作战运用模式

机械化集中式作战运用模式是被动集中式协同作战模式的水下作战典型运用,是无人潜航器水下作战运用的初级阶段,该模式主要用于无人潜航器作战运用的概念验证,并未实际运用到水下作战行动中。受信息技术发展的限制,水下作战概念验证阶段的无人潜航器信息化水平较低,主要通过手工遥控的方式,使其单向、被动地参与水下作战行动。无人潜航器作为隐蔽攻击的水下利器,一般被搭载在水下母艇上,而水下母艇全程控制无人潜航器,规划其作战任务,配系水下攻击火力,保证无人潜航器能够实现从侦察监视、决策筹划、火力打击和效能评估的全要素全流程的水下作战闭合环路。机械化集中式作战运用模式基本上是用水下母艇全程控制无人潜航器的所有战术行为,无人潜航器不存在独立的作战筹划过程,只能通过水下通信系统接受水下母艇的作战指令,并按照作指令具体实施水下作战任务。通常情况下，机械化集中式作战运用过程中，一艘水下母艇能够集中控制多艘无人潜航器，而无人潜航器之间并不存在控制与被控制的关系，全程接受水下母艇的指挥控制，受指挥控制链条长宽比例的限制和水下通信系统性能的制约，无人潜航器数量并不能无限制增加，一般4~5艘最为适宜。机械化集中式作战运用模式如图5-14所示。

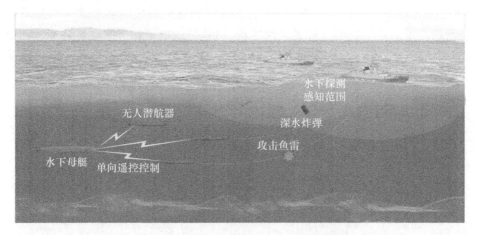

图5-14 机械化集中式作战运用模式

机械化集中式作战运用模式是无人潜航器作战运用的初级阶段，受信息传输速率和容量的限制，水下通信系统难以保证语音、视频等高质量信息的传输，而且无人潜航器之间以及无人潜航器与水下母艇之间存在单向信息传输，这都严重降低了信息传输的时效性，影响无人潜航器作战效能的发挥。水下攻击目标一般包括固定目标、低速目标和时敏目标，而机械化集中式作战运用模式，受作战时效性的影响，无人潜航器只能实现对固定目标的目标跟踪监视、火力精准打击和作战效能评估，而现实水下作战行动中，固定目标是很少存在的，因此，机械化集中式作战运用模式仅仅是从理论上验证无人潜航器的作战运用，尚未运用到真实的水下作战行动中，只是用于无人潜航器作战运用概念的验证。

2. 信息化分布式作战运用模式

信息化分布式作战运用模式是半自主分布式协同作战模式的水下作战典型运用，是无人潜航器水下作战运用的中级阶段，该模式主要用于支撑无人潜航器的水下作战，已经在现行水下作战行动中得到验证。由于传输速率、传输容量等信息技术的进步，水下通信系统由小容量、低速率向大容量、高速率的方向转变，提高了信息传输的时效性，提升了无人潜航器水下作战效能的发挥。无人潜航器信息化水平的提高，使无人潜航器之间以及无人潜航器与水下母艇之间的信息传输能够实现双向交互。信息化分布式作战运用模式将水下母艇控制无人潜航器个体变为控制无人潜航器编队的模式，水下母艇全程控制无人潜航器编队的主要作战进程，但并不控制单一无人潜航器的具体战术行为，在局部作战行动中，无人潜航器编队能够自主完成从侦察监视、决策筹划、火力打击到效能评估的作战闭合环路，这就是与单向集中式作战运用模式的主要区别。通常情况下，信息化分布式作战运用过程中，一艘水下母艇能够全程控制多个无人潜航器编队，而每个编队能够控制多艘无人潜航器，但是编队数量和个体数量并不能无限制增加。从作战能力发挥的角度出发，水下母艇控制 2~3 个编队，每个编队 2~3 艘为宜。信息化分布式作战运用模式如图 5-15 所示。

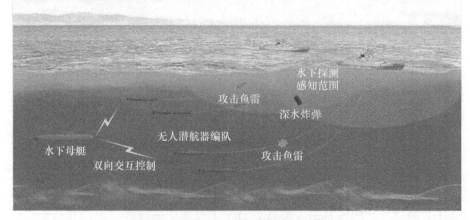

图 5-15　信息化分布式作战运用模式

信息化分布式作战运用模式是无人潜航器作战运用的中级阶段，与单向集中式作战运用模式相比，其基本能够完成对水下低速目标设定的作战任务，这也是目前现实水下作战行动中运用的主要作战模式。受水下武器装备发展制约，现行水下武器平台的运行速度较低，很少出现高速的水下时敏目标，而随着无人潜航器信息化水平的提高，基本上能够实现对水下低速目标的跟踪监视、火力打击等。信息化分布式作战运用模式是随着信息技术的进步而发展起来的，无人潜航器能够及时高效捕捉水下低速目标，自主发起水下攻击，完成作战效能评估，因此，信息化分布式作战运用模式不但从理论角度深化了无人潜航器的水下作战运用，还从实战化角度验证了无人潜航器运用的水下作战理论。

3. 智能化分布式作战运用模式

智能化分布式作战运用模式是驻地分布式协同作战模式的水下作战典型运

用,是无人潜航器水下作战运用的高级阶段,该模式提出了未来无人潜航器水下智能化作战的概念,为未来水下作战提供可能的发展方向。随着未来6G技术的突破,水下即时通信将成为现实,这为无人潜航器的智能化提供关键支撑,同时由于计算机视觉、机器学习等人工智能技术的发展,未来无人潜航器水下作战的智能化水平将越来越高,这为无人潜航器和水下母艇作为同等作战节点成为可能。随着智能化水平的提高,使无人潜航器和水下母艇之间实现网状弹性互联,无人潜航器通过分布式全自主交互的方式,全自主智能参与水下作战行动。智能化分布式作战运用模式将改变现行的信息化分布式作战运用模式,使水下母艇和无人潜航器作为同等地位的作战节点出现,不再存在控制与被控制的关系,而是按照水下作战需求,智能科学设置作战指挥节点,这就为无人潜航器作为指控核心节点提供了可能。智能化分布式作战运用过程中,无人潜航器数量不再受各类技术体制的限制,基于水下作战模块化组合原则,无人潜航器能够自由黏性接入和脱离水下攻击网络,任一作战节点的毁伤都不会对水下作战能力的正常发挥造成致命性影响,构建起黏性铰链、柔性分布、攻击自由的智能化水下作战体系。智能化分布式作战运用模式,如图5-16所示。

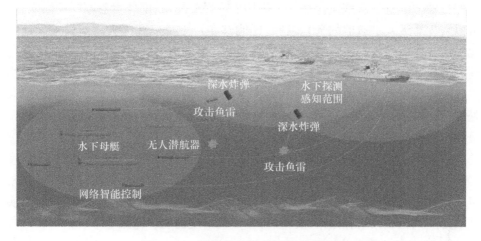

图5-16 智能化分布式作战运用模式

智能化分布式作战运用模式是无人潜航器作战运用的高级阶段,与信息化分布式作战运用模式相比,其能够自由应对水下时敏目标的威胁,这也是未来水下作战将运用的主要模式。随着隐身技术、静音技术和推进技术的进步,水下武器装备的隐蔽性和机动性将得到空前提高,显而易见,信息化分布式作战运用模式是难以应对水下时敏目标的出现。智能化分布式作战运用模式将随着智能化技术的进步而逐步发展起来,无人潜航器利用搭载的多类传感器,智能高效的跟踪时隐时现、高速机动的水下时敏目标,自主筹划作战决策、规划攻击火力、完成效能评估,保障无人潜航器快速实现对水下时敏目标的攻击,因此,智能化分布式作战运用模式是未来智能化时代水下作战的重要发展方向。

5.4.3 无人潜航器关键技术

军事智能化的深入发展,武器装备逐步摆脱了人体生理极限对装备性能的限制,提升了打击速度、提高了打击精度、增大了打击威力、增加了打击手段。随着人工智化技术的稳步推进,无人潜航器逐渐趋向于发展成为功能完备的现代化武器平台,在未来水下作战中发挥越来越大的作用。为适应水下高强度作战节奏,从提升水下作战能力的角度出发,无人潜航器将朝着下潜深度大、自主控制准和布放回收快的方向发展,以满足水下隐身突击的实际战场需求。

1. 深潜通信技术

无人潜航器深潜执行水下作战任务时,与水下母艇以及相互之间都存在大量指令传输,这对无人潜航器的深潜通信能力提出很高要求,无人潜航器深潜通信的基础技术就是水声通信技术。依靠水声通信技术,即使覆盖厚厚的海水,也可以实现对无人潜航器的远程控制,还能够在水下母艇和无人潜航器之间建立无缆语音通话和数据传输链路,将采集到的深海温度、盐度等战场环境实时地传输到母艇。目前,水声通信已经实现了较高的数据传输率和很低的误码率,其中主要应用了两种主要关键技术:一种技术是通信内容在传送前,对其进行压缩和处理,实现在大洋深处对数据、文字、图像的高速即时传输;另一种更核心的技术是将信号的传送速率从 1000b/s 提高到 30000b/s[90],这是代表大深度水声通信的前沿技术。美国 Benthos 有限公司的 ATM 系列水声通信系统,在下潜深度 1000m 以上时,具有 4800~9600b/s 的通信速率[93]。此外,世界各国还在寻求水声通信技术的新突破,美国 DARPA 研发新一代宽带、高速率水下通信技术,实现陆海空天全域网络化通信,支持有人/无人系统的联合作战[94]。

2. 自主控制技术

自主控制技术是无人潜航器适应未来水下智能化作战的核心技术,搭载智能化设备的无人潜航器将具备很强的记忆学习和自主工作能力,操作人员只需将工作地点、作战任务等通过无线通信传输的方式实时传达,无人潜航器就可以利用搭载的各类工作模块,通过自主控制的方式完成各种水下作战任务,弥补了大型潜艇在深海无法开展工作的缺点。为满足无人潜航器水下智能化控制要求,提高其水下自主作战能力,需要发展的关键技术主要包括路径规划与自主避障技术和作战任务规划技术。运用路径规划与自主避障技术,能够及时发现水下障碍物,支持无人潜航器重新规划或优化水下航行路径,促使其自主智能避开水下障碍物,高效完成水下作战任务。美国海军的 LMRS 和 MRUUV 均成功运用了路径规划与自主避障技术[95]。发展作战任务规划技术,可以使无人潜航器单独参与水下作战任务,也可以使多个无人潜航器舰载进行编队作业,自主规划编队战术队形,提高无人潜航器水下作战效能。在该方面取得良好效果的无人潜航器,主要包括挪威的 Hugin 1000 和德国的 DeepC 两大类[96]。

3. 水下布放与回收技术

水下布放与回收技术是无人潜航器快速实施战场部署的关键技术,无人潜航器多采用潜艇布放的技术,这样既能够扩大无人潜航器的活动范围,又能够保持它的隐蔽性。各国对无人潜航器回收装置的设计和回收方法的研究都比较少,而且进展非常缓慢,相比其他军事强国,美国在这个方面进行了大量研究。作为目前最为普遍仿鱼雷外形的无人潜航器,最常用的水下布放与回收技术是鱼雷发射管和导弹发射管两种方式,攻击核潜艇搭载无人潜航器实施水下布放与回收时,一般会采用鱼雷发射管方式,该方式也是无人潜航器水下潜艇布放与回收的主要方式,美国 AN/BLQ-11 无人潜航器水下布放与回收就是采用鱼雷发射管方式[97],经过改装的导弹发射管也可以作为无人潜航器的布放与回收模块。存储在垂直导弹发射管内的无人潜航器,可以按作战需求转换成布放与回收状态,一个导弹发射管构成的布放回收模块可以存储不同种类的无人潜航器,美国的 Seahorse、BPAUV 和 SeaGlider 均可以使用此种布放与回收技术[97]。解决好无人潜航器的布放和回收这一关键问题,将极大地提高水下作战效率。

5.5 无人机与巡航导弹自主协同作战模式及关键技术

无人机与巡航导弹自主协同作战作为海上无人作战的一种典型样式,已经成为包括美国在内的各军事强国深入研究的对象,为赢得未来海上作战主动权奠定重要基础。近几年,无人机与巡航导弹自主协同作战受到美国的高度重视,作战效能在伊拉克战争、阿富汗战争以及利比亚战争中得到充分体现,无人机技术成为美军研发的重点,执行情报、监视与侦察任务[98],为巡航导弹提供精确的目标指示。美国海军无人机和打击武器项目执行官威廉·香农称,美国海军一直致力于无人机与"战斧"巡航导弹联合运用的相关研究[99],试图运用无人机协助巡航导弹跟踪敌方动态目标,缩短"战斧"巡航导弹的飞行时间,以便使其具有更高的战术性能。美国海军装备的"战斧"巡航导弹如图 5-17 所示,已经具备在飞行中重新定位的功能,为无人机引导巡航导弹打击海上动态目标提供可能,美国海军每年进行 10～15 次无人机与巡航导弹协同作战试验,以确保协同作战系统正常工作,同时利用作战试验验证作战概念[100]。

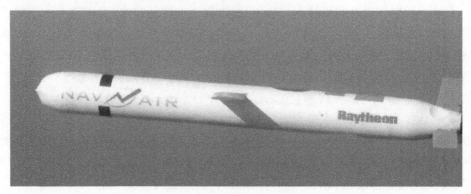

图 5-17 "战斧"巡航导弹

随着高新技术的不断进步,各型信息化装备在作战中得到广泛应用,海上作战力量在重塑国家战略格局、推动新军事变革等方面,发挥着越来越重要的作用。海战场范围大大拓展,海空战场融为一体,充分发挥无人机抵近侦察、目标引导和巡航导弹自主控制、快速制胜的优势,依托战场信息网络,集成陆海空作战平台,大幅提高海上作战体系对抗能力。针对无人机和巡航导弹各自作战优势,创新无人机与巡航导弹自主协同作战模式,通过自主控制、饱和攻击,支撑对敌近海和远海动态目标完成定点攻击,实现海上作战从近海向远海延伸,对深化海上军事斗争准备,推进海上作战力量转型具有重要意义[101]。

5.5.1 无人机与巡航导弹自主协同作战需求

无人机与巡航导弹自主协同作战是一种新型作战模式,是无人机和巡航导弹加载初始作战任务后,基于战场环境变化进行自主判断,依靠预设规则约束,在无需人为干预或尽可能少的人为干预情况下,协同完成预定作战任务[102]。无人机与巡航导弹自主协同作战是在战场信息高效共享和实时决策的基础上,保障"传感器"与"射手"和"射手"与"射手"之间的高度协同,改变信息链和武器链的融合方式,实现多元武器平台一体化自主协同作战,有效发挥海上作战优势[103]。

1. 实现精准打击的需要

现代海战都是体系作战,而体系作战的核心是网络中心战,无人机与巡航导弹作为现代海战中的重要利器,已经成为网络中心战的重要节点,充分发挥无人机自主灵活和巡航导弹攻击威力强的作战优势,是实现海上精准打击的需要。网络中心战核心是通过战场网络实现数据在传感器与打击平台之间进行实时高效流转,在广域海战场内对无人机群进行前沿部署、抵近侦察、及时跟踪、高效监视,有效获取事先无法侦察的敌方动态目标特征,利用战场网络将这些目标特征信息实时传输给巡航导弹,进行目标引导和坐标校正。由于巡航导弹的射程距离远,单纯依赖卫星导航,存在易遭受敌方干扰、难以保密等问题,从而影响对敌方动态目标的精准打击。海战场环境缺乏精确明显的目标定位特征,对敌方动态目标难以实现实时感知、精确定位,利用长航时无人机实时跟踪监视敌方动态目标变化,依据战场态势和战场环境的变化,灵活修改巡航导弹飞行路径,引导巡航导弹从最易直接命中目标要害部位的方向对敌方动态目标实施精准打击,有效弥补了卫星导航缺陷,提升了海上作战的灵活性。

2. 保障协同攻击的需要

无人机与巡航导弹协同作战所处的战场环境十分复杂,不仅包含静态障碍物,同时还受海况、水文气象等其他环境影响,这些都对无人机和巡航导弹的智能化程度要求很高,也是未来无人机与巡航导弹协同作战构想的重要方面。同时,海战场电磁环境复杂,无人机和巡航导弹协同作战无法离开突防抗扰问题。海战场前沿部署的无人机群组成一个信息源网络,为巡航导弹集群提供精准的目标指示信息保障,无人机群中一架或多架无人机遭受打击,不影响其他无人机正常工作,增强巡航导弹集群在复杂电磁环境下的突防能力。由于无人机电磁辐射相对较小,通信流量小、频率较低、保密性好,不易被敌方海上情报侦察系统发现和截获,能够有效引导巡航导弹进行静默攻击,同时,先行遮蔽和干扰敌防空节点,致盲或延长敌空袭预警时间,提升巡航导弹突防能力。无人机引导巡航导弹集群编队飞行,能够降低敌方对巡航导弹集群之间通信链路的干扰,使巡航导弹按照预定的路线进行飞行,而巡航导弹对敌关键节点的精确打击,可以有效压制敌方防御体系,大大提高巡航导弹的突防能力。

3. 发挥饱和攻击的需要

利用水面舰艇、潜艇和作战飞机等携载反舰导弹,采用大密度、连续攻击的突防方式,在短时间内,从不同方向、不同层次同时向同一个目标发射超出其抗打击能力的导弹,使敌舰艇编队的防空反导能力在短时间内处于饱和状态,以达到提高导弹突防概率和摧毁目标的目的。无人机与巡航导弹自主协同作战能够优化空中饱和攻击路径,使两种武器优势互补、分工协作,最大限度发挥作战效能。无人机具有造价低廉、可大量部署等优势以及其自杀式攻击作战方式,使敌方海上力量防不胜防,而巡航导弹具有高机动性、高毁伤性、精准打击特性,弥补了无人机在该方面的不足。无人机群可以实时抵近跟踪监视敌方海上动态目标变化,为巡航导弹集群及时修改目标坐标、进行不间断打击提供信息支持,同时,无人机群可以及时进行敌方目标毁伤评估,为指挥员判断火力打击效果评估提供重要依据。未来海上作战,面对敌方全方位、多层次的防御体系,要实现对敌方关键目标的精确打击,利用无人机与巡航导弹集群自主协同作战,实现武器平台的优势互补,极大提高巡航导弹饱和攻击的作战效能。

5.5.2　无人机与巡航导弹自主协同作战模式

无人机与巡航导弹自主协同作战可以带来海上作战样式的革命性变化,是典型的基于网络信息系统的海上一体化作战[104]。无人机与巡航导弹作战系统融合了智能感知、自助决策、协同控制,对海上同一任务能够遂行协同打击的作战系统,因其具有效费比高、使用灵活、部署便捷等优点,在海上作战领域备受各军事强国的青睐。结合无人机与巡航导弹自主协同作战的实际需求,可以分为计划引导、任务优化、集群突防、随机攻击4种自主协同作战模式。

1. 计划引导自主协同作战模式

计划引导自主协同作战模式是被动集中式协同作战模式的海上无人作战典型运用,是无人机与巡航导弹实现自主协同作战的初始化运用。根据海上作战需求,事先对无人机和巡航导弹进行海上作战任务分配,预先确定无人机侦察区域和巡航弹道打击目标,规划巡航导弹的发射时间和飞行路线,并由无人机对巡航导弹精确打击进行目标引导,但是随着敌方目标位置的动态变化,利用无人机实时跟踪监视目标位置的变化,将其位置变化情况传递给尚在飞行途中的巡航导弹,巡航导弹按照敌方目标位置变化及时修正飞行路线,并将修正的飞行路线传输给无人机,如此反复循环"目标侦察—航线修正—目标侦察"的海上作战闭合环路,直至引导巡航导弹实现对敌方动态目标的精确打击,有效提高对敌方重要目标的打击效果。计划引导自主协同作战模拟如图5-18所示。

这种作战模式主要用于单个无人机引导单个巡航导弹实施海上精准攻击。利用无人机对敌方动态目标进行实时侦察监视,并引导巡航导弹对目标进行精准攻击。计划引导作战模式解决了无人机海上攻击能力弱和突防能力差以及巡航导弹巡航定位不准确和飞行路线难以规划等问题,综合发挥巡航导弹航迹精确规划、弹道计划控制、低空突防能力强和无人机滞空时间长、实时监视能力强的优势,实现无人机跟踪监视和巡航导弹突防攻击一体的海空立体打击系统。计划引导自主协同作战模式适应于攻击海上单个动态或固定目标的情况[105]。

图 5 – 18　计划引导自主协同作战模式

2. 任务优化自主协同作战模式

任务优化自主协同作战模式是半自主分布式协同作战模式的海上无人作战典型运用,是无人机与巡航导弹自主协同作战的信息化运用。根据海上作战计划,利用无人机群所携带的光学、雷达等各类多源传感器对敌方动态目标集群进行实时跟踪监视,在初步确定敌方力量部署的基础上,制定各巡航导弹的打击目标和打击顺序,同时,无人机群实时跟踪监视敌方目标集群的动态变化,并将其实时态势变化及时传输给飞行中的巡航导弹集群,按照敌方最新目标集群战场态势,及时调整优化巡航导弹集群海上打击方案,重新规划各巡航导弹的打击目标和打击顺序,如此反复循环"目标侦察—打击优化—目标侦察"的海上作战闭合环路,直至无人机群按照最新优化方案,引导巡航导弹集群精准击中各自目标,保障海上作战任务的实现。任务优化自主协同作战模拟如图 5 – 19 所示。

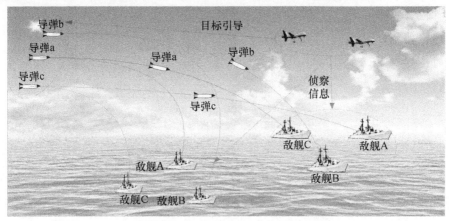

图 5 – 19　任务优化自主协同作战模式

这种作战模式主要用于多个无人机引导多个巡航导弹对敌方多个目标实施海上攻击。无人机群在空中广域空间实施情报收集,减少了海上侦察盲区,解决了对敌方动态目标群进行连续跟踪监视的难题。随着海上作战态势的变化,自动调整精确打击方案,引导巡航导弹集群完成火力打击任务,确保巡航导弹集群能够对敌方多个海上目标进行有效连续攻击,实现了无人机跟踪监视与巡航导弹精准攻击的无缝链接,提升巡航导弹集群对敌方动态目标集群自主精确打击能力。任务优化自主协同作战模式适于攻击海上多个动态或固定目标。

3. 集群突防自主协同作战模式

集群突防自主协同作战模式是半自主分布式协同作战模式的海上饱和攻击典型运用,是无人机与巡航导弹自主协同作战的高效化运用。由于敌方海上高价值目标的防御体系相对比较完善,单一无人机和巡航导弹难以实现对其进行抵近侦察和精确打击,将具有目标搜索功能的无人机群和火力打击功能的巡航导弹集群结合起来,实施密集的"侦察-火力"协同突防,是对敌方高价值目标进行有效打击的关键。在确定敌方海上高价值目标的基础上,利用无人机群对敌方高价值目标进行自杀式抵近侦察,并将获取的各类侦察信息及时传输给巡航导弹集群,优化巡航导弹集群的飞行路线,及时规避敌方防空反导系统的有效拦截,发挥无人机群的侦察优势和巡航导弹集群的攻击优势,对敌方高价值目标进行多元多向集火饱和攻击。集群突防自主协同作战模拟如图 5-20 所示。

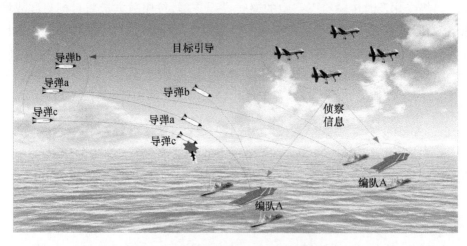

图 5-20 集群突防自主协同作战模式

这种作战模式主要用于无人机集群以自杀式侦察监视方式跟踪监视敌方海上高价值目标,并引导巡航导弹集群对其进行饱和精确攻击。运用无人机群能够建立高密度、自杀式空中侦察体系,而利用巡航导弹集群能够形成大弹量、集群式、饱和攻击的海上态势。无人机群和巡航导弹集群的高效组合,使敌方高价值目标的防空体系疲于应付,很难全面应对无人机的自杀式侦察和巡航导弹的集群攻击,使敌顾此失彼,削弱敌防御能力,从而达到饱和攻击的作战意图。集群突防自主协同作战模式适于攻击海上单个高价值动态或固定目标。

4. 随机攻击自主协同作战模式

随机攻击自主协同作战模式是驻地分布式协同作战模式的海上无人作战典型运用,是无人机与巡航导弹自主协同作战的智能化运用。随机攻击是未来无人机与巡航导弹自主协同作战的最高形式,运用无人机群实时监视敌方力量部署,而各巡航导弹并未分配具体的打击目标,而是在飞行途中根据敌方动态变化进行随机分配。巡航导弹集群根据无人机获取的敌方力量部署情况自主规划航线航速,依据敌方动态目标集群的位置变化,随机分配打击目标,设计打击角度,形成科学合理的打击方案,无人机群按照打击方案引导各巡航导弹实现对不同目标进行精确打击,同时,随着巡航导弹击中敌方作战目标后,无人机群评估作战效果,若没有达到预期目标,巡航导弹集群自动调整其他导弹的打击方案,逐渐实现对敌方全目标的最优打击,无人机群引导巡航导弹集群完成多元突防、多目标打击任务,随机攻击自主协同作战模式如图5-21所示。

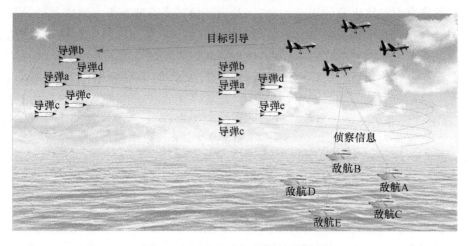

图5-21 随机攻击自主协同作战模式

这种作战模式主要是无人机集群引导巡航导弹集群进行随机攻击。无人机之间的相互替代备份,能够对敌方目标实施探测、定位、打击和毁伤评估中实现在线协同,利用多元多域融合传感器平台完成对敌方目标监视的全域覆盖,在指挥控制平台的支撑下,保障巡航导弹集群对敌方多个目标的全时精准打击,具有秒杀攻击威慑效应,适于对海上多个动态或固定目标进行随机多元攻击。随机攻击自主协同作战模式是未来对海上多个动态目标进行随机打击的理想模式,但由于无人机和巡航导弹技术的限制,尚未应用到实际作战行动中。

5.5.3 无人机与巡航导弹自主协同作战的关键技术

未来海战场环境将更为复杂,自主化智能化战争尚处于概念阶段,无人机与巡航导弹自主协同作战设想通过武器协同数据链,将分布在海战场上的各类"传感器"和"射手"进行联网,构成一个巨大的分布式"传感器 – 射手"网络,属于探索性前沿技术,尚无法全面应用于实际海上作战行动中。要实施无人机与巡航导弹自主协同作战,就需要解决多平台协同作战抗毁能力差、容易受干扰等许多现实的技术问题,以支持未来自主化、智能化精确打击作战的需求。

1. 敌我目标识别技术

广域的海战场上大量分布着敌我双方的飞机和舰艇,存在敌我双方相互交织的战场态势,建立敌我识别系统是避免误伤的基础,因此敌我识别技术成为制约无人机与巡航导弹协同作战的关键技术[106]。敌我识别系统主要分为非协作式敌我识别系统和协作式敌我识别系统,对于非协作式敌我识别系统而言,从各种目标信息中提取可靠的识别信息,以及识别模型是否准确是系统的基础,因此信息融合和模式识别是非协作式识别系统的核心技术[107];对于协作式敌我识别系统而言,其核心技术是数据加密技术和通信收发硬件技术,目前基于无线电和微波的通信收发硬件技术已经比较成熟,因此数据加密技术显得格外重要[108]。随着敌我识别技术的发展应用,要实现无人机和巡航导弹自主协同作战,就必须能够从复杂的目标回波和变化的图像中,区分不同类型的目标并寻找最佳攻击部位。除了预先制定周密的作战计划,还需要依靠大数据建立所有敌我目标的特征参数,保障与己方目标的交互识别,确保作战安全可靠。

2. 集群编队飞行技术

单个无人机与巡航导弹自主协同作战的实战意义不大,更多地呈现出象征意义,只有无人机群和巡航导弹集群进行有效的协同作战,才能保障无人机群对敌方目标进行全方位立体侦察,提高目标指示信息的真实性,引导巡航导弹集群对敌方目标进行精确打击,提高巡航导弹的命中率和任务成功率。相对于单架无人机飞行,无人机群与巡航导弹集群协同作战中既有无人机之间的通信,又有无人机与地面站之间的通信,还有无人机与巡航导弹之间信息连通,需要解决无人机编队飞行控制技术、无人机之间的位置监测与防撞技术以及无人机群信息交互技术等,还涉及巡航导弹集群航迹规划技术、队形初始编成技术和特殊情况下队形重构技术等方面的难题。为使无人机群和巡航导弹更好地发挥作战效能,需要采用集群编队飞行控制技术来实现无人机与巡航导弹自主协同作战任务,利用无人机群提供的精确目标指示,引导巡航导弹集群对敌方作战目标实施精确立体全方位的饱和攻击,是实现海上作战效能最大化的关键技术。

3. 自主协同作战技术

无人机与巡航导弹自主协同作战的平台越多,搭载的传感器就越多,协同作战的难度就越大,自主协同作战就是充分利用各作战力量,实现战场全域空间一盘棋,是掌握战场主动权的关键。多传感器组网技术是自主协同作战技术的前提,也是无人机与巡航导弹自主协同作战的基础技术,利用计算机、通信和网络等技术,将无人机群和巡航导弹集群联成网络,实现所有作战平台高度实时共享作战信息,及时掌握战场态势,提高巡航导弹集群的灵敏度,提升无人机与巡航导弹的协同作战能力,进而大大增强编队的体系作战能力;多传感器信息融合技术是自主协同作战技术的核心,也是无人机与巡航导弹自主协同作战的关键技术,在无人机与巡航导弹集群编队中,搭载多种类型的传感器,来自不同传感器获取的战场信息具有重复性和互补性等特点,通过数据融合算法,得到更加完整的战场态势图。利用多传感器信息融合技术,克服了单个传感器的限制,集成多传感器的感知信息,有效支撑编队体系作战能力的发挥。

5.6 本章小结

本章首先从海上无人作战体系结构出发,研究被动集中式协同作战模式、半主动分布式协同作战模式、驻地分布式协同作战模式3种模式,提出支撑海上无人作战的战场态势研判及预测技术、作战任务自动分配技术、作战方案智能推演与评估技术。其次,从满足无人机、无人艇和无人潜航器海上作战需求的角度出发,以基于被动集中式、半主动分布式和驻地分布式3种模式为核心,分别研究无人机、无人艇和无人潜航器海上作战运用模式,并提出支撑其海上作战运用的关键技术。最后,以无人机与巡航导弹自主协同作战为典型案例,分析自主协同作战需求,研究计划引导、任务优化、集群突防和随机攻击4种自主协同作战模式,提出敌我目标识别技术、集群编队飞行技术、自主协同作战技术等关键技术,为未来武器装备发展占领军事制高点提供重要理论依据。

第 6 章　海上无人装备作战运用

人工智能是新一轮科技革命和产业革命的重要驱动力量,这充分体现出人工智能技术对于未来军事发展的重要作用。在叙利亚战场,俄罗斯对于无人作战的成功运用打开了一扇审视未来战争的新窗口,种种迹象表明,当前作战形态在人工智能技术的支撑和驱动下,正在向智能化方向发展聚焦,智能化战争已经不再是遥不可及的科幻概念,然而要想探索智能化战争的制胜机理,真正驾驭正在到来的智能化作战,应该理解人工智能对战争形态演变的影响。海上作战作为海上战争的主要形态,其作战环境更为复杂、作战手段更为多样、作战平台更为多元,如何有效提升复杂环境下的海上作战能力已经成为各军事强国亟待解决的关键问题。随着人工智能技术的不断创新和深化应用,武器装备将愈发智能化,无人机、无人艇等海上无人装备作战运用也会日趋成熟,并从传统情报侦察等软火力杀伤向海上攻击等硬火力杀伤方向拓展,海上无人装备作战运用将发展成为战斗力增长的主体,并会加速推动海上智能化战争的到来。

6.1　无人装备海上作战运用概述

智能化海上战争,随着无人机、无人艇、无人潜航器等武器装备的发展,海上无人作战力量不断增强,运用也日趋成熟,推动其由完成情报、侦察、监视等辅助性任务到"侦打一体",再到海上多样化任务的逐步深化,逐步推动以智能技术为手段、以认知领域为重点、以无人作战力量为基础的海上作战体系出现。海上无人作战是以决策中心战为核心,以无人控制、人工智能、大数据、云计算、区块链等颠覆性技术为基础,实现以决策为中心的分布实时杀伤。

6.1.1 无人装备海上作战运用需求

军事技术决定战争形态,人工智能作为最重要的颠覆性技术,将成为引领世界新军事变革的主要因素,未来必将改写战争规则,催生智能化战争。无人装备在海上作战中的广泛运用,使海上作战体系从有人作战体系到有人/无人作战体系,再到无人作战体系的方向逐步演变,导致智能化条件下海上作战体系的重构重塑,从作战方式变革、作战能力提升和装备体系转型3个角度出发,研究无人装备海上作战运用需求,为加快海上智能化战争的孵化奠定基础。

1. 推动海上作战方式变革的使命所系

新型作战力量能够颠覆海上作战制胜机理。未来海上作战中,将不再是传统的敌我双方线式突击直接交战,而是进行全领域、非接触、高精度、快节奏的体系作战。海上无人作战力量实现前方无人、后方有人,无人接触、有人操控的模式,将人的认知优势与智能化无人装备的行动优势高度融合,从根本上将传统的短兵相接、势均力敌的直接对抗,转变为我方具有非接触、高可控等单向优势的非对称交战,进而使海上作战力量朝着灵敏机动、精准打击的方向进行模块化组合,引领海上作战方式从平面作战向立体作战、从信息化作战向智能化作战、从大规模作战向精兵全域作战的方向进行变革。海上作战智能化不是一味强调武器装备的无人化,无人化本质是减轻战斗员负担和避免伤亡,而智能化才是形成前所未有的新质战斗力,其内涵是海上作战筹划"智"算,信息通过"算法"生"智"辅助作战指挥决策,以"智算"胜敌"量算",以"多算"胜敌"少算",从而赢得作战主动权,谋求海上作战筹划的科学性、精准性和动态性。随着无人机、无人艇等武器装备智能化程度的不断提高,自主理解、自主决策和自主执行成为海上作战方式变革的基础,推动从传统有生力量的硬火力杀伤朝着无人作战力量的软火力毁伤方向转变,改变了传统的海上作战方式。

2. 加速海上作战能力提升的现实所求

新型作战力量牵引着科学技术和作战方式的发展趋势,是战斗力新的增长点。海上智能化作战是有人/无人结合的较量,无人机、无人艇、无人潜航器等无人作战力量逐步成为海上作战的主角,有人作战力量逐步走向战争"后台",形成有人为核心,无人为骨干的海上作战力量体系。海上无人装备以恶劣海上环境的高适应性、危险任务执行的无惧性和海上作战应用的灵活性,为海上作战转型提供了"以较小代价获取最大胜利"的有效手段。通过发展侦察监视、火力打击、水上救援、保障运输等无人作战力量,能够有效弥补海上作战力量装备短缺、手段缺乏的侦察短板,提升海上侦察监视能力;弥补海上精确打击力量少、引导打击能力弱的打击短板,提升海上火力打击能力;弥补海上环境恶劣、救援手段不够的救援短板,提升海上救援能力;弥补受威胁程度大、精准保障不强的保障短板,提升海上综合保障能力。在未来海上智能化作战中,根据作战任务需求,无人作战平台能够搭载不同的标准化模块,执行战场态势感知、作战指挥决策、火力精准打击和战场综合保障等作战任务。在智能化和无人化技术的支持下,无人作战力量能够进一步提升海上作战力量聚精锐之能、组精锐之拳、打精锐之战的海上作战能力,大大提升了海上作战效能。

3. 加快海上装备体系转型的发展所需

无人化作战和无人化装备是未来海上智能化战场的战略前沿和发展趋势。把握战争形态变革趋势,适应未来海上作战需求,加快推进海上无人装备系统建设,已成为强化海上军事斗争准备,加快海上装备体系转型建设的一项重要任务。基于空中作战时敏性需求,应发展轻型化、高机动的无人机装备,基于海上作战高危险性需求,应发展小型化、低识别的无人艇装备,基于水下作战复杂性需求,应发展静音化、高深潜的无人潜航器装备,以强力提升海上分布式综合作战能力。加快推进海上无人装备发展,各军事强国通常先行进行海上作战概念验证,针对敌方海上作战装备体系弱点,催生不同的海上作战概念模型,分析评估不同海上作战概念的风险收益,再强力推进海上装备体系的转型。无人装备海上作战运用加快了海上装备体系的转型,这既是新型海上作战力量适应信息化军事变革、夺取海上战略前沿的重要发力方向,也是积极探索海上武器装备体系发展新模式,加快小型化、智能化、模块化海上武器装备建设步伐,突出智能化装备、火力打击装备、特种作战装备的发展进度,优化海上装备体系转型建设的有效举措。海上无人作战装备发展对于实现海上作战力量建设阶段性目标,有效履行海上作战使命任务,具有十分重要的现实意义。

6.1.2 无人装备海上作战运用方式

以无人机、无人艇等为代表海上无人作战系统发展日新月异,呈现出"平台无人、系统有人"的特点,其本质是海上一体化作战系统的智能化延伸,通过高度集成的信息系统将人与智能化"无人"武器装备进行高度融合,形成有人与无人作战系统交互融合的新型海上作战力量体系,从而实现有人和无人作战系统的相互补充和相互协调,改变了传统有人系统之间的直接硬毁伤,有效提升海上体系作战能力,确保海上作战力量能够最大程度完成海上作战任务。

1. "信息聚能"是无人装备运用的前提条件

相对于物质流和能量流,信息流具有主导作用,其"流向"聚合力量,"流量"

释放效能,"流速"决定先机,因此,海上无人作战装备可以通过信息流的全面融合,实现不同时空、不同形式的效能聚合,为海上作战体系按需组合提供条件。一是智能化无人武器装备融合。通过统一的信息化标准设计智能化无人武器装备,使各类武器装备能够实时传输信息,共享各类相关的战场态势信息和指挥控制信息,提高无人武器装备的反应速度。二是作战单元融合。通过网络化的信息系统,实现各类有人/无人作战单元的互联、互通、互操作,形成松散的物理结构、灵活的组织结构、融合的信息结构,根据海上联合作战需求自主适应、自行调整,确保体系作战效能的稳定发挥。三是作战要素融合。无人作战装备有效支撑海上作战情报侦察、指挥控制、火力打击、综合保障等作战要素融为一体,近实时、全过程掌握整个海上作战态势,聚合优化有人/无人装备的整体作战效能,以达到海上作战能力聚优的实战化效果。信息聚能将分布在不同空间的各作战平台、作战单元和作战要素有机链接在一起,高效汇集海上作战的各类信息,形成全维战场态势感知图,以达到广域即时发现、快速高效决策、实时整体联动,从而形成一个超视距、非接触、高时效的海上作战体系。

2. "精准联合"是无人装备运用的基本要求

"联则胜、合则强"是海上作战制胜的基本要求,无人装备作为海上作战体系的重要节点,其运用必须强化与海上其他作战装备的精准联合,确保有效嵌入海上联合作战体系,保证有人/无人装备能够达到"形散神聚"的效果。无人装备具有多样化的编成结构和一体化的信息系统,能够比其他海上装备更容易融入海上作战力量体系、更实时地接受海上作战指挥、更精确地参加海上作战行动。要适应一体化海上作战,必须突出海上无人装备的模块化集成,为海上作战体系提供标准化、模块化的作战单元,横向上与其他海上力量高度融合,纵向上与海上其他战役、战术力量进行快速对接;海上无人装备必须适应统一指挥,服从海上作战指挥员随时调配和使用,与海上其他力量对敌方目标形成协调一致的打击,在精准控制中实现海上各力量作战能量的同步释放;海上无人装备必须强化智能化自主协同,充分发挥指挥信息系统的纽带作用,把战场态势共同感知、作战目标协调一致、作战行动实时同步作为海上无人装备运用的最高准则,以实时智能化自主的协同,提高海上作战效能并极大减少自身的附带损伤。海上作战的核心在"合",聚力的核心也在"合",这就要求有人/无人装备能够高度融合、相互支援,形成无战不联、无联不胜的作战效果。

3. "融合打击"是无人装备运用的主要方法

海上智能化作战是战场态势感知与火力精确打击的有机结合,使海上作战能力释放的主要途径由"物质能量扩张"转变为"信息火力融合打击",海上无人作战力量必须通过火力打击与信息保障的高度融合,最大限度地提高己方、降低敌方的火力打击效能。在行动上,海上无人装备要注重快速出击,通过一体化指挥信息系统,实现多源感知节点与多维打击平台的无缝链接,达到侦察监视与火力打击的一体化,在"以快打慢"中夺取海上作战优势;在方法上,海上无人装备要注重综合毁伤,通过一体化信息系统实现无人/有人海上力量的整体联动,将各海上力量的硬杀伤和软杀伤作战力量进行有机融合,于同一时间对同一目标实施复合打击,在"以多打少"中确保毁伤效果;在手段上,海上无人装备要注重精确打击,通过信息获取、处理等信息应用过程与弹药发射、投送等火力运用过程的高度融合,提高目标精确定点、平台精确定位、航线精确制导、火力精确打击的能力,在"以精打粗"中形成非对称的海上作战优势。要实现海上作战意图,精准感知是前提、正确决策是核心、高效打击是关键、实时评估是要求,这4个环节高度关联、相互影响,而随着无人力量在海上作战中的广泛运用,融合打击已经成为无人/有人作战平台综合运用的主要方法。

6.1.3 无人装备海上作战运用原则

作战运用原则是一种创造性的思维活动,具有很高的对抗性和不确定性。战争正是由于作战运用原则渗透其中,才使战争变得变幻莫测。拿破仑曾说过:"战争,就是牛顿那样的数学家也会被吓退的数学难题"。不过,海上作战作为现代战争的一种重要样式,有一定的规律可循,从提升无人装备海上作战能力的角度出发,提出其知己知彼、充分准备,集中优势、出敌不意,保持主动、统一指挥的海上作战运用原则,符合现代战争海上作战特有的制胜规律。

1. 知彼知己、充分准备

知彼知己是海上作战最重要的前提条件,是谋划制敌之策,把握海上作战进程和结局的基础,无人装备海上作战运用应遵循这一原则。以海上作战战略意图为基本依据,根据上级首长决心意图,借助侦察监视系统,对敌方重要军事目标进行全天候、全地域的侦察监视,密切掌握敌方作战部署、阵地编成、火力配系等,准确判断敌方的海上作战意图,进行作战效能评估和战损评估。综合分析海上作战无人装备运用需求,明确其承担的侦察监视、火力打击等主要海上作战任务,掌握己方作战目的、兵力部署、作战海域和作战时间,增强无人装备海上作战运用的组织、计划和实施的针对性和精确性。

充分准备是海上作战组织准备活动的基本思路和总体要求,也是确保海上作战胜利的基础,无人装备海上作战运用应遵循这一原则。结合己方及战场客观情况,着重解决主要作战方向、重点打击目标、战役部署和战役行动方法等事关战役全局的重大问题。周密制定海上作战计划,确定作战部署,组织作战协同与保障,采取严密的防御和保障措施,为赢得海上作战胜利奠定坚实基础。综合研究无人装备海上作战运用,科学制定其承担侦察监视、火力打击等作战计划,通过无人作战力量的灵活运用,将对手置于不利地位,在必要和可行的情况下,对无人作战力量进行调整部署,从而获得相对敌方的海上作战优势。

2. 集中优势、出敌不意

集中优势是海上作战力量运用的普遍规律和根本要求,无人装备海上作战运用应遵循这一原则。综合分析无人装备作战运用需求,明确作战运用需求的类型和具体时限要求,并对这些需求进行优先级排序,选择合适的无人装备对海上作战力量进行支援,使其能在合适的时间和地点集中形成战斗力,综合无人和有人作战优势力量,重点确保海上作战的主要方向。通过无人装备搭载的侦察监视系统和火力打击系统,增强了海上作战力量的战场态势感知能力和火力毁伤能力。无人装备海上作战运用增强了海上作战力量的信息及打击优势,减少海上作战的不确定性,实现在重点区域集中优势力量打歼灭战的实战效果。

出敌不意是海上作战行动的指导原则,也是运用谋略达成作战行动突然性的基本要求,无人装备海上作战运用应遵循这一原则。突然性可以陷敌于被动和混乱之中,急剧削弱敌人战斗力,将优势迅速转变为胜势。海上作战能够科学规划无人装备资源,有效保障海上作战的信息优势和火力优势,提供及时的情报和数据搜集和高效的海上火力毁伤。无人装备海上作战运用能够比敌方更快地感知战场,更快地作出决策,更快地实施机动,更精准高效地打击敌人,取得最佳作战效果。海上作战对无人装备进行集中控制,有助于其进行综合评估和快速决策,在决策周期上就占据敌人的上风,从而达到出其不意的效果。

3. 保持主动、统一指挥

保持主动是海上作战发展趋势决定的,强调树立主动打击、攻势取胜的思想,强调先机制敌、信息主导、火力优先、纵深打击,同时注重攻防两种行动的有机结合,无人装备海上作战运用应遵循这一原则。海上作战坚持进攻性和安全性原则,目的是夺取、保留和充分使用主动权,同时防止对手获得意外优势。通过利用现有无人装备提供和增强己方情报保障能力,同时利用无人进攻与防御作战,削弱敌方情报保障能力,保证己方海上作战力量的情报优势。利用无人作战力量提供可用的情报、跟踪与监视、环境监测,以及通信中继,帮助海上作战力量获取信息优势,取得战役战术目标,最终实现海上作战目标。

统一指挥是发挥海上作战整体合力和顺利实施海上作战的根本保证,是作战制胜的关键环节,无人装备海上作战运用应遵循这一原则。海上作战应规划调度无人作战力量,各类无人装备通过制定周密协同计划,选择恰当运用时机,采取最佳协同方式,共同遂行海上作战任务,最大限度地发挥整体作战效能。在海上作战全过程中,作战环境复杂,是全系统、全要素的体系对抗,必须在统一作战意图下实施稳定、精确、高效的指挥,充分发挥各无人装备的整体作战威力。无人装备海上作战运用能够着力解决统一指挥、各作战力量的互联与协同、战场态势信息传输等,大大提升了海上作战指挥控制与协调同步能力。

6.2 无人机海上作战运用

海洋资源作为世界各国关注的重点,促使海洋战场成为各军事强国争夺的焦点,海上作战也由平面作战向立体作战演变。无人机具有造价低、实效性强等特点,其列装部署丰富了超低空到高空的多样化力量存在,使无人机与无人机协同、无人机与有人机协同成为现实。与传统作战相比,无人机作战具有人员零伤亡、机动优势明显、隐蔽性能突出、作战效能高等优势,无人机运用破解了传统有生力量的生理限制,延长了空中巡航时间,促使其从侦察监视、电子对抗、网络通信等传统作战领域向精确攻击、引导支援和战场保障等其他新型领域扩展,使无人机作战逐步实现由辅助作战向新型作战方式的快速转变。

6.2.1 无人机海上作战运用特点

密切跟踪世界新军事变革发展趋势,研究高新技术发展运用及其对战争的影响,积极培育和发展无人作战、信息攻防等方面的力量,促进新质战斗力加快生成。无人机的出现,将海上空袭作战推进到无人时代,无人机力量成为海上空袭的急先锋和生力军。无人机在海上作战中备受世界军事强国的青睐,主要是因为它具有其他兵器不具备的优势,呈现出常态化、规模化、体系化总体态势,各种新理念不断涌现,集中体现了无人机海上作战运用的新特点。

1. 无人驾驶、生存力强

相比有人机,无人机不受人体生理条件的限制,能够在极端恶劣的海战场环境下,更好地执行海上作战任务并实现"零伤亡"的目标。在美苏冷战时期,美军就利用无人机对苏联腹地进行深入侦察,取得了高价值的情报信息。由于不考虑飞行员的存在,从提高战场适应性的角度出发,无人机结构设计具有非常大的灵活性,能够最大程度满足海上作战需求。同时,无人机体积、重量以及雷达反射截面都比有人机小得多,易于采用各类隐身措施提高防雷达、防红外和防目视的能力,大大降低了被发现的概率,提高了海战场的生存能力。美国研制的

"飞马座"(也译为"柏加索斯")无人机采用菱形布局,同时尽量减少机体表面缝隙,机身全面采用具有隐身性能的复合材料,因此该机的雷达反射面积极小[109]。有人机受飞行员过载承受能力的限制,在遭遇导弹攻击等高强度战术对抗时,很难作出各类空中超机动动作来进行战场规避和突防,而无人机正好弥补了这一缺陷,间接增强其战场生存能力。无人机的起飞和着舰方式多样,超大型和大型无人机受体积和重量限制,只能在航母等固定甲板上进行起飞和降落,而其他中小型无人机可以采用发射架弹射、阻拦索拦截等方式进行发射和回收,对着舰场地的依赖极少,极大地提升了无人机战场生存能力。

2. 成本较低、效费比高

无人机是无人作战系统的典型装备,其具有明显的成本低、作战效能好的特点。低成本主要体现在制造和维护/使用成本低两个方面,现有无人机基本上都低于有人机的制造成本,最昂贵的"全球鹰"无人机造价与普通型有人机F-16造价相差不大,与目前最昂贵的有人机F-22相差甚远,这主要是由于无人机减少了各种生命维持系统。同时,无人机的维护/使用成本也远低于有人机,有人机执行作战任务,尤其是海上作战任务,需要经验丰富的飞行员,这都必须经过长时间、多频次的反复训练才能完成,而无人机的飞行控制员最快只需要经过48h训练就可以执行海上作战任务,这使无人机维护和使用成本与有人机无法相提并论。高效费比是体现无人机海上作战优势的重要基础,由于无人机逐步趋于重型化,而任务载荷却趋于小型化,使无人机逐渐能够搭载更多任务模块,代替有人机进行预先靠前部署,结合其隐身优势,执行空中侦察、火力打击、电子对抗等复杂作战任务。例如,美军蒂尔Ⅱ型无人机的隐身性能非常优秀,能够实现听觉和视觉上的双重隐身,而有人机却很难做到这两点,目前最先进的第五代隐身战斗机也只能做到视觉上的相对隐身,因此,相比第五代隐身战斗机,蒂尔Ⅱ型无人机能够更好地实现"攻其不备、战其不胜"的作战效果。

3. 配置灵活、任务多元

无人机体积小、使用灵活、维护简便,综合考虑其海上作战优势,现有的各类平台经过简单改装都可以支持无人机使用。根据海上作战任务需求,无人机能够灵活配置,超大型和大型无人机可以从陆地机场起飞,执行空中侦察、火力打击等任务,利用有人舰艇搭载的中小型无人机,能够执行空中侦察、电子对抗等任务,而微型无人机可以通过士兵背负的方式进行配置,执行抵近识别取证等任务,从而使得各战术单元能够很方便地获得无人机支持。相比空中侦察等传统作战任务,无人机海上攻击能力还存在一定的限制,但随着导弹小型化技术的发展,海上攻击将是无人机未来发展的重要方向。目前,美军已经在"捕食者"

"火力侦察兵"等多种型号上测试了"地狱火""九头蛇"等制导/非制导武器,甚至明确了利用无人机取代有人机执行夺取制空权、对舰打击等任务。随着海上作战体系的日趋成熟,基于作战需求灵活配置各类无人机,实现"侦察—决策—打击—评估"的全流程、全要素运用,保障了海上作战多元化任务的有效执行。同时,现有各类无人机在设计时均采用平台化和模块化的方式,各任务模块可根据实际作战需求进行灵活调整,保证其能够利用搭载的不同任务载荷完成空中侦察、海上反舰等作战任务,充分发挥无人机的空中作战平台优势。

6.2.2 无人机海上作战运用样式

无人作战是人工智能技术为核心,无人化装备为主力的战争形态。近几年,无论是对重要目标的精准打击,还是大规模作战的蜂群应用,无人作战随着人工智能技术的进步即将成为常态。无人机作为一款重要的无人作战装备,利用可消耗、可复用和低成本等优势,成为增强作战能力的重要载体,其重塑了作战体系弹性,提升了风险承受能力和生存能力。无人机的广泛运用,已经渗透到战争的各个环节,未来将成为智能化战争的尖刀利器和不可或缺的重要角色。

1. 空中侦察

空中侦察主要是利用飞机、气球、卫星等空中平台搭载的各种光学、电视、雷达等侦察设备,在短时间内获取宽大正面和深远纵深的目标信息,对各类目标进行实时跟踪和监视,为火力打击平台提供精准的目标指示信息,相比其他手段,空中侦察具有更高效直观的优势。飞机作为空中侦察的主要装备,具有灵活高效的特点,其空中侦察行动不但受到水文、气象等复杂海战场环境制约,还受到战场防空体系的严重威胁,实施纵深侦察已经成为侦察机的"死亡之途"。由于人工智能技术发展,无人机具备初步的智能化,而随着机载侦察设备的日趋小型化,为无人机搭载侦察设备实施海上纵深侦察奠定了重要基础,其不但能够有效降低有生力量的战场损耗率,还能够高效提升海上纵深侦察的广度和宽度。2005年底,在美国海军"三叉戟勇士2005"(Trident Warrior 05)演习中,"全球鹰"无人机利用雷达和光电/红外传感器探测海上目标,并通过高分辨率的逆合成孔径雷达(ISAR)模式和光电/红外图像对其进行分类。美国海军于2017年8月在关岛进行了濒海战斗舰科罗纳多号(LCS-4)发射"捕鲸叉"Block 1C导弹的试验。试验中LCS-4搭载的一架MQ-8火力侦察兵无人机为"捕鲸叉"导弹提供了目标指示信息,导弹成功命中视距外的敌方目标。2021年4月21日,在美国海军"无人系统综合战斗问题21"(UxS IBP 21)演习期间,MQ-9B"海上卫士"无人机与1艘巡洋舰实施了协同作战,MQ-9B利用机载传感器跟踪识别海上目标，执行了远程超视距目标指示任务，增强了巡洋舰的海上作战能力。空中侦察是海上作战的"前奏曲"，是保证海上火力打击精度的关键，而无人机侦察作为海上侦察的重要组成部分，会随着无人机智能化程度的日趋成熟，逐渐发展成为未来海上侦察的主角，以引导各类攻击型导弹对海上动态目标实施精准打击。

2. 空中反潜

空中反潜是空中平台利用其搭载的反潜探测设备对水下潜艇目标进行探测、识别和定位，并利用反潜武器实施攻击的作战行动。空中反潜探索于20世纪50年代，经过十余年的发展，空中反潜才具有一定的实战效果，截至目前，空中飞机依然是重要的反潜作战平台[51]。由于人工智能技术的进步，无人化作战平台发展突飞猛进，高度智能化无人机也开始在海上作战行动中崭露头角。随着反潜装备的升级换代，搜索雷达和攻击武器实现了小型化，为无人机实施反潜作战提供了可能，其利用装载的雷达、吊放式声纳或声纳浮标、磁力探测仪等设备，在短时间内搜索较大面积的海域，准确测定敌方水下作战力量的巡航方向、速度等战场态势，利用携载的航空反潜鱼雷、深水炸弹等武器，精准摧毁水下巡航的敌方潜艇或其他水下作战平台。据美国《防务新闻》周刊网站报道，美国海军从2020年11月开始，利用MQ-9A Block V"死神"无人机投掷声纳浮标，在太平洋试验场探测模拟潜艇靶标，这是首次进行的无人机反潜作战试验。此次试验是MQ-9B"海上卫士"无人机研发的一部分，如果海军能够使这种作战概念发挥作用，就有可能显著降低潜艇搜寻的成本，并腾出更大、更昂贵的有人驾驶潜艇搜寻平台，比如P-8A"波塞冬"反潜巡逻机，来充当指挥控制平台。受制于P-8A的声纳浮标部署能力要大得多，这就意味着在大面积使用时其仍然是主力。但是如果能够得到MQ-9A Block V"死神"无人机的支持，就可大大减少P-8A的使用频次，从而降低整个反潜作战的行动成本。这在很大程度上打破现有反潜作战的成本结构，减少有生力量的战场损耗，提高了海上反潜作战能力，充分展示无人机在反潜作战行动中所衍生的强大作战效能。

3. 空中反舰

空中反舰是空中平台利用其搭载的探测设备对水面舰艇目标进行探测、识别和定位，并利用空舰导弹对目标实施精准攻击的作战行动。空中反舰应根据作战任务需要动态柔性组合，形成具有"模块化编组、分布式部署、机动式打击"的新质力量体系。随着人工智能技术的发展，无人平台智能化程度越来越高，将逐步取代有人平台，成为新质力量体系的重要组成部分。根据反舰作战需要随机构设力量体系的不同功能实体，这样就可以实现对敌方小型水面舰艇的精准打击，又降低己方有生力量的安全威胁，增强了海上作战适用性和灵活性。在掌握海上作战制空权的基础上，利用无人机搭载各类武器装备，精准攻击敌方小型水面舰艇，将成为海上反舰作战的一种重要方式。20世纪60年代初，法国研制成功了机载AS12反舰导弹，拉开了机载反舰导弹的发展序幕，而在80年代的马岛海战中，英国海军从空中作战平台上发射的5枚AS12导弹，一举击毁阿根廷海军处于水面航行的圣姆贝尔德号潜艇，开创了利用机载导弹攻击水面舰艇的成功战例[52]。从2011年开始，俄罗斯就开始着手研制"猎人"无人机系统，并于2018年9月对该系统进行了滑行试验，这款无人机质量达到20余t，具备1000km/h的速度，其外形结构与美国X-47有点类似。"猎人"无人机可以携带俄罗斯研制的多款制导武器系统，其中就包括各类超声速反舰导弹，以适用未来海上反舰作战的需要。俄罗斯预测到未来的作战模式就是无人作战，从而使"猎人"无人机的发展理念非常超前，携带超声速反舰导弹更是其他国家所不能企及的，这将使无人机逐渐发展成为未来海上反舰的重要利器，在一定程度上改变了传统的海上反舰作战模式，颠覆了反舰作战制胜机理。

4. 空中预警

空中预警是空中平台利用其搭载的探测设备，自空中跟踪和监视空中、海上或陆上各类目标，并引导其他制导武器完成对其精准打击。空中预警机是海上联合作战力量的"倍增器"，是一种高度集成先进技术、地位作用十分重要的空中高价值装备，为海上舰艇编队提供空中警戒、火力引导等服务。随着人工智能技术的发展，未来使用无人机对空中目标，尤其是掠海飞行的超低空目标进行预警显得尤为重要，对于那些无固定翼预警机保障且对超低空预警能力较弱的海上舰艇编队而言，无人机预警在一定程度上满足了海上编队对低空目标防御的需求，较好的解决了超低空掠海飞行导弹对海上编队的威胁。20世纪80年代英阿战争期间，阿根廷利用2架"超军旗"战斗机实施掠海超低空飞行，一举击沉一艘英国"谢菲尔德"号导弹驱逐舰。"马岛海战"期间，英国海上舰艇编队因为缺乏舰载预警机，从而难以应对阿根廷战机的突袭。为降低阿根廷战机的空中威胁，英国将"搜水"雷达安装到"海王"直升机上，将其改装为空中预警机，开创了预警机参与海上作战的先河[52]。2003年伊拉克战争中，美军派出的E-2C和E-3预警机发挥了明显作用，有很多火力打击都是由预警机上的控制员直接负责指挥引导。现有预警机都编配有飞行员和控制引导员，在区块链、无人化等技术的发展推动下，未来预警机将朝着无人化、智能化方向发展。随着人工智能在海上作战中的应用愈加深入，未来无人预警机将充分运用机器学习、大数据等技术，缩短"观察—判断—决策—行动"环路周期，提升作战指挥决策效率，降低海上作战"火力杀伤链"的反应时间,实现预警侦察与控制引导功能的充分耦合,在深度智能交互中,高效提升海上作战管理与指挥控制能力。

6.2.3 无人机发展趋势

无人机在陆上作战中的广泛运用,充分显示了其将成为有效制胜未来战争的利器。随着海洋成为战争双方角逐的重要战场,舰载无人机逐步从轻型向重型、从近程向远程快速演变,从而使其从海上作战的辅助力量转变为重要力量。舰载无人机的出现,能够灵活重组海上作战效应链,快速补位空中侦察缺失和弥补火力打击空隙等。从提升海上作战能力的角度出发,舰载无人机将朝着重型隐身化、舰载集成化、起降智能化的方向发展,以出其不意制胜海洋战场。

1. 重型隐身化

海上作战正朝着体系对抗的方向愈演愈烈,随着人工智能技术的进步,无人机将逐步发展成为海上作战的主力军,这样不仅能够突破有生力量生理极限的制约,还可以降低海上作战的损耗率,增强海上对抗的可持续性。在历次实战运用中,无人机已被验证完全能够满足海上侦察监视、目标跟踪等传统功能,但是由于大部分现役无人机都属于中小型无人机,搭载导弹等攻击武器的数量极其有限,从而导致海上攻击力非常脆弱。无人机作为未来海上作战的重要力量,必须强化其海上攻击力,这样就迫使无人机朝着空中重型平台的方向发展。随着无人机逐步发展成为成熟的重型空中作战平台,其载弹量和载油量都非常丰富,不仅能够挂载有人战斗机的所有武器,还能够突破人体生理极限,进行长航时长航程跨昼夜不间断飞行,为强化无人机的海上攻击力奠定重要基础。未来海上作战无人机的运用次数会越来越多,反无人机作战也必将成为敌我双方演练的重点,而由于多样化侦察手段的完善,敌方会逐步建立包括太空、空中、海上和水下等完备的海战场侦察监视体系,大幅提升了无人机被跟踪监视的概率,降低无人机的战场损耗已经成为赢得海上作战的关键,因此,在发展重型无人机,强化海上攻击力的同时,还要注重无人机的隐身化设计。

2. 舰载集成化

在陆上作战中,无人机作战运用正趋向于成熟,主要集中于空中侦察、定点打击等传统作战任务。基于现实作战需求,无人机正逐渐发展成为大型与小型、远程与近程相结合的空中无人装备体系,为适应未来智能化作战奠定基础。海上作战作为现代战争的主战场,无人机作战运用将会从陆战场逐步延伸到海战场,充分运用无人机空中作战优势制胜现代海战,已经成为未来海战的重要发展趋势。无人机海上作战与陆上作战的主要区别在于起飞和着地,陆战场地域辽阔，无人机可以在简易环境快速起降，而海战场受制于实际环境的制约，很难寻找合适环境进行自主起降。为适应海上作战，尤其是远距离海上作战，无人机必须朝着舰载方向发展，利用舰艇平台搭载无人机至海战场区域，这样就可以大大延伸无人机的作战距离。同时，随着蜂群技术的发展，无人机海上蜂群作战势必会成为一种新型作战样式，这就导致无人机必须实现舰载集成化，利用多个舰艇平台释放大量小型无人机，通过自适应组网、自治与协同，快速完成侦察、攻击等海上作战任务。虽然目前尚无法完全预判无人机蜂群在未来海战中的准确定位，但随着人工智能技术的不断进步，无人机海上蜂群作战将逐步由作战概念走向实装运用，无人机舰载集成化应用场景也将愈加清晰。

3. 起降智能化

随着无人机舰载集成化的发展，舰载无人机自主起飞与降落成为亟待解决的关键问题，通常情况下，水面舰艇平台的起降空间都非常有限，而且航行过程中还处于不停的横纵摇摆，因此，舰载无人机起降必须要克服舰船随风浪摆动等技术难题。航空母舰等大型水面舰艇平台搭载的固定翼无人机，一般会利用短距滑跑和弹射阻拦的起降方式，其余水面舰艇受制于有限的起降空间，广泛使用旋转翼无人机，该无人机的优势之一就是起降方式的"自力更生"，不需要外部的助推和弹射。随着无人机技术的发展，舰载无人机将结合直升机和固定翼飞机的优势，在垂直起飞后改为平飞状态，像直升机一样起降而像固定翼飞机一样平飞，这样就解决了无人机在水面舰艇平台起降的难题。同时，海战场环境的变化影响舰载无人机的起降速度，而无人机起降速度又严重影响着海上作战效能的发挥。舰载无人机智能起降是降低海战场环境影响，激发海上作战能力发挥的前提，无人机利用自身传感器或通过水面舰艇传感器智能感知周围变化，自主识别水面舰艇平台的摇摆角度和海战场环境变化，智能规划无人机的起降角度和力度，在复杂海战场环境中实现舰载无人机智能柔性起降水面舰艇平台，保证无人机确实能够起得来、飞得走、落得下、停得稳。

6.3 无人艇海上作战运用

随着智能时代大幕的开启，多传感器智能感知、远程宽带信息传输等关键技术的突破，无人艇有望成为改变未来海战模式，颠覆海战规则的主导力量。未来海上作战是体系与体系的对抗，单一作战平台性能再好，也难以对抗多平台集群协同作战，无人艇的出现，能够有效弥补海上作战盲区。无人艇具有体积小、航速快，可实现海上作战的隐蔽性和突然性，能够从不同方向对海上目标进行全方位攻击,传统海上强国都开始加快无人艇的研发。为满足未来海上作战需求,美国、以色列等海上强国都开始加大力度研发新型无人艇,以应对日益复杂的海上战场,这在一定程度上能够有效改变海上作战制胜机理。

6.3.1 无人艇海上作战运用特点

传统海战以摧毁击沉为目的,而在现代战争形态下,逐渐转变为以损伤并丧失其持续作战能力为目标,此时无人艇的战争效费比尤为明显。无人艇具有体积小、隐身好、航速快等特点,可以满足隐蔽性和突然性的海上作战需求,并能够实现多无人艇的协同作战,从不同方向、以不同速度对敌方目标进行全方位毁灭性攻击。另外,相比有人舰艇,无人艇研发成本较低、生产周期较短,可大量列装海上作战力量,以有效发挥以量换质、以小伤大的作战效能。

1. 隐蔽性强、难以探测

相比有人舰艇的庞大身躯,无人艇都是小巧灵活,具有较好的隐身性,在执行海上作战任务时,被敌方跟踪监视的难度大,被攻击或毁伤的概率非常低,能够在完成侦察、偷袭等多种任务后全身而退。无人艇通常只有几十米长,排水量数十吨,但是海上航速却能够高达 50~60kn,而且受海上风浪的影响较大,遭遇大风大浪时,无人艇会在浪底和浪峰交替出现,这都为敌方跟踪监视其运动轨迹造成很大困难。随着艇型技术的进步,无人艇会采用隐身化结构设计,极大地降低了雷达反射面积,同时,无人艇也会利用隐身材料涂抹重要部位,吸收大部分雷达反射波,使无人艇具有较好的隐身性能。随着高性能、新属性复合材料的问世,并成功运用于电磁隐身、艇型优化和电子设备小型化等方面,不但使无人艇艇体更加坚固,而且使其具有更好的隐身性。在美国海军"无人综合作战问题21"演习中,一款名为"阿达罗"(ADARO)的新型无人艇引发世界各军事强国的关注,这款无人艇的隐蔽性非常强,主要执行情报搜集、监控侦察任务,随着该无人艇的"秘密潜入",未来美军窥探他国军事信息又有了新手段。由于无人艇隐蔽性较强,敌方情报侦察系统很难全过程跟踪监视其行动轨迹,这都为无人艇进行高效部署、快速集结、集群突袭奠定重要基础。

2. 反应敏捷、机动高效

海上装备智能化和无人化是未来发展趋势,无人艇作战是海上主要作战形式之一,具有抵近跟踪监视、有效火力打击等能力,是非对称海上无人作战的重要利器。无人艇具有功能多样性,使用成本低和使用风险小等特点,被广泛运用于海上作战行动中,无人艇技术被认为是未来海上作战的重要前沿技术之一,甚至被美国海军视为未来大舰队计划的核心要素。由于无人艇航速很快,有些甚至达到 50 多节,而排水量却仅有十几吨,因此,在航速和排水量的双重影响下,无人艇机动能力很强,战场反应非常敏捷,另外,因为无人艇的体量不大,完全可以利用船坞登陆舰等两栖舰艇搭载前往交战区域,执行远海作战任务,进一步增强其机动作战能力。相比大型有人艇,充分利用无人艇的高机动性,在重要基地、港口岛礁等狭隘区域执行近距离作战任务,必要时甚至可以对岸基坦克、装甲、碉堡等重要目标进行视距攻击。虽然无人艇无法携带大型反舰导弹,但是由于海上航速较快、机动能力非常强,被敌方雷达跟踪监视的难度很大,所以很容易逼近敌舰,进行自杀式袭击。有媒体报道称,由中船集团建造的 JARI-USV 多用途无人艇首次进行了海上试航,航速最高可达 42kn,航程可达 500n mile,其海上反应敏捷迅速,具备良好的海上机动性能。

3. 集群攻击、饱和突袭

无人艇集群攻击受人工智能技术的制约,是实现大规模海上智能作战的新型样式。当前海上作战中,需要指挥人员根据海上战场态势的实时变化,及时、准确地制定或调整作战计划,制定作战方案,无人艇作战尚处于被动遥控式指挥的状态中。但是面对现代海战场的瞬息万变,海量信息的瞬时涌入,指挥人员在心理和生理上都很难胜任繁重的态势感知、分析判断和决策任务,需要有先进的智能决策技术辅助无人艇集群进行实时自主决策和指挥。未来解决了智能决策与自主攻击技术难题,就能够实现无人艇的智能化集群作战。根据不同作战任务需求,搭载不同任务载荷,如水炮、声光拒止、电子对抗设备等,实现海上多功能、多场景的战术运用。美国海军在 2014 年和 2016 年进行过公开的无人艇集群技术测试和演示,都获得了一定的成功,西方国家对无人艇的运用,目前主要瞄准方向是协同作战(包括反舰、反潜)、监控、情报收集等方面。无人艇集群攻击不但可以执行多艘无人艇集群协同任务,还能够与无人机、有人舰艇进行信息互联互通,执行更为复杂的水面作战任务。无人艇集群作战仍有诸多技术难题尚未攻破,但是这种作战模式对各军事强国而言,仍是炙手可热的研究方向,未来也必将在海战场上发挥出至关重要的作用。

6.3.2　无人艇海上作战运用样式

无人装备是未来武器发展潮流,将最终彻底改变战争模式。随着无人机、无人车等新型无人装备的实战运用相继成熟,无人装备发展正从空中、陆地向海上不断迈进。无人艇并非新生事物,有着许多传统舰艇无法比拟的优势,通常执行低烈度的辅助性作战任务,如水下扫雷布雷、海上巡航、海上侦察监视等。但随着无人艇排水量日趋增大,为加装体积较大、系统复杂的攻击性武器奠定重要基础,从而能够实现海上反舰、海上防空等高强度海上作战任务[110]。

1. 海上侦察

海上侦察是利用各类舰载传感器侦察、跟踪、监视敌方海上动态目标或固定目标,引导火力打击系统对其实施精准打击,已经成为破除海上侦察迷雾,保证一招制敌的关键环节。受海上复杂环境制约和敌方隐身技术进步,利用舰载传感器进行远距离跟踪监视的难度越来越大,采用近距离侦察成为敌我双方迫不得已的手段,而海上作战过程中敌我双方侦察与反侦察、打击与反打击的关系交错纵横,因此,近距离侦察使己方获取敌方情报并引导火力打击的同时,也使其容易遭受敌方的火力打击。为避免有生力量的伤亡,提升海上作战的可持续性,利用无人艇对敌方海上目标进行近距离侦察成为各军事强国争相发展的方向,无人艇体积小、隐身效果好,很难被敌方跟踪监视,从而保证了海上情报获取的突然性。2018年10月,美国海军司令部在五角大楼公共采购网站上发布了对未来中型无人艇(MUSV)的需求清单,该无人艇长度12~50m,无风时最大速度达到27kn,巡航速度为16kn,航程为4.5万n mile(8.3万km),可连续航行60~90天,MUSV是一种无人侦察艇,能够长时间跟踪个别船只和海上编队踪迹,执行电子侦察任务[111]。2021年4月,在"无人综合作战问题21"演习中,美国海军在南加州海岸测试了"阿达罗"无人艇,其能够近距离隐蔽跟踪监视有人舰艇。虽然美国海军从未对这艘无人艇做过披露,但通过该演习可以看出该无人艇至少部分任务是扩大海军的情报与侦察任务,减少海上跟踪监视盲区,尤其是当海上编队靠近海岸作业时。海上侦察作为海上低强度对抗活动,是无人艇传统作战任务,而随着无人艇发展越来越成熟,未来必会搭载功能复杂火力打击系统,从而使其朝着侦察监视、火力打击等一体化作战方向发展。

2. 海上反舰

海上反舰是利用海上舰艇平台搭载的火力打击系统,对敌方海上舰艇编队实施精准打击。海上反舰是赢得海上作战主动权的核心,随着反舰导弹技术的进步,超视距、超声速、掠海飞行的反舰导弹层出不穷,这极大增加了海上防空压力,使大型水面舰艇平台的海上生存面临很大挑战,如何有效降低反舰导弹威胁成为各海上军事强国亟须解决的关键问题。区域外打击成为避免敌方反舰导弹攻击的有效举措,但这同样降低了己方反舰导弹的打击效果,利用无人艇实施海上反舰就可以解决这一尴尬局面。无人艇反舰不但可以避免敌方对有人舰艇平台的精准攻击,还可以进入敌方核心作战区域,占领海上有利阵位,利用蜂群战术,对敌方海上舰艇编队实施饱和攻击。在2007年美国发布的《海军水面无人艇主计划》中,设定了无人艇的7项使命任务:反水雷战、反潜战、海上安全、反舰战、支持特种部队作战、电子战和支持海上封锁,指明了无人艇的发展重点和技术攻关方向。反舰战作为无人艇重要使命任务引起各军事强国重视,而利用无人艇搭载反舰导弹实施海上攻击首先在以色列成为现实,以色列海军列装部署的"海上骑士"无人艇能够配备多枚"长钉"反舰导弹,并于2018年4月成功验证了反舰导弹的发射,这也是全球首次利用无人艇发射反舰导弹[112]。随着以色列无人艇反舰试验的成功,美国海军海上系统司令部与美国工业巨头德事隆公司也达成协议,为通用无人水面艇加装反舰武器系统,主要包括多种导弹、目标指示器、传感器和遥控武器站。无人艇海上反舰不同于以往的海上侦察等传统任务,不但要解决舰载反舰导弹的小型化,还要解决舰载反舰武器系统的高度集成化,以保证在有限舰艇平台集成复杂的反舰武器系统。

3. 海上防空

海上防空是利用水面舰艇平台搭载防空武器系统对空中来袭飞机、反舰导弹等目标实施有效摧毁,保障核心作战区域的安全。随着各军事强国反舰导弹技术的进步,研发掠海飞行的超声速反舰导弹成为必然趋势,如苏联 P-700 反舰导弹就是一款长程超声速、掠海飞行的多用途反舰导弹,最高飞行速度可达到马赫数 2.5,这对舰载防空武器系统提出很高要求。反舰导弹掠海飞行导致飞行路线基本处于侦察监视盲区,而超声速巡航保证了即使被发现,也难以采取有效的反制措施,要降低反舰导弹的海上打击压力,就必须扩大海上侦察监视区域,增加海上防空的反应时间。利用无人艇扩大侦察监视范围是抵消超声速、掠海飞行反舰导弹海上打击压力的有效举措,根据海上防空需要,分散部署无人艇到海上核心作战区域外,在区域外跟踪监视来袭目标,大幅扩大海上侦察预警范围。无人艇通过跟踪监视敌方空中目标,预判敌方作战意图和攻击对象,引导有人舰艇舰载防空导弹对其进行精准摧毁。2017年8月,美国海军在"海上猎人"无人艇和"阿利·伯克"级驱逐舰上对"空中拖曳式海军系统"进行了测试,通过分散部署"海上猎人"无人艇,将"阿利·伯克"级驱逐舰的侦察监视范围从方圆三四十海里提升到一百海里,有效增加了空中来袭目标的预警反应时间[113]。随着舰载武器集成化技术的发展,在无人艇上集成防空武器系统成为未来海上防空的重要发展方向,通过在无人艇上安装有源相控阵雷达和垂直发射系统等,为其独立跟踪和摧毁空中来袭目标奠定基础,同时利用无人艇蜂群协同实施海上防空有效弥补了掠海空间监视盲区,及时引导近程防空导弹集群对来袭导弹实施精准摧毁,有效降低超声速、掠海飞行反舰导弹的高强度威胁。

4. 海上反潜

海上反潜是水面舰艇平台利用搭载的反潜武器系统,对敌方潜艇、无人潜航器等水下重要目标实施毁灭性打击。随着静音技术的进步,潜艇、无人潜航器等水下作战平台接近大洋黑洞基本上成为既定事实,来无影、去无踪是保证水下突击的核心要义,而有人舰艇作为海上高价值作战平台,成为敌方水下隐蔽突击关注的主要目标,如何提升有人舰艇生存率成为各军事强国演练的重点。海上反潜作为制胜海战的关键,提升海上反潜作战能力不但要提高水下打击精度,还要保证己方有生力量的生存,而随着水下潜艇技术的进步,有人舰艇远距离反潜导致水下打击误差较大,近距离反潜又使己方生存受到严重威胁。要改变有人舰艇反潜作战的被动局面,就必须运用无人艇前出核心作战区域对敌方水下目标实施近距离反潜,这样不但可以强化对水下目标的毁灭性打击,还能够使己方有生力量远离交战区,避免遭受敌方的水下隐蔽突击。2016年4月,美国"海上猎人"无人艇首次公开展示在世人面前,标志着"反潜作战持续追踪无人艇"计划结束了原型艇的建造工作,开始作战运用测试。从作战用途上来看,该艇将承担海上反潜作战任务,主要通过海上游弋发现敌方水下潜艇等目标,进而对其进行持续跟踪监视,并通过通信数据链向附近的水面舰艇传输敌方潜艇的实时坐标,引导水下攻击作战行动[114]。2021年4月,美国海军太平洋舰队在圣迭戈附近进行"无人系统综合战斗项目"测试,主要是验证"海上猎人"无人艇和"海鹰"反潜直升机协同反潜作战能力。海上反潜作为无人艇的重要使命任务,尚未运用到实际作战中,但必将成为未来各军事强国海上反潜演练的重要方向,从而使无人艇发展成为海上反潜重要利器,逐渐主导海上反潜任务。

6.3.3 无人艇发展趋势

随着海洋逐渐成为海上争端的主战场,敌我双方开始强化角逐海洋,大型水面舰艇等高杀伤力的海上装备依然是现代海战主角,但是武器装备多元化开始影响现代海战格局。由于智能化等技术进步,颠覆了现代海战形态,而无人艇研制装备成本低、生产周期短、可快速装备军队,能够实现以小伤大,尤其在现代战争形态下,将摧毁击沉为作战目标逐渐转变为损伤并丧失持续作战能力为作战目标,无人艇相比于有人舰艇,战争效费比优势更加明显[115]。

1. 大型隐身化

海上作战作为赢得未来战争主动权的重要方式,已促使各军事强国花费巨资研发大型水面舰艇平台,但是随着反舰导弹技术的进步,大型水面舰艇的战场生存又面临严峻挑战,为提升海上作战效能,降低有生力量伤亡,发展大型隐身无人艇成为各军事强国争相竞争的重要领域。利用大型隐身无人艇搭载集成多元复杂武器系统,强化海上攻击力的同时,还降低了被敌方发现的概率,提升战场生存能力。大型隐身无人艇已经成为搭载小型雷达站、远距离操控武器系统、电子光学设备以及特种水声系统、声纳浮标的重要载体,为高效发现水下、水面和空中动态或时敏目标奠定基础,并触发相关武器系统对敌方目标进行毁灭性攻击,进一步提升无人舰艇的海上作战能力。据美媒报道,美军2016年4月在俄勒冈州波特兰市为无人驾驶军舰"海上猎手"号进行命名仪式,该舰航速可达27kn,长约27m,能够无需遥控海上连续巡航3个月,是潜艇的克星。根据美国海军的作战构想,计划打造由10艘大型无人艇组成的无人舰队,用于独立作战或协助海军完成高度危险的作战任务,通过与"宙斯盾"作战系统以及其他传感器相结合,提升海上有人/无人系统的协同作战能力,无人舰队的部署将有助于减少有人战舰的需求数量,降低海上有生力量的战场伤亡率。

2. 高速高航程化

水面舰艇作为海上攻击的重要利器,已经成为强化海上机动防护能力的关键平台,因此,世界主要军事强国都在持续加强水面舰艇武器系统的综合发展。在海上体系作战中,水面舰艇平台面临严重威胁,高速度、远距离长途海上奔袭就是"反敌侦察、隐蔽企图、防护打击、欺骗干扰"的基础,即采取各种战术技术措施减轻敌方破坏程度,确保水面舰艇平台的安全,保障水面舰艇顺利完成作战任务,高速高航程化作为水面舰艇海上奔袭的重要指标参数,已经成为各军事强国水面舰艇发展的重要方向。随着人工智能技术的进步,无人舰艇作为有人舰艇的主要替代品,其发展会日新月异,而高速高航程化也必将成为无人舰艇的重要发展方向。2017年9月,英国罗·罗公司发布大型无人艇设计方案,该无人艇具有高续航力、智能化等特点,航速25kn,自持力100天以上,续航力可达3500n mile。按照新型海上作战构想,大型无人舰艇搭载模块化载荷,利用其具备的高速高航程特性,在复杂海况条件下能够正常作业,实现了无人舰艇与有人舰艇编队的远洋作战,主要用于执行水雷战、反潜战、战场态势感知、海上拦截等多样化海上作战任务,有效降低了战场有生力量的伤亡,保障海上作战行动的可持续性进行,有望为未来智能化海战带来全新的新质作战能力。

3. 系统集成化

未来海上战争节奏明显加快,战场情况更加纷繁复杂,在这样的作战环境中,任何单一的武器装备都不可能主宰战场,而要谋取作战体系上的最大优势、实施"快速决定性作战",就必须强化综合集成。无人艇系统集成化的目的,就在于使所有传统的"烟囱式"系统无缝隙地连接成一个有机整体,将各种武器系统整合形成作战合力,从而消除各类武器系统运用的时间差,大大提高"快速决定性海上作战"和火力打击的灵活性与准确性,以真正实现"发现即摧毁"的作战效能。随着无人艇多传感器智能感知、远程宽带信息传输和无人艇整体设计、系统集成、新材料等关键技术的突破,新型无人艇有望改变未来海战模式,成为颠覆未来海战规则的主导力量。2016年,在美军"年度海军技术演习"中,诺斯罗普·格鲁曼公司海上无人作战系统集成方面取得重大成就,通过将传感器、海洋工程、人工智能技术进行系统集成和优化,使无人艇具备强大的战场态势感知、海上攻击、海上反潜等作战能力。同时,美国海军还于近期开展了一系列无人技术的项目研究,如"大型无人水面艇"和"超大型无人潜航器"项目研发,美国在多份报告中指出,未来海上作战趋势是广泛使用的无人作战系统,可以看出美国海军作战理念已经从"航母决定一切"转变为"以海上无人舰队为依托"。

6.4 无人潜航器水下作战运用

随着战争形态的演变,人的因素越来越多地转移或物化到武器装备上,智能化战争是以人机交互为基础的,延伸发展了人的"大脑"功能。智能化作战,人更多退居幕后,具有隐蔽性、全域多维、极限生存、指控精确、消费比高等作战优势,突破了人类的生理和思维极限,将战争形态从信息化战争的"瞬时摧毁"演变成智能化战争的"即时摧毁",达到先手布局,先发制人的作战效果[93]。无人潜航器作为水下智能化作战的重要利器,颠覆了传统的水下作战模式,使有生力量能够完全脱离水下反潜、水下扫雷等高危险性作战行动,保证水下作战力量的持续存在,最大程度上支撑水下综合作战能力的高效发挥。

6.4.1 无人潜航器水下作战运用特点

随着无人水下技术的发展,在现代战争追求零伤亡的作战需求下,无人潜航器作为无人作战系统的重要组成部分,已经成为世界各军事强国的研发"热点"。无人潜航器作为水下战场的黑马,在水下作战中发挥着不可低估的作用,从根本上说,无人潜航器就是一个水下武器平台,可以携带鱼雷或导弹等进攻性武器,以隐蔽方式攻击敌方目标。可以预见,无人潜航器未来可执行的水下作战任务将越来越复杂,一旦被投入实战,必将开创海洋战争的新篇章。

1. 深度下潜、高效隐身

受体积和人体生理条件的限制,有人潜艇的下潜深度通常会达到400m左右,最深不过600m左右,而无人潜航器体积较小,又是无人操作,不受人体生理条件的限制,下潜深度会达到1000多m,更有甚至会达到上万米的深度。战场上跟踪监视潜艇及无人潜航器的行动轨迹,通常会采用声纳探测的方式,如日本

"白根"级驱逐舰上的OQS-101舰壳声纳,采用主动和被动工作方式,全向搜索、定向探测,作用距离为10～15n mile(直接声传播)、5～20n mile(海底反射)、30～35n mile(聚敛区),但作为下潜深度达上千米的无人潜航器,利用声纳探测几乎成为不可能的事情。除声纳探测外,还会利用潜艇及无人潜航器进行跟踪监视的方式,获取无人潜航器的行动轨迹。就水下探测理论而言,潜艇能够识别查证无人潜航器,但从实际操作的角度出发,无人潜航器的下潜深度远低于潜艇,直接导致水下跟踪监视的难度极大。作为同等类别的无人潜航器,实现其相互之间的跟踪监视也是一件不容易的事情,无人潜航器具有体积小、航速慢的特点,造成的水下噪声并不大,几乎可以称得上"大洋黑洞",利用无人潜航器搭载的有限探测传感器,很难从根本上获取敌方无人潜航器的行动轨迹。无人潜航器利用深度下潜优势和海水天然屏障,直接实现其水下高度隐身。

2. 静止悬停、抵近突袭

无人潜航器是高航速和低航速兼具的水下武器装备,高航速最快可达五六十节,而低航速最慢甚至可以低至几节,近乎处于准静止状态,这为水下隐蔽突袭奠定重要基础。无论水面舰艇还是水下潜艇,为实现海上作战效果的最优化,都是以追求高机动性为基础,但是作为体积小、静音效果好的无人潜航器,不再需要利用高航速躲避或实施水下攻击,通常会以近乎几节的航速,以准静止悬停的方式,抵近敌方重要目标,突然发起毁灭性攻击。现代海战中,水面舰艇或潜艇作为海上作战的重要装备,搭载进攻性武器对敌方重要目标实施毁灭性攻击是常态,为抵消进攻性武器的攻击效果,伏击水面舰艇等大型武器平台已经成为亟待解决的关键问题。除搭载进攻性武器外,大型武器平台还会搭载声纳等反潜设备,而由于潜艇航速快、噪声大,很容易被声纳跟踪探测到,这为潜艇伏击水面舰艇造成极大障碍。无人潜航器的出现正好弥补了这一缺陷,其利用较低航速,近乎静止悬停的方式,运用"守株待兔"的战术方法,在重要航道上抵近突袭敌方大型武器平台。美国"剑鱼"无人潜航器能够在深度100m,以低至5kn的航速进行潜航,同时还配备了水温、海水浊度传感器、侧扫声纳和下视相机,能够出其不意地执行水下侦察、勘探以及水雷侦测识别和定位。

3. 智能操作、自主控制

与无人机和无人艇相比,无人潜航器遥控式指挥的难度更大,这是由于无人机和无人艇的信息传输介质是空气,而无人潜航器的信息传输介质是海水。在上千米深处潜航的无人潜航器,周围通常会被复杂的海洋环境所包围,其海水盐度、断层等会呈现出断崖式变化,一旦遭遇突发情况,根本无法依靠遥控指挥脱离险情,整个潜航过程更多的需要无人潜航器自主感知、自主决策和自主实施,及时使无人潜航器摆脱恶劣的战场环境。随着智能化战争的到来,水下作战也从速胜向秒胜转变,利用被动式遥控指挥的无人潜航器无法及时把握战机,无法营造"先敌锁定、先敌开火、先敌摧毁"的主动局面,因此,无人潜航器自主控制是赢得战场主动权的关键。美国于 2007 年发布《无人系统路线图》,进一步开发无人潜航器自主能力、能源和推进技术,传感器和信号处理技术,通信和导航技术以及作战和人工干预技术等,欧洲防务局也于 2010 年发布了《海上无人系统方法与协调路线图》,提出重点突破传感器、平台、通信、指控、自主控制、反水雷等关键技术。无人潜航器自主控制技术已经被世界各军事强国重点关注,支撑战场态势自主获取、作战决策自主制定、火力打击自主执行,是赢得水下作战压倒性优势,支持未来智能化战争的关键技术。

6.4.2 无人潜航器水下作战运用样式

近年来,随着高科技的不断发展,尤其是人工智能技术的进步,水下作战的作战样式和战法运用都受到了前所未有的挑战。随着无人潜航器不断投入运用,对水下作战产生巨大影响,甚至能够引发水下作战样式的一场革命性重塑。通过梳理各国无人潜航器的发展现状以及对未来战争样式发展趋势的预测,在未来水下作战中,无人潜航器在水下侦察、水下反潜、水下反舰和水下扫雷方面发挥更大作用,成为提升水下作战效能的倍增器,是主导水下战场的重要力量。

1. 水下侦察

水下侦察是利用各种水下传感器通过多种组网方式,对敌方时敏目标进行跟踪监视,破解了大洋"黑洞",为水下作战奠定重要基础。相比其他战场环境,水下环境更加恶劣,严重影响有生力量作战效能的发挥,尤其是水下潜艇,受生理极限的限制,难以在恶劣的水下环境中长时间执行水下作战任务。同时,潜艇体积较为庞大,难以自由出入浅水区,从而造成水下侦察盲区。特殊的水下战场环境造成海底有很多深坑、海沟和斜坡,容易导致海水聚集,形成暗流、暗涌,很可能危及有生力量的安全,而无人潜航器的出现,能够突破人体生理极限,不受恶劣水文环境和高危海底环境的影响,最大限度地扩大任务海域,长时间的执行水下情报收集、跟踪和监视等任务,同时,无人潜航器体积较小、隐蔽性较好,能够自由出入浅水区,弥补了潜艇的水下侦察盲区,而且很难被敌方发现和捕捉,战场生存能力极强。2014 年,美国就曾用"金枪鱼-12"无人潜航器潜入 4000m 深的南印度洋搜索马航 MH370 失事客机。2005 年 11 月 14 日,美国海军从"布法罗"号攻击核潜艇上成功发射了一具无人潜航器,利用其搭载的多种传感器,测量不同深度的盐度和温度,直接探测感知水下战场环境,为潜艇等有生力量提供"水下环境图像",对水下作战决策和计划的制订提供重要情报支撑[116]。美国海军"海马"无人潜航器体积较小,可在深 10~300m 的水域独立执行多种作战任务,很难被敌方探测和锁定。从上述战例看出,根据水下作战需求,无人潜航器在水下目标侦察、战场环境探测和自身隐蔽生存等方面都能发挥良好的作战效能,提升全域、全频、全时水下战场感知能力的同时,还有效增强了自身的隐蔽性,全面提高了无人潜航器的水下综合作战能力。

2. 水下反潜

水下反潜是水下平台利用其搭载的反潜探测设备对敌方水下作战目标进行探测、识别和定位,并利用反潜武器实施攻击的水下作战行动。水下战争虽然起步于第二次世界大战时期,但随着技术的进步,已经开始明显感到变迁步伐,有迹象表明,期待已久的"水下机器人的黎明"即将来临,作为高技术海战的力量倍增器,各种任务模式的无人潜航器必将逐步活跃于水下战场。由于物联网、新材料、人工智能、大数据等技术的快速进步,以无人潜航器为代表的水下无人作战系统得以迅猛发展,使水下作战形态得到革命性重塑。相比传统潜艇需要手动控制,执行水下作战任务单一不同,无人潜航器可以在深海中自主执行水下作战任务,有效探测和识别水下动态目标,代替载人潜艇和侦察船,长时间、高密度的将敌方动态目标包裹在水中,却不受恶劣水文环境和极高海底危险的影响,实现水下作战指挥高效化、行动精确化、操作自动化和行为智能化,提高非接触水下作战能力。2019 年 10 月,韩国国防防务制造商汉化系统公司(Hanhua Systems Company)在国防展览会上发布了一款反潜战无人潜航器(ASWUUV)。美媒将其定位为"世界上第一个搜寻潜艇的自主水下机器人",该无人潜航器约长为 9m、宽为 1.5m,能够在 1000 英尺(约合 305m)的深度处进行潜航,通过监听敌方潜艇的强大声纳装置,以搜寻、定位和判断敌方重要目标的作战态势,并向友军发出警报或发射攻击武器将其摧毁,这对于提升水下反潜作战能力具有重要的现实意义[117]。随着水下无人作战技术的发展,未来有能力、有条件在深海部署各类隐身无人潜航器,从深海突然摧毁敌方重点目标,瘫痪敌方作战体系,达成全域闪击的奇兵效果,成为争夺水下战场主动权的重要手段。

3. 水下反舰

水下反舰是水下平台利用其搭载的探测设备对水面舰艇目标进行探测、识别和定位,并利用潜射武器对目标实施精准攻击的作战行动。随着潜射导弹等攻击性武器的日益成熟,利用水下作战平台隐蔽攻击水面舰艇成为世界各军事强国海上作战的主要手段。攻敌之矛的日益尖锐,同样会造成护己之盾的脆弱,因此水下作战平台的隐蔽性会随着敌方反潜技术的提高而逐渐减弱,利用潜艇发射潜射导弹攻击水面舰艇不再是绝对安全的行为。随着人工智能技术的广泛运用,尤其是水下无人平台的超量化运用、自主武器的智能化对抗,颠覆性技术填补了人机融合、共同认知的技术空白,使"制智权"成为未来水下作战争夺的焦点,进一步推动发展长航时高深潜的无人潜航器,并搭载各种武器装备,执行对海、对潜等水下攻击任务。2014年8月,美国海军第5潜艇发展中队下属水下无人潜航器分队,接收了"海星"水下无人潜航器,其长8.2m,直径0.96m,最大潜深1000m,续航72h,能够进行视距和超视距通信,这是美国海军采购的"蛇头"大型水下无人潜航器的备选方案之一,而最终确定的"蛇头"大型水下无人潜航器将携载武器或电子战设备,不但可以使敌水下传感器和水雷失效,也可以攻击敌水面舰船甚至岸上目标[118]。美国海军在一份《情报、监视与侦察路线图》报告中指出,到2020年美军将建成一支新型的水下无人作战部队,将拥有至少1000套水下无人潜航器,2025年达到2000套,届时,水下反舰作战任务将更多由无人潜航器承担。过去无人潜航器需操作人员进行人为控制,严重制约水下作战时效性,未来无人潜航器之间,无人潜航器与有人平台之间,能够实现行动的高度协同,构建无缝链接的高度智能化水下作战系统。

4. 水下布雷

水下布雷是水下布雷力量在指定海域布设水雷障碍的战斗行动,目的是使用水雷毁伤敌舰船,限制其海上行动,为己方海上作战创造条件。水下布雷作为传统海上封锁的主要方式,具有成本低、效能高等优点,通常主要用于对港口、岛屿等固定目标的围堵,有力遏制敌方舰艇进出港口进行战场补给,降低了海上作战的可持续性。随着水面舰艇自持力的大幅提升和综合补给舰的广泛运用,水面舰艇已经具备攻击能力强、持续时间久的海上作战特点,单纯对港口等固定目标完成海上封锁很难达到实战效果,而无人潜航器的出现有效解决了这一难题。无人潜航器具有噪声低、隐蔽好等优势,可以长时间隐蔽跟踪敌方水面舰艇,通过分析研判敌方水面舰艇的航向、航速等,确定其必经航路,并在该航路上及时布设雷区,阻碍或迟滞敌方作战力量的战场机动性。同时,布设水雷作为一种高危险任务,尤其是在敌方的攻击范围内,利用无人潜航器进行水下布雷能够一定程度上降低战场风险。2019年12月17日,美国《福布斯》双周刊网站发表了题为《美国海军的新型"虎鲸"无人潜航器可能获得进攻性角色》的文章,介绍了退役海军中校布赖恩·杜拉的观点,"虎鲸"无人潜航器长约26m,不但具有长航时长航程的特点,还拥有灵活的有效载荷舱,能够装载多枚高毁伤性水雷,这为大范围内灵活自主布设雷区,有效毁伤敌方目标奠定重要基础[119]。利用无人潜航器进行水下布雷,能够将大型无人潜航器的高航程和高自主与水雷的高毁伤有效结合到一起,使水下布雷同时具备了高灵活和高毁伤的特点。随着无人潜航器和水雷的高度智能化,在未来智能化战争中,水下布雷仍将被广泛运用,并从传统的被动防御向主动攻击进行转变。

6.4.3 无人潜航器发展趋势

强对抗、快节奏、非线性的水下作战,极大地增强了有人作战平台的危险系数,从有效提升水下侦察、作战决策、火力打击等作战能力,且大幅降低有生作战力量伤亡的角度出发,水下战场"无人化"已成为大势所趋。随着水下战场成为双方争夺的焦点,无人潜航器结合无人作战、网络中心战等未来战争形式,正朝着深潜静音化、重型高速化和综合集成化的方向发展,以有效发挥其小型微型化、高度智能化、快速机动化和高效隐蔽性等水下作战优势[120]。

1. 深潜静音化

水下作战域作为海上战场的主要组成部分,已经成为世界各军事强国重点布势的关键区域,其不但颠覆了传统的海上作战制胜机理,还在一定程度上能够扭转海空力量劣势,为赢得海上不对称战争奠定重要基础。随着有人潜艇等水下武器装备的发展,水下作战制胜模式日益突出,但是受人体生理条件、潜艇体积和螺旋桨转速的限制,有人潜艇下潜深度长期保持在固定深度,限制了有人潜艇的隐蔽性。由于人工智能技术的进步,无人潜航器也从传统的遥控指挥向自主指挥演变,这为无人潜航器水下自主作战奠定基础。无人潜航器作为水下无人作战装备,不受人体生理条件限制,下潜深度已经能够达到五六千米以上,极大地提高了水下作战的隐蔽性。随着水下鱼雷等战术武器的小型化,使无人潜航器的小型化成为现实,无人潜航器通过深潜渗透到敌方占领区,利用水下鱼雷隐蔽突袭敌方港口、基地等重要目标。无人潜航器作为水下突袭的利器,迫切需要其具有水下低速悬停能力,而低速悬停又会遭遇敌方反潜力量的侦测,为降低被敌方侦测概率,无人潜航器的螺旋桨必须保持低转速旋转,降低水下噪声的产生。深潜静音化是无人潜航器未来发展的重要方向,也是实施水下突袭作战的基础,能够有效提升侦察监视、火力打击等综合作战能力。

2. 重型高速化

在水下作战中,无人潜航器开始崭露头角,但随着水下武器装备的先进程度日益增强,无人潜航器也开始朝着适应未来水下作战的方向发展。无人潜航器作为攻击水下、水面等重要目标的隐蔽平台,水下作战效能影响着无人潜航器水下作战能力的有效发挥。现代海上战争是体系作战,以水面航空母舰、水下大型潜艇等为核心节点,共同构成海上作战体系,要赢得海上作战的主动权,就必须击溃以航空母舰为代表的核心节点。航母母舰和水下潜艇作为敌方重点攻击的目标,其具有较强的防护能力,小型导弹、鱼雷等攻击性武器很难对其造成较大损伤,严重制约水下作战效能的发挥。无人潜航器在隐蔽突袭航空母舰的同时,还要实现毁伤效果的最大化,就必须搭载重型导弹等毁伤性武器装备,而无人潜航器作为重型导弹的载具,也必将朝着重型化的方向发展。无人潜航器虽然潜深大、静音好,但是随着反潜技术的发展,势必会遭受到越来越严重的威胁,要提高无人潜航器的水下生存能力,就必须提升无人潜航器的水下航速,这样才可以使无人潜航器能够快速脱离危险区。无人潜航器作为未来水下攻击的利器,必将朝着重型高速化的方向发展,这不但能够有效提升水下攻击的威力,还可以使其快速脱离危险区,摆脱水下作战的被动局面。

3. 综合集成化

随着智能化技术的进步,水下武器装备开始从传统的、单一的装备向综合化、集成化装备发展,以水下潜艇为例,正从传统的运输型、攻击型等分类发展向综合化、集成化方向发展,使一艘现代潜艇拥有原来多艘传统潜艇的综合作战能力。无人潜航器作为未来水下作战的利器,也必将朝着综合化和集成化的方向发展,具备利用水层掩护进行水下跟踪监视活动和对敌方实施突然袭击的能力;具有较大自给力、续航力和作战半径,可远离基地,在较短时间和较大海洋区域以至深入敌方海区独立作战,有较强的突击能力;能在水下发射导弹、鱼雷和布设水雷,攻击海上和陆上目标等,使无人潜航器同时具备水下侦察、水下反舰、水下反潜和水下布雷的能力,提升无人潜航器的水下综合作战能力。无人潜航器的综合集成化并非搭载所有武器装备,而是综合运用大量先进技术,采用模块化设计思想和建造技术,即通过同一艇体按照不同功能组件来形成不同功能的水下打击平台,并能够根据水下作战任务的变化及时更换,这样就可以利用有限的作战平台实现水下作战效能的最大化。随着人工智能技术的发展,无人潜航器智能化程度将会越来越高,这为其综合集成化奠定重要基础,从根本上解决了平台大型化、水下隐蔽化和打击多样化的现实矛盾。

6.5　无人装备海上作战运用演进

现代战争正呈现出"智能精准赋权、分域联动聚优、跨域协同增效、全域联合制胜"的新特点,由此引发了战争制胜机理、战斗力生成模式、战场对抗方式等诸多深刻变革,对作战形态和交战规则产生颠覆性影响。随着人工智能技术的进步,正与航海技术学科逐步形成交叉融合,驱动着海上装备朝着无人化和智能化的方向跨越式发展。虽然现有无人装备的智能化水平离海上作战需求尚有一定的差距,但相关技术正飞速发展,相信在不久的将来一定可以实现。

6.5.1 远程测控级

远程测控级是无人装备在人为远程控制下完成海上作战任务,是被动集中式协同作战模式的典型运用。远程测控级是海上无人装备的初始等级,是智能化程度最低的,无法自主完成海上作战任务,从本质上来说,该等级的无人装备有完成任务所需的执行力,但没有自主的决策层。执行海上作战任务时会通过电缆与母船相连,或者通过无线电与基站进行通信,对战场态势具有快速情报收集能力,情报处理过程依赖于人类对目标的识别与判断,并接受来自母船或基站的作战命令,最优化执行作战命令,如自动实现最优舵角、确定打舵时间、选择最佳航线,以及根据实时海况判断并实现达到理想航速等功能,辅助完成海上作战任务。海上作战过程中,该等级无人装备能够利用多传感器为人提供辅助航行信息,如港口信息、海图信息、海流状况等,以及实时可靠的导航定位和姿态运动情报等装备自身航行状态的信息,为人的作战决策提供参考。该等级海上无人装备并不是完全智能化的武器装备,而是依靠后台人员进行远程控制,因此能够完成大多数有人装备可以完成的任务,如侦察监视、海域巡逻、通信保障等。此外,以无人艇为代表的海上无人装备,突破了生命安全的限制,能够适应于各类海上危险作战任务,如复杂海况下的水文探测、危险海域的情报侦察、水雷排查等,最大程度的提高了海上危险任务的完成率。远程测控级海上无人装备主要依赖于技术成熟度较高的自动控制技术及低级的智能优化技术,研发风险小、成本低,相信在数年之后,该型装备不但能够在军用领域取得较大进展,在民用领域也会取得十足的进步。目前,许多国家已经着手研制该等级的商业化货船,世界上最大的矿业集团必和必拓正在研发一种巨型自动航行货轮,而欧洲企业也在政府的强力支持下推进自主无人船的研发进程,表示争取在未来几年内实现波罗的海域的完全遥控船舶运营。

6.5.2 单机自主级

单机自主级是无人装备可以自主完成海上作战任务,能够和基站进行通信、反馈作业进程,并随时接受来自基站的遥控操作,是介于被动集中式协同作战模式和半主动分布式协同作战模式的典型运用。相比远程测控级无人装备,单机自主级无人装备战场时效性更高,能够脱离人为控制,拥有侦察监视、通信保障等部分自主决策能力。目标识别作为海上侦察监视的核心要素,是保证海上作战自主完成的基础,主要包括水面障碍物的识别、河岸与海岸的检测、动态目标的识别,是海上无人装备实现自主智能化的关键。同时,根据海上作战主要海域水文气象等海况的变化,目标识别必须保证在恶劣海况条件下,能够准确、及时、高效识别出海上目标,使单机自主级海上无人装备具备较高的可靠性和稳定性。单机自主级海上无人装备作为拥有部分自主决策能力的武器装备,其主要是通过人工智能技术来实现的,在执行海上作战任务之前需要人为提供学习样本,经过大量的深度学习后,能够实现自主识别、自主航行、自主规划等基本作战任务,并按照预期作战目标完成任务。单机自主级海上无人装备在自主执行海上作战任务的同时,能够实时向母船或基站反馈任务执行情况及装备自身的运转情况,便于后台人员进行实时监控,并且在必要时候能够调整为远程遥控控制,不但提高了无人装备海上作战的智能化程度,还提升了执行海上作战任务的准确率。虽然单机自主级无人装备的智能化程度要比远程控制级高,但是该等级的无人装备不具备与其他单元进行海上协同作战的能力,只能独立执行海上作战任务,对于进出港口、目标引导等需要与其他作战单元互动协作的作战任务,仍然需要进行人为控制。此外,由于单机自主级海上无人装备只能处理通过样本学习过的事件,对于未知或未学习过的事件,并没有很好的处理能力,因此,该等级的无人装备只适用于可以预测的海战场环境。

6.5.3 合作交互级

合作交互级是无人装备能够与其他装备进行通信联系,并合作完成海上作战任务,是半主动分布式协同作战模式的典型运用。通过大量集群训练,无人装备能够基于通信网络与其他装备进行编队协同,执行海上作战中的不同任务,共同完成海上作战目标。合作交互级控制的主要方法包括基于行为法、虚拟结构法和领航跟随者法,其中,基于行为法是将编队整体行为分解为各作战单元行为来实现整体的控制;虚拟结构法是为编队系统设定一个刚性队形,各作战单元在执行任务过程中,以相应参考点为预期位置状态进行运动;领航跟随者法是为编队确立一个或数个领航者,其他作战单元则作为跟随者,通过一定策略跟随领航者进行运动。交互合作级海上无人装备的控制方法操作简单,易于实现集中式或分布式控制,在海上作战方面应用较为广泛。在执行复杂海上作战任务中,通常需要多种作战单元协同工作,如火力打击、侦察监视、环境感知等,单一装备很难较好地实现所有功能。而海上编队集成了多个作战单元,各个单元可以执行不同的作战任务,实现作战效能的最优化,并利用通信技术实现信息共享,以弥补单一装备的能力不足。此外,海上编队作战具有更强的容错机制,每个作战单元仅负责海上作战中的部分任务,即使个别单元发生损毁,其他单元也能够及时顶替,完成作战任务,使作战范围及可靠性都有了很大的提高,从而保障完成高强度、高难度和高要求的海上作战任务。然而,合作交互级海上无人装备的作战范围局限于已知任务,对于海上作战过程中出现的突发情况,无法采取较好的应对措施,为有效解决这个问题,可以将合作交互级与远程测控级海上无人装备进行结合,在执行海上作战任务过程中以远程测控级装备为领航者,合作交互级装备作为跟随者,遭遇突发情况时,通过人为控制远程测控级装备引导,合作交互级装备协同作业,强化其作战能力。

6.5.4 自主学习级

自主学习级是无人装备在完成海上作战任务的过程中持续自主学习,不断提高智能化水平,是介于半主动分布式协同作战模式和驻地分布式协同作战模式的典型运用。自主学习级无人装备的学习过程不再局限于人为提供的学习样本,可以在执行海上作战任务的过程中不断学习,能够有效应对海上作战过程中出现的突发情况。为实现海上无人装备的自主学习能力,可以采用强化学习的深度学习策略,在遇到突发事件时,首先尝试做出一些行为,得到一个该事件对于这种行为的后果,随后通过该结果产生的反馈对自身策略进行优化,并在下一次遇见该事件时,做出更优的判断,随着反馈学习次数的增加,自主学习级无人装备能够逐渐掌握对于该事件的处理方式。但在执行海上高危作战任务时,错误的尝试可能会导致无人装备被摧毁,从而导致"学习"所得到的结果全部丧失,因此,海上无人装备都必须能够实时共享每个尝试性动作以及所得到的结果,使得"学习"不是个体行为,每个无人装备都能从其他无人装备的行为和结果中进行学习,并及时把"学习成果"传输到基站,防止错误尝试所引发的不良结果导致学习成果丢失,进而引发海上无人装备学习过程的停滞。在处理海上突发情报的过程中,由于缺少相应样本的积累,强化学习过程的结果反馈可能会有一定的延迟,需要在多次"试错—优化—试错"的过程后才能做出正确的判断。为了加快学习进程且最大化地利用资源,统一规划所有海上无人装备,并实时将任务样本传输至基站。同时,基站将各学习样本及时同步至所有海上无人装备,实现所有自主学习级海上无人装备的智能等级同步提升,缩短学习周期。自主学习级海上无人装备能够较好地处理海上突发事件,适合执行细节信息缺失、不确定性强、未知程度高的高难度海上作战任务。随着海上作战任务量的增加,自主学习级海上无人装备将逐步增强作战能力,提升智能化水平。

6.5.5 智能对抗级

智能对抗级是无人装备拥有相当程度的智能化水平,并能够和人类一样进行快速学习,自主智能完成海上作战任务,是驻地分布式协同作战模式的典型运用。在自主学习级智能水平的基础上,智能对抗级海上无人装备能够通过元学习形成自身的核心价值,实现通用海上作战能力,能够在短时间内适应未知或突发的任务环境,并完成各类高难度海上作战任务。在海上作战行动中,智能对抗级海上无人装备可以迅速地对周围战场环境以及战况做出准确判断,对敌方的战斗力进行评估,并对未来的战场态势的发展做出预测,及时将有效情报信息上传到基站,提供对当前战局的分析预测。此外,在遇到未知事件或突发事件时,该等级的海上无人装备能够通过已有元知识的积累,能够迅速深度理解现状,实现快速学习并做出判断,拟订海上作战参考策略。智能对抗级海上无人装备功能强大、可靠性高,作战模式不再局限于单一任务,能够兼顾多个并行任务,支持海上作战内容的即时切换,此外,该等级的海上无人装备不再仅仅是完成任务的工具,同时也是深入战场的移动指挥台,不仅能够及时提供战场信息,还能够对信息进行分析,作为核心节点指挥整个海上作战行动,不但能够指挥其他无人装备,甚至还可以指挥其他有人装备。随着人工智能技术的进步,为智能对抗级无人装备实施海上集群作战奠定重要基础,面对海战场的瞬息万变,海量信息的瞬时涌入,指挥人员在心理和生理上都很难胜任这样繁重的感知、分析判断和决策任务,同时,面对突如其来的威胁,无人作战集群也需要能够自主攻击来维护自身安全。虽然智能对抗级海上无人装备仍有诸多技术难题尚未攻破,但对各国而言仍是炙手可热的发展方向,必将在未来战场上发挥重要作用,甚至将直接影响战场局势变化,加快该等级无人装备的研发,占据该领域的领先地位仍是各国竞争重点,必将引领未来战场的新潮流。

通过上述综述,表6-1总结了无人装备海上作战运用演进方式及级差优势。

表6-1 无人装备海上作战运用演进表

序号	演进等级	智能水平	级差优势
1	远程测控级	最优化执行命令,提供辅助信息	
2	单机自主级	目标识别,自主航行,自主完成任务	完全独立作业,无需人为操作
3	合作交互级	信息融合,多单位协作交互,编队作业	更广的任务范围,更强的作业能力,更高的可靠性
4	自主学习级	任务过程中自主学习,各单位同步优化	终身学习,持续强化自身能力
5	智能对抗级	形成自身核心价值,迅速适应未知情况,快速学习	迅速理解环境与局势,合理应对未知事件,提供对抗策略

远程测控级的无人技术已经较为成熟,但是由于战场反应能力太弱,并未广泛应用于海上作战行动中。随着无人化技术的发展,目前国内外的海上无人装备基本上都处于单机自主级与合作交互级之间,海上作战的整体行为仍然需要人为干预,相比于完全自主的无人作战单元,作为领航者的无人作战单元依然依赖于人为的远程测控。随着智能技术的发展,合作交互级无人装备系统最终将对水下、水面、海上作战空间进行智能部署,完成无人潜航器、无人艇、无人机等多种类智能化装备深度的海上协同作战,集巡航、侦察、追踪、护卫、反击等海上作战任务于一体的广域任务链,实现海洋领土的一年365天不间断防卫[121]。合作交互级海上智能装备编队作为任务范围广、高鲁棒性的复杂作业系统,将成为未来数十年内海上智能装备的主要发展方向,是海上战争的重要组成部分。自主学习级海上无人装备弥补了人为预编程可能造成的疏漏,通过对各智能体进行互联互通、共享任务过程,采集庞大的海上作战样本库,从而实现智能化水平的自我更迭。而智能对抗级海上无人装备作为无人智能体的最终形态,具备自身的核心价值,对战场环境、作战任务都有相当的认识和理解,能够基于新的战场态势以及作战任务,自主拟定相适应的海上应对策略。

6.6 本章小结

随着科学技术的进一步发展,基于信息化和智能化的无人操作已经成为当今世界的主流,无人化作战也成为了未来战争的主要趋势。本章首先从海上作战运用需求出发,从信息聚能、精准联合和融合打击等方面研究无人装备海上作战运用方式,提出知彼知己、充分准备,集中优势、出敌不意和保持主动、统一指挥的3个海上作战运用原则。其次,分别分析了无人机、无人艇和无人潜航器的海上作战运用特点,研究了海上作战运用样式,提出了未来的发展趋势。最后,阐述了远程测控级、单机自主级、合作交互级、自主学习级和智能对抗级的海上作战运用演进。21世纪后,美国主导的高科技战争让世界人民刮目相看,其带来的军事革命势必会对今后各国竞相发展的武器装备带来重大影响,更让世界各军事强国都认识到发展无人化武器装备的重要性和迫切性。

第7章 无人作战对海上力量体系转型的影响

在大数据、深度学习等高新技术的迅猛发展下,人工智能技术在海上作战领域扮演着越来越重要的角色,传统海上战争正朝着智能化方向快速转型。在智能化战争环境下,涉海作战要素种类越来越多、智能化水平不断提高,迫切需要分析和研判智能化战争形态下新型海战变革发展趋势,充分利用智能手段实施全域规划,为精准、全时管控海战场全域做好准备[122-123]。随着无人技术的不断进步,以无人机、无人艇等为代表的无人装备发展日益成熟,并被广泛运用于海上作战行动中,使无人作战力量作为一种新型作战力量走进人类战争舞台。大量部署海上无人作战力量,快速提升海上作战能力已经成为世界军事强国的必然选择[124]。海上力量作为遂行海上联合作战的主体力量,随着各无人作战力量开始大量编配,重塑了海上作战体系,颠覆了海上作战模式,对海上作战体制编制、武器装备和人员结构的革命性重塑起到巨大推动作用,对海上作战力量体系转型产生深刻影响,为赢得海上战争主动权奠定重要基础[125]。

7.1 对体制编制转型的影响

以无人机为代表的无人装备开始在海上作战中崭露头角,对传统海上作战行动产生了巨大影响,现行海上作战的体制编制难以适应未来无人作战需求。随着人工智能技术的日益成熟,无人装备必将被深度运用,这极大的推动了海上作战体制编制的变革。从提升海上作战能力的角度出发,按照无人装备运用的特点,调整组织结构、编配数量和编配比例,构建符合海上无人作战需求的体制编制,增强海上无人作战弹性,才能释放体制编制对海上作战能力的束缚。

7.1.1 组织结构调整

无人作战时代的到来,海上作战力量体系结构发生革命性重塑,其组织结构将围绕提升无人作战能力而进行实质性的调整。由于新型作战力量成规模形成实战能力,必然全面改变海上作战力量的组织结构,尤其是各类无人装备的出现,不仅改变着海上作战方式,而且将首次改变最基础的作战要素。在不久的未来,以无人机为代表的无人装备将具备自主决定作战路线、自主规避障碍、自主编队、自主协同、自主打击能力,最终实现全自主海上作战。无人作战力量作为新型力量主导未来海上战争,是作战双方必须接受的现实。随着无人机、无人艇等无人作战平台在海上武器装备序列中不断丰富完善,不仅要成立与各型无人作战平台相关的战斗单位和指控单位,还要成立保障无人作战平台正常发挥作用的综合保障单位。根据无人作战平台的列装范围,传统的作战单位也要增加与无人作战平台相关的作战元素,以便使无人作战平台与有人作战平台能够深度融合,协同实施海上联合作战行动。海上战场态势的日趋复杂,敌方对无人作战需求也越来越强烈,无人作战平台编配数量的多少,严重影响了海上作战力量组织结构的调整程度,无人作战平台编配的数量越多,组织结构的调整越深入,无人化作战平台编配的数量越少,组织结构的调整越浅显。

相比欧美各军事强国,俄罗斯开始强化无人作战力量的总体规划,加大各类资源的投入,基本建成了从无人地面战车、无人机到无人潜艇的立体化无人装备体系,一支庞大的"无人战队"呼之欲出,从无人作战力量在战场上的实战运用经验可以看出,建立与之相适应的组织结构成为目前俄军亟待解决的关键问题。俄军最早在车臣战争时期就开始使用无人机,在第一次车臣战争中,俄军使用"蜜蜂"-1T侦察无人机对车臣恐怖分子的常驻地和集结地进行监视,并侦察其武器装备、活动路线和行动企图。在叙利亚战争中,无人机同样有着不俗的表现,并基于此调整了俄军驻叙利亚联合作战集群的组织结构,专门组建了由空天军驻赫梅明空军基地无人机大队、海军驻塔尔图斯海军基地无人机大队和陆军无人机连组成的无人机战斗群。据俄媒报道,在叙利亚参战的俄军无人机集群高达70~80架,以及其他数量不详的地面机器人。俄军在无人作战力量上的重大突破,为俄军队组织结构转型提供了强劲动力,无人作战系统与俄军当前正在进行的信息化、小型化、模块化转型高度吻合,俄军在战场上对无人作战系统的高效运用,将有助于打破俄军的传统组织结构,在各级组织中建立无人作战机构,为有效运用空中、地面和水下机器人系统奠定重要基础。

7.1.2 编配数量调整

由于海上作战形态的演变,战场态势愈加复杂,各军事强国都加快推进无人作战力量的发展,到目前为止,已经推出涵盖空中、水面和水下等若干类型的无人装备,这些装备覆盖了情报侦察、指挥控制、火力打击等海上作战的全过程。无人作战力量在现阶段的发展策略是遍地开花、多多益善,这种策略的优势在于可以极大地促进无人作战力量的快速发展,但是也存在极大的劣势,使各类型无人作战平台编配的数量无序发展,无法突出发展重点。海上作战力量体系各层级编配的无人装备数量,应该按照海上无人作战需求而进行科学调整,不应该一味强调无人而无序扩张。无人作战平台编配数量的确定,应当消除无人化是海上作战力量发展最优路径的错误观点,当无人作战平台数量占海上所有武器装备数量一半的时候,应当及时调整无人作战力量的发展策略为控制规模、突出重点,这是因为无人作战平台海上作战能力的生成受人工智能、大数据等技术限制较大,在技术成熟度尚未达到应有程度时,无人作战平台数量过多会扰乱海上体系作战能力的发挥。未来在设计海上作战力量体系时,不能盲目追求无人作战能力而无限制地编配无人作战平台,要科学确定各层次各类型作战力量无人作战平台的编配数量,优化有人平台与无人平台的协同作战。

2014年2月,时任俄罗斯联邦总理梅德韦杰夫签署命令,宣布成立机器人技术科研试验中心,该中心隶属于俄罗斯国防部,主要从事军用机器人技术综合系统的试验。2015年12月,俄罗斯总统普京又签署总统令,成立国家机器人技术发展中心,主要职能是监管和组织军用、民用机器人技术领域相关工作。这两个机构的成立意味着俄罗斯已经开始在国家层面对无人作战系统的建设发展进行总体规划,其中,重点关注的是无人机和地面战斗机器人的发展。近年来,俄罗斯军队装备了越来越多包括无人机、地面战斗机器人在内的多种无人作战系统。早在2016年年初,俄罗斯国防部新闻与信息管理局就曾表示,俄罗斯武装力量近4年已经接装1500多架无人机,总计装备了1720套各种用途的无人机系统。从2011年至今,俄罗斯武装无人飞行器的数量提升了8倍,地面机器人数量提升了2倍,海上机器人的数量提升了3倍,这些装备先后在乌克兰危机和叙利亚战争中都发挥了重要作用。2016年,叙利亚战场上6个"平台"-M履带式机器人、4个"暗语"轮式机器人、1个"洋槐"自动化火炮群以及数架无人机组成的机器人军团,通过俄军"仙女座"-D指挥系统对敌人开展了空地一体的人机协同联合作战,成功攻占"伊斯兰国"武装分子控制的拉塔基亚754.5高地。

7.1.3　编配比例调整

无人作战引起的海上作战力量体制编制变革是持续过程,随着无人作战平台编配数量的不断增加,使海上作战力量体系中无人作战力量和传统作战力量编配合理,已经成为提升作战能力的关键。从无人作战力量的发展来看,无人作战平台编配数量会随着时间的推移而逐渐增多,直到无人作战平台与有人作战平台达到一个相对合理的比例,这个比例应以有利于发挥海上作战能力为评价标准。无人作战平台所占比例并不是一成不变的,而是随着无人技术的成熟度而变化的,基本上遵循智能化程度越高,所占比例就越高的原则。有人为主、无人为辅作为无人作战的初级阶段,主要是"有人主导下的无人作战",也就是以人完全控制和主导的作战行为,无人作战平台数量所占比例较小;有人为辅、无人为主作为无人作战的中级阶段,主要是"有限控制下的无人作战",即作战全过程人的控制是有限度、辅助性但又是关键性的,多数情况依靠平台自主行动能力,无人作战平台数量所占比例相对适中;规则有人、行动无人作为无人作战的高级阶段,主要是"有人设计、无人控制的无人作战",人类事先进行总体设计,明确各种作战环境条件下的自主行为与游戏规则,在行动实施阶段完全交由无人平台和机器人部队自主执行,无人作战平台数量所占比例较高。

2013年3月,美国发布新版《机器人技术路线图:从互联网到机器人》,阐述了包括军用机器人在内的机器人发展路线图,决定将巨额军备研究费投向军用机器人研制,使美军无人作战装备的比例增加至武器总数的30%。无人装备是美军未来庞大装备的重要组成部分,估计到2035年时,美军各种远程作战单位中将有15%~20%被各种无人装备所取代,而随着AI技术和自主无人技术的发展,这种趋势还有可能提前,因此未来的战争可能是无人装备之间的战斗,甚至还是基于自主AI之间的斗争,背后可能连一个操作员都没有。2016年,俄罗斯也发布了《2025年前发展军事科学综合体构想》,明确提出将分阶段强化国防科研体系建设,以促进创新成果的产出,并将人工智能技术、无人自主技术作为俄罗斯军事技术在短期和中期的发展重点。此外,按照俄罗斯国防部无人作战系统规划,俄罗斯已从2017年开始大量列装机器人,到2025年无人作战系统在俄军装备体系中所占比例将超过30%,初步形成立体化的无人化装备体系。这种成本低、部署快,且不占用人员编制的部队,会慢慢成为热点地区冲突的首选,未来一旦发生冲突,第一时间赶到的可能就是大量无人装备,在未来10年战争形态也将因此发生巨大改变,这不亚于海湾战争对当时战争形态的冲击。

7.2 对武器装备转型的影响

相比较于传统的有人作战,无人作战有着无可比拟的优势,其可以代替人类在险恶环境中"冲锋陷阵",减少有生力量的损耗。随着无人装备在海上作战体系中的占比日益增大,对海战形态的影响处于质变的临界点,海上无人作战已经渐行渐近,并开始颠覆传统作战机理,使其朝着智能化方向演变。无人装备作为实现海上智能化作战的基础,突破了有人装备设计及战场行动受限于人类生理极限的制约,研制无人作战系统成为满足日益严峻海上作战需求的关键[126]。

7.2.1 信息化作战与无人化作战并重转型

随着各类无人装备的发展,现代战争正由支撑信息化作战为主向支撑信息化作战与无人化作战并重的方向转型。为了能在信息化战争中保持主动和优势地位,尽量减少作战人员直接介入高风险战斗,这种军事需求变革的牵引和高技术飞速发展的推动,使得无人作战平台的发展日新月异,突飞猛进,特别是发展无人装备已成为一种"时尚"。由于海上无人作战的作战机理和制胜手段与信息化作战截然不同,必然要求现有的海战场联合作战体系的重新构设,改变了传统的信息化海上联合作战形式,使其朝着信息化和无人化海上联合作战方向并重转型,以满足海上无人作战的实际需求。相比传统的信息化作战而言,无人作战具有得天独厚的优势,其最大优势就是把被动挨打的目标变成无人作战平台,把作战人员由直接参战变为间接参战,这在很大程度上迎合了现代战争积极推崇的"零伤亡战争"理念。随着导弹等强攻击性武器的问世,并在作战中的广泛运用,信息化作战平台受到很大的威胁,往往摆脱不了导弹的精准攻击。然而,无人作战正好弥补这一缺陷,无人机可采用全新的飞行方式,设计出更大时速和更长续航时间,实现高效率的海上攻击。无人作战时代的到来,颠覆了传统作战模式,使现代战争朝着信息化作战与无人化作战并重转型。

2020 年新年伊始,伊朗军事领导人苏莱曼尼被炸,标志着基于大数据的人类行为计算模型与无人化作战系统的深度融合,已经逐渐完善并具备了实战能力。这次美军刺杀苏莱曼尼,和 9 年前抓捕本·拉登相比,已经驾轻就熟,表明信息化作战与无人化作战的并重发展,已经推开了智能化战争的大门。2020 年 9 月阿塞拜疆与亚美尼亚两国爆发了激烈的军事冲突,战争初期,双方均动用坦克装甲车辆、火箭炮等武器,亚美尼亚攻势凌厉,阿塞拜疆一度陷于被动。在土耳其、以色列等国支持下,阿塞拜疆军队大量使用了土耳其的 TB2 察打一体无人机、以色列的"哈洛普"无人机、本土改进的安-2无人机等,对亚美尼亚的防空系统、T-70坦克、炮兵阵地等进行毁灭性打击,一举扭转被动态势。战斗中亚美尼亚军队也使用了"起重机"系列无人机和X-55无人机等。10月初阿塞拜疆与亚美尼亚达成停火协议不久后双方再次爆发冲突。10月19日,俄罗斯介入双方冲突,在亚美尼亚边界附近的俄罗斯军事基地部署"克拉苏哈-4"电子战系统,击落了9架TB2无人机。纵观无人机在亚阿冲突中的作用,可以看出,无人作战已经具有与信息化作战同等重要的地位,推进了信息化作战和无人化作战并重转型是重要的现实需求,也是赢得未来战争主动权的关键。

7.2.2 有人装备与无人装备同步发展

海上无人装备运用的日趋成熟,使海上作战由传统的、单纯的有人作战向有人/无人协同作战的方向发展,从而改变了武器装备的传统发展模式。海上作战从"巨舰大炮"时代发展到现在的信息化、精确化导弹攻击时代,而随着智能化时代的到来,攻击模块化即将成为常态,这为海上有人/无人协同作战奠定基础。海上无人作战离不开无人装备这一物质实体,尤其是随着无人机、无人艇等无人装备的大量列装,海上武器装备的发展必须从注重有人装备向有人装备与无人装备同步关注的方向演变。由于无人装备在海上作战中的广泛运用,反无人作战也成为研究的重点,从提升作战效能的角度出发,研制并列装用于对抗无人作战平台的武器装备是亟待解决的关键问题。无人机作为各军事强国的重要武器装备,已经被大量列装并投入实战,反无人机装备研制也同步展开,而无人艇和无人潜航器的研制在各国都属于预研阶段,从而反制武器装备的研制也尚未开展,但从攻击便捷化的角度出发,无论哪种无人作战平台的反制装备,都可以是有人或无人控制武器装备。从进攻和防守两个方面看,海上作战即将进入有人/无人协同作战时代,无人装备会从作战配角逐步演变为作战主角,从而导致武器装备发展模式向有人装备与无人装备同步发展的方向转型。

2017年4月,美国空军基于"忠诚僚机"概念的"有人-无人"编组演示试验成功完成,作为美军"第三次抵消战略"重点发展的技术领域之一,"忠诚僚机"计划有望首先发展出由第四代战斗机改进而来的无人驾驶僚机,并实现无人僚机自主与有人长机编队飞行并开展对地打击。在2017年的法国巴黎航展上,美国高调展出XQ-222"女武神"和UTAP-22"灰鲭鲨"两款最新无人机,这两款具备高机动性、隐身性,还可携带武器弹药及相关传感器的无人机,恰恰也都是专门为有人战机设计的无人僚机。同时,美国国防部还进一步探索了UTAP-22"灰鲭鲨"无人机作为蜂群式"无人僚机"的可能,其不但能够作为有人战机的"忠诚僚机"协同作战,甚至还能够完全自主或半自主地合作执行"蜂群"战术,进而有效降低有人战机的损伤风险。除美国外,"有人-无人"协同作战也是欧洲各军事强国竞相发展的重点项目。法国达索飞机制造公司成功实现了"神经元"无人机与"阵风"战斗机编队飞行数百千米试验。英国正在进行的"未来空军进攻性系统"研究计划,其中一个重要项目就是探讨由有人机、无人机及空射巡航导弹组成的混合编队体系作战能力,此前,英国皇家空军就通过一架经过改装的"狂风"战斗轰炸机,指挥 3 架 BAC-111 无人机对地面移动目标实施了模拟攻击。

7.2.3　主体装备与辅助装备融合发展

机械化战争时代,平时与战时、前方与后方、进攻与防御、战略战役与战术层级等之间的界限较为分明,到了信息化战争时代,这些界限逐渐变得模糊。随着无人作战系统从海上作战辅助运用逐渐过渡到主体运用,实现了主体装备与辅助装备的融合式发展,极大地提升了无人化作战水平,各类界限开始真正趋于模糊。过去以及现在,无人作战系统规模比较有限,仅作为辅助装备,配合有人作战力量行动。未来,随着无人作战系统智能化程度逐渐提高,基本上能够作为主体装备独立实施海上作战,同时,无人作战系统也能够具有有人作战系统的主体地位,协同有人作战力量遂行海上作战任务。有人/无人作战系统从过去由人支配主导的"主仆"关系向人机优势互补的平等"伙伴"关系转变,有人、无人协同作战将成为未来海上联合作战中力量运用的主要模式。推动主体装备与辅助装备的融合式发展,实现"有人作战系统与无人作战系统对等联合性作战编组、无人作战系统为主体与有人作战系统为辅助的融合性作战编组、不同类型无人作战系统的混合性独立作战编组"等多种组织形式出现,通过构建融合无人与有人作战平台于一体的新型作战力量体系实施海上联合作战,实现有人作战与无人作战能力"双增",有效提升海上联合作战的整体作战能力。

智能化无人集群作战,推动无人装备从过去的辅助装备逐渐发展成为主体装备,各军事强国正在如火如荼展开研究,近年来,部分无人系统作为主体装备开始走上战场并初露锋芒。在陆地战场,2016 年 1 月 19 日,俄军在叙利亚首次使用战斗机器人参加作战行动。据悉,俄军在战斗中使用了两种型号共 10 部机器人,机器人之间相互配合,攻防结合。整个战斗仅持续 20min,以打死敌方 70 名武装分子、叙利亚政府军仅有 4 人受伤的"战绩"成功占领高地,充分展现了无人系统集群作战的威力。在海上战场,2016 年 10 月 5 日,美国海军研究办公室宣布,海军在无人系统集群作战方面已经取得突破性进展,所研发的无人系统集群作战技术将利用多艘无人艇的协同合作,保护己方舰艇、港口,并对抗敌方威胁。美国海军此前已经进行了由13艘无人艇展开的集群作战试验,下一步还将拓展到20艘或30艘的规模进行试验部署。这个项目主要用于为高价值水面舰艇保驾护航,可部署到整个海军舰队。同时,美国海军正在寻求建立一支由无人潜航器构成的水下无人舰队实施反水雷和水下攻击作战。目前,无人作战系统正处于由辅助装备向主体装备过渡的阶段,强化各无人作战系统的融合式发展,既有利于达成海上作战目的,又能有效保存有生力量。

7.3 本章小结

着眼无人化装备发展趋势,前瞻性创新并组织实施无人化作战活动,搞好无人化作战力量运用。无人化装备研发、无人化部队建设、无人化训练是军事变革的前沿领域,技术如何突破、战斗模块怎样编成、作战如何制胜等,都对海上作战力量转型产生重要影响。本章首先从组织结构、编配数量和编配比例3个方面概述了对体制编制转型的影响;其次,从信息化作战与无人化作战并重转型、有人装备与无人装备同步发展和主体装备与辅助装备融合发展3个方面研究了对武器装备转型的影响。通过无人化部队战术训练、无人化部队演习,演练和研讨未来无人战场制胜特点规律,以超前的战略视野推进无人化作战指技培养,前瞻储备与培养无人化作战领域人才。

参考文献

[1] 吴敏文."马赛克战":美军研究新作战样式[N].中国青年报,2019-12-26.
[2] 陈士涛,孙鹏,李大喜.新型作战概念剖析[M].西安:西安电子科技大学出版社,2019:121.
[3] 卢盈齐,范成礼,刘联飞,等.马赛克战特色优势与制胜机理研究[J/OL].航空兵器,DOI:10.12132/ISSN.1673-5048.2021.0003.
[4] 郭渊斐,徐文龙,赵玉亮.美军"马赛克战"的发展及对我军智能化建设的启示[J].海军工程大学学报(综合版),2020(1):24-28.
[5] 张维明,朱承,黄松平,等.指挥与控制原理[M].北京:电子工业出版社,2021:222.
[6] 陈士涛,孙鹏,李大喜.新型作战概念剖析[M].西安:西安电子科技大学出版社,2019:133.
[7] 雷子欣,李元平."马赛克战":美军研究新作战样式[N].军事文摘,2019-12-26.
[8] 王德宝,吕允强,王怀鹏.空间信息支援力量在联合战役指挥中的应用[J].军事学术,2010(2):26-27.
[9] 李义.让作战单元组合更高效[N].解放军报,2021-01-16(11).
[10] 刘鹏.美军马赛克战的"阿喀琉斯之踵"[N].中国国防报,2021-03-01(4).
[11] 左毅,郑少秋,袁翔,等.破解马赛克战之系统发展思考[J].指挥信息系统与技术,2020,11(6):1-7.
[12] 邹立岩,张明智.马赛克战视角下的智能无人机集群作战概念研究[J].战术导弹技术,2020(6):67-74.
[13] 孙盛智,常会振,郑卫娟,等.空中协同作战模式及关键技术[J].兵器装备工程学报,2020,41(7):177-181.
[14] 全军军事术语管理委员会.中国人民解放军军语[M].北京:军事科学出版社,2011:63.
[15] 王勇男.体系作战制胜探要[M].北京:国防大学出版社,2015:134-139.
[16] EI-Rabbany A. Introduction to GPS. The Global Positioning System, Artech House, 2001.
[17] 侯妍,范丽,杨雪榕,等.太空信息支援海上[M].北京:国防工业出版社,2018:188.
[18] 陈国华,左登云.基于信息系统的海上作战布势变革[J].海军杂志,2015(12):3-4.
[19] 侯妍,范丽,杨雪榕,等.太空信息支援[M].北京:国防工业出版社,2018:251.
[20] 高峰,左登云.加快海上作战体系建设需精准发力[N].解放军报,2016-07-31(7).
[21] 刘丽娇,唐剑.海上智能化作战怎么打[N].解放军报,2021-04-29(7).
[22] 全军军事术语管理委员会.中国人民解放军军语[M].北京:军事科学出版社,2011:231.
[23] 全军军事术语管理委员会.中国人民解放军军语[M].北京:军事科学出版社,2011:965.
[24] WEISS M, SHIMA T, CASTANEDA D, et al. Combined and cooperative minimum-effort guidance algorithms in an active aircraft defense scenario[J]. Journal of Guidance, Control, and Dynamics, 2017, 40(5):

1241-1254.

[25] KUMAR S R,SHIMA T. Cooperative nonlinear guidance strategies for aircraft defense[J]. Journal of Guidance Control, and Dynamics,2017,40(1):124-137.

[26] 曹耀国,杨嘉生,牟庆森. 空中进攻作战的制胜机理[N]. 中国社会科学报,2014-7-9(5).

[27] 任力. 论孙子的"伐兵"思想[J]. 中国军事科学,2016(1):15.

[28] 黄长强. 未来空战过程智能化关键技术研究[J]. 航空兵器,2019,26(1):11-19.

[29] 蔡俊伟,龙海英,张昕. 有人机/无人机协同作战系统关键技术[J]. 指挥信息系统与技术. 2013, 4(2):10-14.

[30] 栾迪,杨忠,张君慧. 一种多无人机协同攻击航迹规划方法. 中国自动化学会智能自动化专业委员会:中国智能自动化会议论文集(第二分册)[C]. 南京:江苏电子音像出版社,2009:557-561.

[31] 苏菲. 动态环境下多UCAV分布式在线协同任务规划技术研究[D]. 长沙:国防科技大学,2013:1-3,69-74.

[32] 王俊,周树道,程龙,等. 无人机数据链关键技术与发展趋势[J]. 飞航导弹,2011(3):34-36.

[33] 滕云鹤. 移动卫星通信天线系统的矢量控制法[J]. 兵器装备工程学报,2016(7):1-4.

[34] 姜进晶,汪民乐,汪江鹏. 无人机协同下远程火箭炮作战效能评估[J]. 兵器装备工程学报,2020, 41(7):202-207.

[35] 谢全,陈珉,等. 联合作战制胜机理[M]. 北京:兵器工业出版社,2021:10.

[36] 王航宇,胡锋平,王辉华,等. 传感器组网的关键技术[J]. 火力与指挥控制,2005,4(30):118-121.

[37] 曹可劲,江汉,赵宗贵. 一种基于变权理论的空中目标威胁评估方法[J]. 解放军理工大学学报, 2006,7(1):32-35.

[38] 王猛,章新华,夏志军. 基于属性分析的威胁评估技术研究[J]. 系统工程与电子技术,2005,27(5): 848-851.

[39] 王百合,黄建国,张群飞. 基于改进灰关联分析的目标威胁评估模型研究[J]. 计算机工程与应用, 2008,44(4):212-215.

[40] 王向华,覃征. 径向基神经网络解决威胁排序问题[J]. 系统仿真学报,2004,16(7):1576-1579.

[41] 曲长文,何友,马强. 应用多属性决策的威胁估计方法[J]. 系统工程与电子技术,2002,22(5):26-29.

[42] 刘大庆,赵志允,李长军. 海军无人作战力量作战能力构成研究[J]. 指挥控制与仿真,2020,42(6): 9-12.

[43] 李杰,李兵,毛瑞芝,等. 无人系统设计与集成[M]. 北京:国防工业出版社,2012:2-6.

[44] 陈强. 水下无人系统及其装备发展论证[M]. 北京:国防工业出版社,2018:112-113.

[45] 张岳良. 水下作战未来向何处去[N]. 解放军报,2018-08-28.

[46] 孙盛智,孟春宁,侯妍,等. 有人/无人机协同作战模式及关键技术研究[J]. 航空兵器,2021,28(5): 33-37.

[47] 王天忠,张东俊,江莲. 美国海军水下战概念的发展分析及思考[J]. 舰船科学技术,2021(11):23-25.

[48] 宋振华. 水下机器人自主导航系统的研究[D]. 上海:上海交通大学,2007.

[49] 杨峻巍. 水下航行器导航及数据融合技术研究[D]. 哈尔滨:哈尔滨工程大学,2012.

[50] 李夏. 水下制导多目标跟踪关键技术研究[J]. 企业技术开发,2014,33(23):15-17.

[51] 盛碧琦,孙盛智,侯妍. 美国无人机在局部作战行动中的运用及发展趋势[J]. 飞航导弹,2020(2): 51-54.

[52] 李元元,朱莉欣,胡家旗. 美空降兵无人机建设发展与作战运用研究[J]. 飞航导弹,2020(2):60-64.

[53] 张婵. 迎头赶上,俄罗斯无人机迈入多元化发展快车道[N]. 中国航天报,2018-09-29.

[54] 景淑彤,曹亚铂."猎户座"无人机[N]. 解放军报,2020-11-20.

[55] 文峰. 以色列无人机被叙利亚 AA-7 导弹击落[N]. 中国航天报,2021-05-08.

[56] 李刚,李伟."神经元"试飞标志欧洲无人战机达到新水平[N]. 中国青年报,2013-01-04.

[57] 许和震. 作战方式的革命性变化[M]. 北京:解放军出版社,2004:52-56.

[58] BREIVIK M, HOVSTEIN V E, FOSSEN T I. Straight-line Target Tracking for Unmanned Surface Vehicles [J]. Modeling, Identification and control,2008,29(4):131-149.

[59] 于海军. 基于抗倾覆性与浮态恢复性无人艇仿真研究[D]. 哈尔滨:哈尔滨工程大学,2012.

[60] 刘建永,邹建华. 无人作战系统与无人化作战[J]. 国防大学学报,2014(2):55-56.

[61] 吴翔,李洪峰,徐华. 无人化作战概论[M]. 北京:解放军出版社,2014:128-138.

[62] 梁松,于甜甜."无人"的实质是"替人"[N]. 解放军报,2020-12-22(7).

[63] 周念福,邢福,渠继东. 大排量无人潜航器发展及关键技术[J]. 舰船科学技术,2020,42(7):1-7.

[64] 王圣洁,康凤举,韩翔. 潜艇与智能无人水下航行器协同系统控制体系及决策研究[J]. 兵工学报,2017(2):130-139.

[65] 董晓明. 海上无人装备体系概览[M]. 哈尔滨:哈尔滨工程大学出版社,2020:34-58.

[66] 姚传明,王庆元,杨叶林. 多平台协同作战任务系统建模[J]. 指挥信息系统与技术,2017,8(3):43-48.

[67] JUNG D,TSIOTRAS P. On-line path generation for unmanned aerial vehicles using B-spline path templates [J]. Journal of Guidance, Control, and Dynamics, 2013, 36(6):1642-1653.

[68] 王海,胡军,黄克明. 多无人机协同作战系统运用方式研究[J]. 舰船电子工程,2015(3):4-7.

[69] 沈林成,等. 多无人机自主协同控制理论与方法[M]. 北京:国防工业出版社,2013:271-276.

[70] 李进军,申战胜. 基于信息系统的水面舰艇分布式协同作战研究[J]. 军事运筹与系统工程,2015,29(3):16-18.

[71] 崔翰明,许建华,曾庆吉,等. 世界舰载直升机的现状与发展[J]. 直升机技术,2009(2):68-71.

[72] 余旭东. 未来战场上无人机作战使用十大方式[J]. 国防科技,2005(3):76-78.

[73] 湛佳,谢文俊,郭庆,等. 不确定条件下多无人机侦察调度问题[J]. 火力与指挥控制,2018,43(10):25-30.

[74] 李鹏举,毛鹏军,耿乾,等. 无人机集群技术研究现状与趋势[J]. 航空兵器,2020,27(4):25-32.

[75] 薛罂涵. 舰载直升机安全着舰策略分析[D]. 南京:南京航空航天大学,2018.

[76] 陈杰敏,吴发林,耿澄浩,等. 四旋翼无人机一致性编队飞行控制方法[J]. 航空兵器,2017(06):25-31.

[77] 孙盛智,孟春宁,侯妍. 无人机与巡航导弹自主协同作战模式及关键技术[J]. 航空兵器,2019,26(04):10-15.

[78] 韩维,吴立尧,张勇. 舰载战斗机/无人机编队飞行控制研究现状与展望[J]. 科学技术与工程,2019,19(36):73-80.

[79] 杜梓冰,张立丰,陈敬志,等. 有人/无人机协同作战演示验证试飞关键技术[J]. 航空兵器,2019,26(04):75-81.

[80] DU ZIBING, ZHANG LIFENG, CHEN JINGZHI, et al. Critical Technologies of Demonstration Flight Test of Cooperative Operation for Manned/Unmanned Aerial Vehicles[J]. Aero Weaponry, 2019,26(04):75-81.

[81] 孙盛智,常会振,郑卫娟,等.空中协同作战模式及关键技术[J].兵器装备工程学报,2020,41(7):177-181.

[82] 宋洋,毛建舟.多无人艇协同作战智能指挥控制系统研究[J].舰船电子工程,2020(10):1-4.

[83] 褚式新,茅云生,董早鹏,等.基于PSO的无人艇操纵响应模型参数辨识结果优化[J].武汉理工大学学报(交通科学与工程版),2020(5):865-869.

[84] 孙盛智,孟春宁,侯妍.无人机与巡航导弹自主协同作战模式及关键技术[J].航空兵器,2019,26(4):10-15.

[85] 随博文,黄志坚,姜宝祥,等.基于深度Q网络的水面无人艇路径规划算法[J].上海海事大学学报,2020(3):1-5.

[86] 董宁,马铁成.小舰艇能显"大身手"[N].中国海洋报,2019-09-23(4).

[87] 李朋博,苑明哲,肖金超,等.基于航向约束的无人艇位姿保持制导策略[J].上海交通大学学报,2020(9):987-993.

[88] 胡磊,智韬.无人舰艇集群发展分析[J].山东工业技术,2019(15):215.

[89] 胡芳芳.具有状态约束的欠驱动无人艇运动控制研究[D].北京:中国工程物理研究院,2020.

[90] 董晓明.海上无人装备体系概览[M].哈尔滨:哈尔滨工业大学出版社,2020:239.

[91] 钟宏伟,李国良,宋林桦,等.国外大型无人水下航行器发展综述[J].水下无人系统学报,2018,26(4):273-282.

[92] 罗顾栋.水下球形机器人的运动控制方法研究[D].北京:北京邮电大学,2017.

[93] 贾宁,黄建纯.水声通信技术综述[J].物理,2014,43(10):650-657.

[94] 赵慧聪.水下无线数字收发系统研究[D].大连:大连理工大学,2013.

[95] 郭银景,鲍建康,刘琦,等.AUV实时避障算法研究进展[J].水下无人系统学报,2020,28(4):351-358.

[96] 朱大奇,刘雨,孙兵.自治水下机器人的自主启发式生物启发神经网络路径规划算法[J].控制理论与应用,2019,36(2):183-191.

[97] 陈春玉.反鱼雷技术[M].北京:国防工业出版社,2006.

[98] 余洋,黄锋.2014年世界军事电子发展年度报告[M].北京:国防工业出版社,2015:100-170.

[99] 郭正玉,刘琪.从空海联合作战看美国空空导弹发展[J].航空兵器,2018(6):11-15.

[100] 海军装备研究院科技信息研究所.2009—2034年美国无人系统路线图[M].北京:海潮出版社,2011:71-72.

[101] 马晓平,赵良玉.红外导引头关键技术国内外研究现状综述[J].航空兵器,2018(3):3-10.

[102] DEPTULA A D, BROWN R M. A house divded: The indivisibility of intelligence, surveillance, and reconnaissance[J]. Air and Space Power Journal, 2008(2):108.

[103] 田箐.多无人机协同侦察任务规划问题建模与优化技术研究[D].长沙:国防科学技术大学,2007.

[104] U. S. Department of Defense. Unmanned system integrated roadmap FY 2013-2038 [EB/OL]. (2014-01-28).

[105] 王林.多无人机协同目标跟踪问题建模与优化技术研究[D].长沙:国防科学技术大学,2011.

[106] MAZS I, KONDAK K. Multi-UAV cooperation and control for load transportation and deployment[C]. the 2nd International Symposium on UAVs, Reno, Nevada, U. S. A:2010:417-499.

[107] 陈非凡,苑京立.国外敌我识别技术的现状及发展趋势[J].电讯技术,2001(2):5-7.

[108] 叶玉丹,邹振宁,裴泽霖.敌我识别系统及其电子对抗能力分析[J].舰船电子对抗,2005,28(6):3-7.

[109] 张学辉,金志伟,孙宪立.高技术前沿:信息战装备凸现集成化优势[N].解放军报,2004-08-18.
[110] 林聪榕,张玉强.智能化无人作战系统[M].长沙:国防科技大学出版社,2008:45-48.
[111] 李大光,姜灿.无人艇:未来海上作战的新锐武器[N].解放军报,2014-02-12(7).
[112] 谢少荣,刘坚坚,张丹.复杂海况无人艇集群控制技术研究现状与发展[J].水下无人系统学报,2020,28(6):584-596.
[113] 胡建章,唐国元,王建军,等.水面无人艇集群系统研究[J].舰船科学技术,2019,41(7):83-88.
[114] 秦梓荷.水面无人艇运动控制及集群协调规划方法研究[D].哈尔滨:哈尔滨工程大学,2018.
[115] KJERSTAD K,BREIVIK M.Weather Optimal Positioning Control For Marine Surface Vessels[J].IFAC Conference on Control Applications in Marine Systems,2010,43(20):114-119.
[116] 陈强,张林根.美国军用UUV现状及发展趋势分析[J].舰船科学技术,2010,32(7):129-134.
[117] 戚学文,夏青峰,王相.水面舰艇反潜防御中无人潜航器兵力需求研究[J].现代防御技术,2021(3):30-36.
[118] 钱东,孟庆国,薛蒙,等.美国海军UUV的任务与能力需求[J].鱼雷技术,2005,13(4):7-12.
[119] 庄芷渔,耿彤.俄罗斯"大键琴"系列无人潜航器[J].兵器知识,2018(10):25-27.
[120] 李文哲,宋佳平,刘林宇.反潜无人艇军事需求与作战模式[J].国防科技,2018,39(4):69-72.
[121] 胡磊,智韬.智能化作战有何特征[N].解放军报,2020-06-11(7).
[122] 王富军,张家皓.无人作战系统:颠覆未来战争规则[N].解放军报,2016-11-03(2).
[123] 刘大庆,赵云飞,吴超,等.美军水下无人作战力量发展趋势及启示[J].数字海洋与水下攻防,2021(4):257-263.
[124] 王群.更贴现实的无人作战[N].中国国防报,2014-07-15(4).
[125] 唐韬.无人作战的伦理考量[D].长沙:国防科学技术大学,2015.
[126] 毛炜豪,刘网定,卢洪涛.基于兰彻斯特方程的有人/无人协同作战[J].指挥控制与仿真指挥,2020,42(5):13-17.